羊病综合防治大全

（全彩视频版）

主　编	袁万哲　金东航
副主编	宋军科　王兴龙　赵　款
参　编	王　芳　王建国　尹双辉　姜国均　葛俊伟　许信刚
	刘茂军　周继章　刘明超　李睿文　赵兴华　何　欣
	陈立功　李丽敏　薛拥志　冯　平　赵光辉　齐　萌
	林　青　马　磊　钱伟锋　张　晓　康　明　路　浩
	马玉忠　郭旭明

机械工业出版社

本书精选羊场常见的 71 种羊病，从养羊者如何通过临床症状和病理变化认识羊病，如何鉴别诊断，如何针对羊病进行预防和治疗等方面组织编写。全书共分为 5 章，主要内容包括羊传染病、寄生虫病、营养代谢病、中毒病、普通病的鉴别诊断与防治，以及临床用药。内容简明扼要，技术实用先进、可操作性强。本书从多位编者积累的大量图片中精选出 600 多张典型图片，以及 61 个典型症状和病理变化的视频，让读者按图索骥，一看就懂，一学就会。

本书可供羊养殖户、基层畜牧兽医工作者、企业技术人员阅读使用，也可为农业院校相关专业师生提供参考，还可作为羊病防控的农业科技培训教材。

图书在版编目（CIP）数据

羊病综合防治大全：全彩视频版 / 袁万哲，金东航

主编. -- 北京：机械工业出版社，2024.12. -- ISBN
978-7-111-77370-2

Ⅰ. S858.26

中国国家版本馆CIP数据核字第2025RE9995号

机械工业出版社（北京市百万庄大街22号　邮政编码100037）
策划编辑：周晓伟　高　伟　　责任编辑：周晓伟　高　伟　章承林
责任校对：曹若菲　刘雅娜　　责任印制：单爱军
保定市中画美凯印刷有限公司印刷
2025年5月第1版第1次印刷
169mm×230mm・18.5印张・413千字
标准书号：ISBN 978-7-111-77370-2
定价：128.00 元

电话服务　　　　　　　　　网络服务
客服电话：010-88361066　　机 工 官 网：www.cmpbook.com
　　　　　010-88379833　　机 工 官 博：weibo.com/cmp1952
　　　　　010-68326294　　金 书 网：www.golden-book.com
封底无防伪标均为盗版　　机工教育服务网：www.cmpedu.com

前　言

　　我国是养羊大国，养羊业在区域经济发展与乡村振兴中发挥着重要作用。养羊业的发展，带动了饲料、兽药、食品、羊绒等产业的发展，解决了三农与粮食安全问题。疾病问题制约养羊业的健康发展，尤其是我国羊饲养量不断增加、调运频繁及防疫不力等众多因素，导致羊病多发，旧病未除，新病又现，影响产业健康发展，同时危及食品安全与公共卫生安全。为了更好地服务于养羊业，有效诊断和防控羊病，降低羊发病率与死亡率，提高养羊业的经济效益，为养羊业高质量发展及畜产品供给侧结构性改革提供技术支撑，编者结合我国目前养羊业生产实际情况，组织有关专家和一线工作人员编写了本书。

　　本书从多位编者积累的大量图片中精选出羊场常见的 71 种羊病的典型图片，从养羊者如何通过临床症状和病理变化认识羊病，如何鉴别诊断，如何针对羊病进行预防和治疗等方面组织编写，让读者按图索骥，一看就懂，一学就会。全书共分为 5 章，主要内容包括羊传染病、寄生虫病、营养代谢病、中毒病、普通病的鉴别诊断与防治，以及临床用药。书中配有羊病典型症状和病理变化的视频 61 个，以二维码的形式呈现，读者可以扫描相应位置的二维码（建议在 Wi-Fi 环境下扫码）进行观看。

　　需要特别说明的是，本书所用药物及其使用剂量仅供读者参考，不可照搬。在生产实际中，所用药物学名、常用名和实际商品名称有差异，药物浓度也有所不同，建议读者在使用每一种药物之前，参阅厂家提供的产品说明以确认药物用量、用药方法、用药时间及禁忌等。购买兽药时，执业兽医有责任根据经验和对患病羊的了解决定用药量及选择最佳治疗方案。

　　本书编写过程中，参阅了有关教科书、论文等，由于篇幅所限在此不能一一列出，望谅解，并在此特致谢意。最后感谢所有为本书编写付出努力的同行专家。

　　科学发展日新月异，羊病临床变化多样，由于编者水平有限，书中疏漏、不妥之处在所难免，敬请有关专家、广大同仁和读者不吝赐教，批评指正。

编　者

目 录

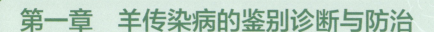

第一章 羊传染病的鉴别诊断与防治

第一节 羊细菌性传染病

一、炭疽

炭疽是由炭疽芽孢杆菌引起的一种人畜共患的急性、热性、败血性传染病。临床特征是突然发生高热，可视黏膜发绀和天然孔出血。剖检呈败血性变化，主要特征为脾脏肿大、皮下和浆膜下出血性胶样浸润、血液呈煤焦油状凝固不良、尸僵不全。炭疽常呈散发性，在一定条件下，也可呈现流行性。

【流行病学】

（1）**传染源** 病羊是主要传染源。

（2）**传播途径** 主要由消化道、呼吸道及皮肤伤口感染。

（3）**易感动物** 绵羊、山羊、马、牛、鹿最易感，各种家畜和人均可感染，无年龄差异。

（4）**传播方式** 水平传播。

（5）**流行特点** 有一定的季节性，多发生于6~8月。绵羊比山羊易感，羔羊比成年羊易感。

【临床症状】 本病潜伏期为1~5天，最长可达14天。根据病程和临床症状，炭疽可分为最急性型、急性型和亚急性型，奶山羊主要为最急性型。

（1）**最急性型** 多发生于炭疽流行的初期，羊突然发病，呼吸迫促，步态不稳，全身痉挛，肌肉震颤，迅速倒地（图1-1），磨牙，呼吸困难，可视黏膜发绀。在濒死期和死后可见天然孔流出血液，口鼻流出泡沫样血液，肛门及阴门流出的血液不易凝固。病程仅数分钟，有时延续数小时。

（2）**急性型** 病羊体温高达40.5~42.5℃，稽留不退，脉搏、呼吸增快，黏膜发绀，并有出血斑点。精神沉郁，食欲减退或废绝，有时瘤胃臌气（图1-2）。病初排便干燥，迅即发生腹泻，排出带血的粪便。尿液呈暗红色，有时混有血尿。喉、颈、胸、腹部和外生殖器可能发生水肿。泌乳迅速停止，若还排出少量乳汁，常为微黄色或带血。妊娠羊常发生流产。濒死期体温急速下降，呼吸高度困难，唾液及排泄物呈暗红色。

肛门出血，全身痉挛，1~2天死亡。

图 1-1　羊突然发病，全身痉挛，肌肉震颤，
迅速倒地

图 1-2　病羊精神沉郁，食欲废绝，
发生瘤胃臌气

（3）**亚急性型**　羊少见，症状类似急性型。在颈部、胸前、腹下及直肠、口腔黏膜等处出现炭疽痈，迅速肿胀增大，初期硬、热、痛，后期逐渐变冷、无热、无痛，病程为 2~5 天。

【病理变化】　一般严禁剖检。如果必须剖检，应严格避免污染，并做好彻底的消毒工作。主要变化是尸僵不全，尸体迅速腐败、膨胀（图 1-3）。皮下、浆膜及肌肉有红色或黄色胶样浸润。天然孔有血样带泡沫的液体流出，黏膜发紫，有点状出血。血液凝固不良，呈暗红色。脾脏肿大 2~5 倍，质地松软，脾髓切面呈暗红色，有时软化如稀泥。全身淋巴结肿大、出血，切面呈黑红色。肺部充血、水肿。胃肠道呈现出血坏死性炎症。脑和脑膜充血，硬脑膜和软脑膜之间有时含有血块。胸腔、腹腔及心包腔中常有浅红色渗出液。

图 1-3　尸僵不全，尸体迅速腐败、膨胀

【鉴别诊断】　羊炭疽常呈急性发作，病羊很快死亡，加之严禁剖检，仅根据流行病学和临床症状很难确诊，所以采用细菌学和血清学的方法，在确诊上有着重要的意义。本病要注意与巴氏杆菌病及恶性水肿的区别。确诊需进行实验室检查，可通过细菌分离鉴定或 PCR 等方法。

【预防】

1）在经常发生或近年来曾有本病发生的地区，每年必须定期注射Ⅱ号炭疽芽孢疫苗，奶山羊一般不用疫苗。

2）确诊为炭疽后，应立即报告疫情，严格执行封锁、隔离、消毒等防控措施，严防传播。

3）羊群中若已发生炭疽，应给全群羊注射抗炭疽血清。如果无免疫血清，应尽早接种Ⅱ号炭疽芽孢疫苗，邻近受威胁地区的羊，也应接种疫苗进行免疫。

4）被污染的地方，要立即用20%漂白粉溶液或2%热氢氧化钠溶液喷洒消毒，每小时1次，连续消毒3次，在细菌没变成芽孢前彻底杀灭。

由于羊常呈最急性型经过，所以宜争取预防性给药，药物剂量需适当加大。

1）可用抗炭疽血清，30~60毫升皮下或者静脉注射。

2）抗生素可用青霉素、链霉素、土霉素、四环素、金霉素等，都有一定的效果。最常用的是青霉素，第一次用320万国际单位，以后每隔4~6小时用160万国际单位，肌内注射。也可用大剂量青霉素静脉注射，实践证明，抗炭疽血清与青霉素合用，效果更好。

3）磺胺类药物对炭疽也有一定的效果，以磺胺嘧啶为好。每天用量按0.1~0.2克/千克计算，分3~4次内服，或用10%~20%磺胺嘧啶钠溶液静脉或肌内注射，每次20~30毫升。

二、破伤风

破伤风是由破伤风梭菌经创伤感染后而引起人畜共患的一种急性中毒性传染病。本病的主要特征是运动神经中枢应激性增高和肌肉强直性痉挛。

【流行病学】

（1）**传染源** 破伤风梭菌广泛存在于自然界中，特别是土壤中。病原必须经伤口传播。

（2）**传播途径** 破伤风梭菌经伤口侵入羊体内，对于创伤深、创口小、创伤内组织损伤严重、有出血和异物、适合破伤风芽孢发育繁殖的伤口更易产生外毒素而致病。羊常因去角、断脐（图1-4）、分娩（图1-5）、狭小而深的创伤［如刺创（图1-6）、钉创］、咬创（图1-7）、开放性骨折（图1-8）、去势伤及手术创（图1-9）而发生感染。奶山羊常因脐带感染而于出生后4~6天发病。

（3）**易感动物** 多见于羔羊及产后母羊。

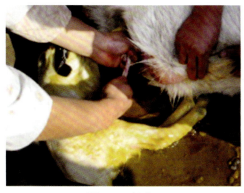

图1-4　断脐

图1-5　分娩

（4）**传播方式** 动物之间无传播。

（5）**流行特点** 本病的发生没有季节性，多为散发性。

图 1-6 刺创

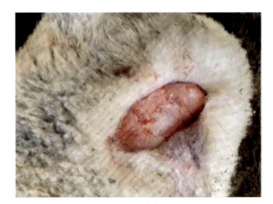

图 1-7 咬创

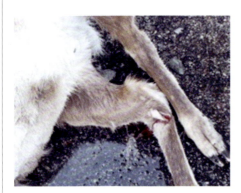

图 1-8 开放性骨折

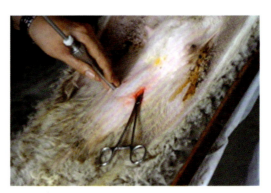

图 1-9 手术创

【临床症状】 本病潜伏期为 5~20 天，最短的为 1 天（多见于羔羊），最长可达数周。成年羊病初症状不明显，常表现为卧下后不能起立，或站立时不能自由卧下，精神呆滞。发病的中、后期出现特征性症状，表现为两耳竖立，瞬膜外露（图 1-10），四肢强直，运步困难，头颈伸直（图 1-11），间有角弓反张（图 1-12），肋骨突出，腹部卷缩，背僵硬（视频 1-1）。由于咬肌的强直痉挛，牙关紧闭，流涎吐沫，饮食困难。常发生轻度臌胀，病中期常并发肠卡他，引起剧烈腹泻，病后期则因肠蠕动迟缓，引起便秘。病羊易惊，但奔跑中常摔倒，摔倒后四肢仍呈"木马样"开叉（图 1-13），急于爬起，但无法站立。母羊的强直症多发生于产死胎或胎衣停滞之后，羔羊多因脐带感染，死亡率很高。体温一般正常，死前可升高至 42℃。

视频 1-1

图 1-10　病羊瞬膜外露

图 1-11　病羊四肢强直，运步困难，头颈伸直

图 1-12　病羊角弓反张

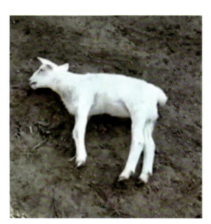

图 1-13　病羊摔倒后四肢呈"木马样"开叉

【病理变化】　本病病理变化无特征性。

【鉴别诊断】　根据病羊的创伤和特征性的临床症状，不难诊断。确诊需进行实验室检查，可通过细菌分离鉴定或 PCR 等方法。本病要注意与马钱子中毒、癫痫、脑膜炎、狂犬病及急性风湿病的鉴别诊断。

【预防】

（1）预防注射　在发病较多的地区，每年定期给奶山羊免疫接种精制破伤风类毒素，注射后 3 周产生免疫力，免疫期为 1 年，第二年再注射 1 次，免疫期可达 4 年。破伤风抗毒素（血清），可于受伤后或进行外科手术时或对新生羔羊作被动免疫用，其预防作用可维持 2 周。

（2）防止外伤感染　平时要注意饲养管理和挤奶卫生，防止外伤，一旦发生外伤，应注意伤口消毒。严重创伤要进行外科处理，进行外科手术时应注意无菌操作和术后护理。

【治疗】 治疗时应采取以中和毒素为主的综合措施，包括加强护理、创伤处理和药物治疗等方面。

1）加强护理。将病羊放于光照较暗、通风干燥、清净的地方，避免外界的各种刺激，给予柔软易消化的饲料和清洁饮水。

2）创伤处理。彻底除去感染创伤的脓汁、异物、坏死组织及痂皮等，并用3%过氧化氢或1%高锰酸钾溶液消毒创面，以清除产生破伤风毒素的根源。

3）中和毒素，可先注射40%乌洛托品5~10毫升，再注射大量破伤风抗毒素，每次10000国际单位，每天1次，连用2~4次。

4）早期应用较大剂量的青霉素（每次160万~240万国际单位肌内注射，2~3次/天，连用数天）与磺胺类药物（如10%磺胺嘧啶钠，每次10毫升，肌内或静脉注射，2次/天，连用数天），有治疗效果。

5）镇静解痉，用40%硫酸镁溶液一次肌内注射3~5毫升，隔天1次，有缓解痉挛的作用。

6）对症治疗。心脏衰弱时，可注射安钠咖溶液；出现酸中毒症状时，静脉注射5%碳酸氢钠溶液100~200毫升；当牙关紧闭，开口困难时，可用2%盐酸普鲁卡因注射液10毫升和0.1%肾上腺素注射液0.6~1毫升混合，注入两侧咬肌；不能采食时，应补液、补糖；如果胃肠机能紊乱，可内服健胃剂；当发生便秘时，可用温水灌肠或投服盐类泻剂。

三、布鲁氏菌病

布鲁氏菌病又称"布病"，是由布鲁氏菌所引起的人畜共患的慢性传染病。在家畜中，牛、羊、猪最易发生本病，其特征是妊娠母畜发生流产、胎衣不下，生殖器官与胎膜发炎，公畜表现为睾丸炎、不育等。本病广泛分布于世界各地，是羊的重要传染病之一。布鲁氏菌病不仅可引起羊大批流产，而且可由羊传染给人和其他家畜，给人类健康和畜牧业发展带来严重危害。

【流行病学】

（1）**传染源** 病羊和带菌羊，尤其是患本病的妊娠母羊，病公羊的精液中也含有大量的病原菌，随配种而传播。

（2）**传播途径** 主要传播途径是消化道，即通过被污染的饲料和饮水而被感染，但也可通过皮肤感染，尤其是当皮肤有创伤时，则更易被病原菌侵入。通过交配经生殖道传染，或由呼吸道吸入污染的尘埃而感染。

（3）**易感动物** 多种动物、人对布鲁氏菌病均有不同程度的易感性。山羊最易感，母羊比公羊易感，成年羊比幼龄羊易感。

（4）**传播方式** 水平传播、垂直传播。

（5）**流行特点** 在一般情况下，母羊发病较公羊多，成年羊发病较幼龄羊多。

【临床症状】 本病潜伏期为14~180天。青年奶山羊感染后常不表现明显的临床症状。妊娠母羊流产多发于妊娠后3~4个月，在流产前2~3天，体温升高，精神不振，食欲减退，阴唇潮红肿胀，流出黄色黏液或血样黏性分泌物，流产胎儿多为弱胎或死胎（图1-14）。流产后阴道持续排出黏液性或脓性分泌物，易发生慢性子宫内膜炎（图1-15），发情后屡配不孕。经过1次流产后，病羊能够自愈，并可获得终身免疫。奶山羊早期有乳腺炎症状，乳腺有小的硬结节，泌乳量减少，乳汁内有小的凝块。个别病羊有慢性关节炎（视频1-2）或关节滑膜炎，重症病羊可呈现后躯麻痹，常卧地不起。公羊表现睾丸炎和附睾炎，一侧或两侧睾丸、附睾肿胀、疼痛、质硬（图1-16）、下垂，严重的拖地（图1-17），行走困难。有时为无痛性肿大，还伴有支气管炎、关节炎及滑液囊炎引起的跛行等。

视频1-2

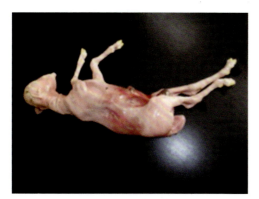

图1-14　流产的死胎

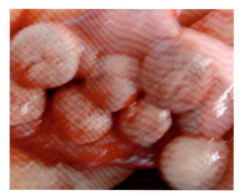

图1-15　羊慢性子宫内膜炎

图1-16　公羊阴囊肿胀、疼痛、质硬

图1-17　阴囊肿胀下垂、拖地

【病理变化】胎衣呈胶冻样浸润，有些部位覆有纤维蛋白絮片和脓液，有的增厚并可见有出血点（图1-18）。绒毛膜部分或全部贫血呈苍白色，或覆有灰色或黄绿色蛋白絮片，或有脂肪样的渗出物。胎衣不下者常见产道出血。胎儿胃内有浅黄色或白色絮状物（图1-19），在胃肠、膀胱的浆膜和黏膜上有点状或带状出血（图1-20）。胎儿胸腹腔内有微红色液体（图1-21）、淋巴结、脾脏和肝脏有不同程度的肿胀，有的散有炎性坏死灶，脐带呈浆液性浸润、肥厚（图1-22）。胎儿和新生羔羊可见有肺炎。有些患病母羊有化脓性或卡他性的子宫内膜炎、脓肿、输卵管炎及卵巢炎。公羊精囊内有出血点和坏死灶，睾丸及附睾常见硬结肿大（图 1-23），并有坏死灶和化脓灶，鞘膜腔充满浆液渗出物。慢性病公羊的睾丸与附睾结缔组织增生、肥厚、粘连。

图 1-18　胎衣覆有纤维蛋白絮片和脓液，有出血点

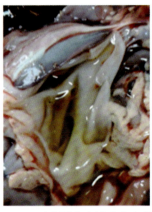

图 1-19　胎儿胃内有浅黄色絮状物

图 1-20　胎儿肠道的浆膜上有点状或带状出血

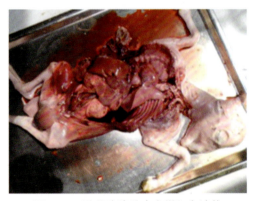

图 1-21　胎儿胸腹腔内有微红色液体

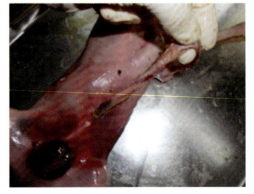

图 1-22　胎儿脐带呈浆液性浸润、肥厚

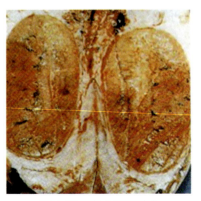

图 1-23　睾丸硬结肿大

【鉴别诊断】　根据流行病学资料，流产胎儿、胎衣的病理损坏、胎衣滞留、不育等均有助于布鲁氏菌病的初步诊断，但只有通过实验室检验方可确诊，主要包括细菌学、血清学与变态反应检查等。本病在临床上常易与山羊衣原体病、弯曲菌病、沙门菌病等疾病混淆，须依据病原学检查和血清学实验鉴别诊断。同时还应与因气候不适宜、营养不良、管理不当等因素引起的流产相区别。确诊可通过 PCR 方法。

【预防】　本病的防控应体现"预防为主"、坚持"自繁自养"的原则，防止从外部引入病羊，若必须引进种羊或补充羊群时应严格检疫。对引进羊的检疫：将引进的羊隔离饲养至少 2 个月，每月进行 1 次布鲁氏菌病的检疫，若 2 次免疫生物学检查均阴性者，即可作为健康羊与原有羊并群饲养。对原有羊的检疫：羊群应定期进行检疫，每年 2 次，羔羊断乳后隔离饲养，1 个月内进行 2 次免疫生物学检疫，除淘汰阳性者外再继续检疫 1 个月，至全群阴性则可认为是健康羔羊群。我国现在常用的有 3 种弱毒疫苗：布鲁氏菌病活疫苗（A19 株）有液体疫苗和冻干疫苗，用于预防牛和绵羊的布鲁氏菌病；布鲁氏菌病活疫苗（S2 株），用于预防羊、猪和牛布鲁氏菌病；布鲁氏菌病活疫苗（M5 株或 M5 90 株），用于预防牛、羊布鲁氏菌病。

此外，还要对病羊污染的圈舍进行严格的消毒，尸体进行焚烧处理。

四、巴氏杆菌病

羊巴氏杆菌病是由多杀性巴氏杆菌引起的一种羊热性和急性传染病。患病的羊多表现为急性败血症状，其特征是突然发病，呼吸困难、皮下水肿且有出血点、肺充血水肿。患病的大多数为羔羊，羔羊和幼龄羊发病很急，死亡率较高，且造成羊发育迟滞，给养羊业造成很大的经济损失。本病多发生于绵羊，山羊较为少见。在常见的羊病中，羊巴氏杆菌病对养羊业的危害较为严重，长途运输、饲料的更换、季节变化、饲养环境，以及羊抵抗力等因素，都可能引起羊巴氏杆菌病的发生。临床上主要以急性经过、败血症和炎性出血为特征。

【流行病学】

（1）**传染源**　病羊和带菌羊。

（2）**传播途径**　经呼吸道、消化道及损伤的皮肤感染。

（3）**易感动物**　绵羊较易感染，山羊不易感染，以羔羊和幼龄羊多发。

（4）**流行特点**　无明显季节性，呈现地方流行性。

【临床症状】　本病潜伏期为 2~5 天。临床上一般分为最急性型、急性型和慢性型。

（1）**最急性型**　主要发生于刚出生的羔羊。羔羊常常突然发病，在数小时内甚至几分钟内死亡（图 1-24），表现为虚弱、寒战、呼吸困难等，死亡率达 100%。

（2）**急性型**　这是最常见的临床型。患病羊突然发病，多表现为精神沉郁、拒食、体温升高至 41~42℃、鼻孔出血、呼吸短促、咳嗽等，并常有黏性分泌物流出。有时会发生颈部、胸下部位水肿。初期，病羊会出现便秘；后期腹泻，有时粪便混有血水。病羊常在 3~4 天内因腹泻造成脱水而死亡，死亡率较高。死亡羊头颈后仰（图 1-25）。

（3）**慢性型** 病程可达 20 天左右，病羊表现为食欲减退、消瘦、呼吸困难、伴随咳嗽等，伴发角膜炎，眼分泌物明显增多。精神沉郁，被毛粗乱，弓背，叫声嘶哑。消化不良，粪便稀软、恶臭。有些病羊颈部和胸部会出现水肿。临死前体温会下降，身体处于极度衰弱状态，但慢性型的死亡率相对较低。死前极度消瘦。

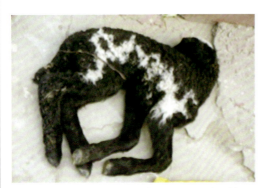

图 1-24 最急性型巴氏杆菌病死亡的羔羊

图 1-25 急性型巴氏杆菌病死亡的羊头颈后仰

【病理变化】

（1）**最急性型** 剖检时往往没有特征性病变，仅见败血症和炎性出血的变化。

（2）**急性型** 急性死亡的病羊，可见颈部皮下水肿，有小点状出血（图 1-26）。咽喉部有出血点，喉头肿胀，气管充血，有泡沫样黏液（图 1-27）。肺部瘀血、出血、肿胀，表面可见点状出血，肺间质增宽，颜色不均，呈暗红色、灰白色斑驳状分布，部分有肝变（图 1-28），有的病羊肺部呈纤维素性肺炎变化。胸腔常有浅黄色积液，暴露在空气中迅速凝集成胶冻

图 1-26 颈部皮下水肿，有小点状出血

样。心脏外膜有出血斑，心冠有出血点，心冠脂肪呈胶冻样（图 1-29），心肌松软，心内膜出血（图 1-30）。肝脏瘀血，表面有出血点，稍肿大，表面有土黄色的变性，质地脆弱，切面流出凝固不良的血液（图 1-31）。胆囊充盈，胆汁较稀薄（图 1-32）。肾脏出血，但不肿大，切面皮质部有针尖大小的出血点；脾脏不肿大，几乎无变化。整个肠道黏膜呈弥漫性充血、出血，特别以小肠段充血、出血较明显（图 1-33），皱胃黏膜弥漫性充血（图 1-34）。肺门淋巴结、肠系膜淋巴结水肿、出血，下颌淋巴结肿大、出血。

（3）**慢性型** 慢性型病羊除消瘦外，肺部呈纤维素性肺炎变化（图 1-35），心包炎和肝坏死（图 1-36）。

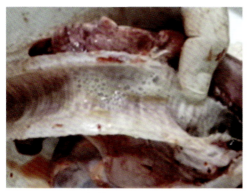

图 1-27　气管充血，有泡沫样黏液

图 1-28　肺部瘀血、出血、肿胀，表面可见点状出血，肺间质增宽，颜色不均，呈暗红色、灰白色斑驳状分布，部分有肝变

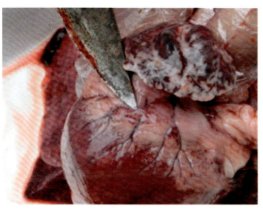

图 1-29　心脏外膜有出血斑，心冠有出血点，心冠脂肪呈胶冻样

图 1-30　心肌松软，心内膜出血

图 1-31　肝脏瘀血，表面有出血点，稍肿大，表面有土黄色的变性，质地脆弱，切面流出凝固不良的血液

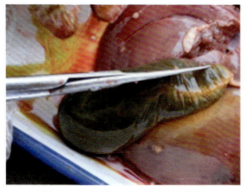

图 1-32　胆囊充盈，胆汁较稀薄

图 1-33　充血、出血较明显的小肠

图 1-34　皱胃黏膜弥漫性充血

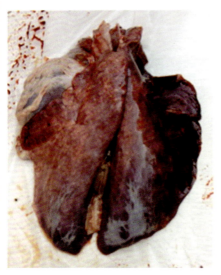

图 1-35　肺部呈纤维素性肺炎变化

图 1-36　肝坏死

【鉴别诊断】　根据临床表现与病理变化，可初步诊断。确诊可取典型病变的肺门淋巴结、肠系膜淋巴结及心血做抹片，用甲醇固定并进行瑞氏染色后，显微镜下可明显见到两极着色的球杆菌，有荚膜；革兰染色呈阴性。在麦康凯琼脂培养基上不生长，在血液琼脂表面生长成极其湿润、圆形、表面光滑、露滴样灰白色菌落，不溶血。确诊也可通过 PCR 方法进行。注意羊巴氏杆菌病与羊肠毒血症、羊肺炎链球菌病的鉴别（表 1-1）。

表 1-1　羊巴氏杆菌病与羊肠毒血症、羊肺炎链球菌病的鉴别

鉴别要点	羊巴氏杆菌病	羊肠毒血症	羊肺炎链球菌病
季节性	不明显	春末夏初和秋末多发	冬季和春季多发
发病年龄	多发于幼龄羊、羔羊	2~12 月龄绵羊易感	各种年龄
临床特征	急性经过，败血症和出血性炎症	小肠肠壁充血、出血，呈黑红色。肾脏表面充血，质地松软如泥	各脏器广泛出血，淋巴结肿大、脾脏肿大
实验室诊断要点	两极浓染的球杆菌，革兰染色呈阴性	革兰染色呈阳性、粗大、两端钝圆的产气荚膜杆菌	双球形、有荚膜、革兰染色呈阳性、3~5 个相连的链球菌

【预防】

1）本病的发生与应激因素密切相关，减少或避免应激发生是预防本病的关键。要注意长途运输、饲料的更换、季节变化、气温骤降、饲养环境及羊抵抗力等因素，也要注意饲料霉变和真菌毒素超标，避免各种因素引起机体免疫力下降而导致发病。

2）在羊养殖过程中，尤其是羔羊出生阶段，一定要做好相关的护理工作。加强饲料管理，保证饲料的质量和羊的营养；还要定期打扫羊舍，保持羊舍的卫生；冬季做好羊舍的保暖工作，使羔羊在一个温暖舒适的环境中出生；如果发现有羊出现巴氏杆菌病的症状，要及时将其隔离并进行治疗，避免传染其他羊群。

3）做好疫苗防疫，羔羊出生后及时接种疫苗。春、秋两季对羊群免疫接种羊巴氏杆菌灭活苗，1~1.5 毫升 / 只。

【治疗】

（1）治疗原则　消除应激因素，恢复免疫力抗菌和对症治疗。

（2）治疗方案　治疗时，最好先做药敏试验，选择敏感药物。病羊要立即隔离治疗，并用 2% 氢氧化钠溶液、10% 石灰乳或 20% 草木灰溶液彻底消毒用具和羊舍。坚持消毒，及时清理粪便，全场免疫接种巴氏杆菌疫苗，有条件的可注射高免血清。要定时为病羊服用口服补液盐，保证羊的营养，调整羊体内电解质的平衡，并加强对病羊的护理，直到病羊的食欲和体温恢复正常。全群羊使用 0.1% 高锰酸钾溶液和黄芪多糖饮水。

方案 1：羊巴氏杆菌病对庆大霉素和磺胺类药物敏感，有较好疗效，可肌内注射 20% 磺胺嘧啶钠注射液，5~10 毫升 / 只，庆大霉素按每千克体重 1~1.5 毫克，2 次 / 天，连用 3~5 天。

方案 2：口服磺胺嘧啶，每千克体重 6 克，2 次 / 天，连用 5 天。地塞米松磷酸钠注射液，10 毫克 / 只，肌内注射，1 次 / 天，连用 3 天。柴胡注射液每千克体重 0.1 毫升，肌内注射，1 次 / 天，连用 3 天。硫酸阿米卡星注射液，每千克体重 7.5 毫克，肌内注射，2 次 / 天，连用 5 天。以上药剂叠加使用。

对病死羊消毒、深埋并做无害化处理，对病羊活动的圈舍、场地、接触过的用具进行彻底消毒。对粪尿等排泄物用 20% 漂白粉彻底消毒。加强舍内通风换气。

五、链球菌病

羊链球菌是 C 群链球菌引起的一种羊急性、热性、败血性传染病，其特征为下颌淋巴结和咽喉肿胀、各脏器充血、大叶性肺炎、胆囊肿大。

【流行病学】

（1）**传染源**　病羊及带菌羊，致病菌多存于鼻液、鼻腔、气管和肺部，通过分泌物排出体外造成传染。

（2）**传播途径**　主要通过呼吸道感染，其次是经皮肤损伤感染，也可通过羊虱蝇等吸血昆虫叮咬传播。

（3）**易感动物**　绵羊最易感，其次为山羊。

（4）**传播方式**　水平传播。

（5）**流行特点**　本病的流行有明显的季节性，多为冬季和春季流行，尤其以 2~3 月最为严重。

【临床症状】　本病的潜伏期，自然感染时为 2~7 天，少数可达 10 天。临床上将本病分为 4 种类型。

（1）**最急性型**　病羊发病初期不易被发现，常于 24 小时内死亡，或在清晨检查圈舍时发现死于圈内。

（2）**急性型**　病羊病初体温升高到 41℃，精神沉郁、垂头、弓背、呆立、不愿走动。食欲减退或废绝，停止反刍。眼结膜充血（图 1-37），流泪，随后出现浆液性分泌物。鼻腔流出浆液性脓性鼻液。咽喉肿胀，咽喉和下颌淋巴结肿大，呼吸困难，流涎、咳嗽。粪便有时带有黏液或血液。妊娠羊阴门红肿，多发生流产。最后衰竭倒地，多数窒息死亡，病程为 2~3 天。

图 1-37　眼结膜充血

（3）**亚急性型**　体温升高，食欲减退。流黏液性透明鼻液，咳嗽，呼吸困难。粪便稀软，带有黏液或血液。嗜睡，不愿走动，走时步态不稳，病程为 1~2 周。

（4）**慢性型**　一般轻度发热，消瘦、食欲减退、腹围缩小、步态僵硬。有的病羊咳嗽，有的出现关节炎。病程 1 个月左右，转归死亡。

【病理变化】　各脏器广泛出血，淋巴结肿大。鼻腔、咽喉、气管黏膜出血，肺有水肿、气肿和出血（图 1-38）。肺有时呈肝变

图 1-38　肺有水肿、气肿和出血

区，其坏死部与胸壁粘连。肝脏肿大（图 1-39），胆囊肿大（图 1-40），胆汁外渗。靠近胆囊部分组织的表面、十二指肠多呈黄色。胸膜和心包腔有积液（图 1-41）。脾脏肿大，有小出血点（图 1-42）。肾脏质地变白、变软，有贫血性梗死区，有的肿胀被膜不易剥离（图 1-43）。胃肠黏膜肿胀，有的部分脱落，瓣胃的内容物干如石灰，皱胃内容物稀薄，黏膜充血、出血。幽门充血及出血。肠道积满气体。十二指肠内变成黄色，回盲瓣区域或间有充血及出血。膀胱内膜有出血点（图 1-44）。腹腔器官的浆膜面都附有纤维素，用手触拉呈丝状（图 1-45）。

图 1-39　肝脏肿大

图 1-40　胆囊肿大

图 1-41　心包腔有积液

图 1-42　脾脏肿大，有小出血点

图 1-43　肾脏质地变白、变软，有贫血性梗死区，有的肿胀被膜不易剥离

图 1-44　膀胱内膜有出血点

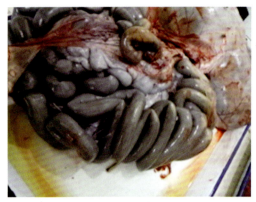

图 1-45　腹腔器官的浆膜面都附有纤维素，
用手触拉呈丝状

【鉴别诊断】　根据流行特点，结合临床症状及病理剖检的特征，可做出初步诊断。确诊需进行实验室检查，可通过细菌分离鉴定或 PCR 等方法。需要与羊炭疽病、羊快疫、羊肠毒血症和羊巴氏杆菌病进行鉴别诊断。

（1）**羊炭疽病**　病程急速，夏季多发，多在唇舌、两颊、眼睑及乳腺处有肿胀，天然孔出血，血液呈煤焦油状，血液凝固不全。血液涂片镜检可见革兰阳性且呈刀切竹节状的炭疽芽孢杆菌。

（2）**羊快疫**　病程短，死亡快，尸体很快腐败，腹部膨胀严重。皮下有带血的胶样浸润，胸腔内积有大量的深红色混浊液，消化道内产生大量气体。皱胃与肠道有出血性炎症，肝脏与心脏如煮熟样，肝脏涂片镜检有长丝状或长链状梭状芽孢杆菌。

（3）**羊肠毒血症**　尸体腐败较慢，皮下很少有带血的胶样浸润，肾脏软化呈现泥状，大肠出血严重。

（4）**羊巴氏杆菌病**　临床以高热、呼吸困难、皮下水肿为主要特征。病料涂片用吉姆萨染色镜检，可见典型的两极着色，革兰染色呈阴性。

【预防】　加强饲养管理，提高机体抵抗力。发生本病时，应做好封锁、隔离、消毒等工作。被污染的羊圈用 3% 来苏儿、1% 福尔马林消毒，粪便堆积发酵。在流行地区，每只健康羊肌内分点注射抗羊链球菌血清 40 毫升，可有效预防发病。在疫区每年按免疫计划实施接种。3 月龄以下的羔羊，第一次注射后 2~3 周再注射 1 次，免疫期可达 6 个月以上。

【治疗】　发病初期用青霉素或磺胺类药物进行治疗。

六、羊大肠杆菌病

大肠杆菌是具有共生性和致病性的复杂细菌。动物大肠杆菌病是兽医临床最常见的细菌病，危害较为常见。致病性大肠杆菌主要是通过消化道感染，羔羊采食或舔食被污染的物品后，常发生急性感染，主要表现为急性败血症和胃肠炎，死亡率很高；成年羊发病概率小，但常常引发混合感染。

【流行病学】

（1）**传染源**　传染源是病羊和带菌羊。

（2）**传播途径**　传播途径为排泄物和被病原污染的饮水及食物等。

（3）**易感动物**　易感群体为6周龄以内的幼龄羊，其症状最明显、危害性最大、病死率最高（50%左右）；60日龄以后的羊具有一定的抵抗力，发病率及病死率相对较低（10%~15%）。致病性大肠杆菌可引起成年母羊发病，也可由母羊经子宫内感染胎儿或经过脐部感染出生羔羊。正常羊体内，也可能存在致病性大肠杆菌，但不一定引起羊发病。

（4）**传播方式**　主要经粪-口传播，通过呼吸道和口腔感染后，病原体分泌致病因子，破坏病羊肠道微生态的稳定性，从而产生致病性。

（5）**流行特点**　常年都可发病，一般在冬季（11月~第二年3月）气温较低或者换季时较为多发。当气温骤变、天气阴冷、母羊孕期营养不良、饲喂变质发霉饲料、羔羊体质瘦弱、环境过差或饲养密度过大及缺乏微量元素等诱因存在时，都会增加病原体感染风险，促使本病的发生。

【临床症状】　本病潜伏期一般为几小时或1~2天，按本病的临床症状分为败血型和肠炎型（或腹泻型）。

（1）**败血型**　多见于2周龄~3月龄的羔羊。病羊病初体温升高至41.5~42℃，精神沉郁，结膜充血、潮红，呼吸浅表，随后出现明显的中枢神经系统紊乱。病羊口吐白沫、四肢僵硬、运步失调，出现视力障碍，继而卧地磨牙，头向后仰，一肢或数肢泳动（图1-46，视频1-3和视频1-4）。病羊有轻微的腹泻（图1-47，视频1-5）或不腹泻，少数排出带血的稀便。也有的病羊出现关节炎。死前腹部膨胀，肛门外凸，可视黏膜发绀，多数于发病后4~12小时内死亡，很少有恢复者。

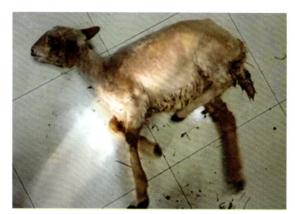

视频1-3

视频1-4

图1-46　病羊卧地磨牙，头向后仰，一肢或数肢泳动

视频 1-5

图 1-47　病羊腹泻造成肛门及周围被毛被粪便沾污

（2）**肠炎型（或腹泻型）**　常见于 7 日龄内的羔羊。病羊病初体温升高到 40.5~41℃。随后出现腹泻，初期粪便呈糊样，由黄色变为灰白色（图 1-48 和图 1-49，视频 1-6），然后粪便为液状，带气泡，有时混有血液和黏液（图 1-50）。病羊腹痛，拱背（视频 1-7），卧地。如果不及时治疗，病羊常在 24~36 小时死亡，病死率为 15%~75%。存活的羔羊发育迟缓。

图 1-48　腹泻型病羊初期粪便呈糊样　　　　图 1-49　粪便由黄色变为灰白色

视频 1-6　　　视频 1-7

图 1-50　混有血液和黏液的粪便

【病理变化】

（1）**败血型** 败血型病羊无明显特征性变化。主要是在胸腔、腹腔和心包腔内可见大量积液，内混有纤维蛋白（图1-51）；某些病羊的关节，尤其是肘关节和腕关节肿大，内含混浊滑液和纤维素性脓性絮片；脑膜充血，有很多小出血点。

（2）**肠炎型（或腹泻型）** 腹泻型病羊脱水，皱胃及肠内容物呈黄灰色半液体状（图1-52），皱胃黏膜充

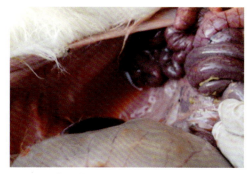

图1-51 腹腔内可见大量积液，内混有纤维蛋白

血水肿明显，瘤胃和网胃黏膜脱落，皱胃和十二指肠及小肠中段呈严重的充血及出血（图1-53）。大网膜、肠系膜和各个肠管中存在明显的水肿现象（图1-54），肠壁严重扩张变薄，呈现半透明状（图1-55）。轻轻刮取肠黏膜可以发现肠道黏膜很容易脱落，肠黏膜下存在充血、出血现象。肠系膜淋巴结肿胀出血（图1-56），肿胀的淋巴结横切后从中流出大量汁液，并且存在表面瘀血现象（图1-57）。其他脏器无典型病理学变化。

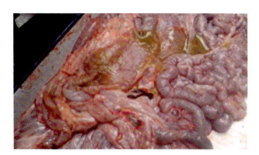

图1-52 肠内容物呈黄灰色半液体状

图1-53 小肠中段呈严重的充血及出血

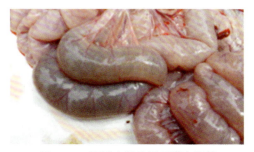

图1-54 明显水肿的肠系膜和肠管

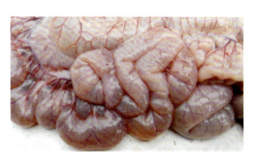

图1-55 肠壁严重扩张变薄，呈现半透明状

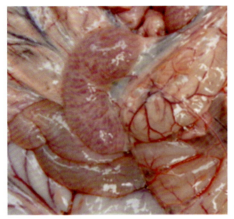
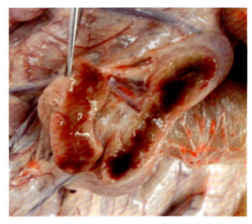

图 1-56　肠系膜淋巴结肿胀出血　　　　图 1-57　横切肿胀淋巴结流出大量汁液，
　　　　　　　　　　　　　　　　　　　　　　　　表面瘀血

【鉴别诊断】除依据发病特点与病理变化进行鉴别诊断外，还需要进一步通过实验室诊断。将病羊分泌物或病变组织，接种到血琼脂平板和伊红亚甲蓝琼脂平板上，然后放置在生化培养箱内，持续培养 24 小时，温度控制在 37℃。在血琼脂平板上生长出灰白色、圆形、隆起、湿润、光滑、不存在溶血的致病菌菌落。在伊红亚甲蓝琼脂平板上生长出深紫黑色的致病菌菌落，菌落外观带有明显的金属光泽。

【预防】首先，应强化母羊的饲养管理力度，做好保膘工作，提高羔羊对疾病的抵抗能力，保证其健康，在饲养期间应做好母羊与羔羊的保暖工作。本病常规使用抗生素疗法，但由于近年来，抗生素在兽医临床上的大量使用，导致动物源细菌耐药性增强，所以应进行体外药敏实验，筛选敏感药物进行治疗。

其次，养殖人员应及时为羔羊注射相关疫苗，一旦发现病情应立即隔离，并对饲养环境进行彻底消毒。当羔羊发病后应为其肌内注射乙酰甲喹，剂量为 0.1 毫升/千克，每天注射 2 次。症状消除后，还应继续采用巩固治疗方法，期间应保证药物剂量的合理性，不得超剂量注射。新生羔羊及时灌服 0.2~0.3 毫升的胃蛋白酶，皮下注射硫酸庆大霉素等药物。当羔羊出现严重脱水问题时，应为其静脉注射葡萄糖氯化钠，根据实际情况确定剂量，通常为 20~100 毫升。当羔羊出现兴奋症状时，应为其灌服 0.1~0.2 克的水合氯醛。

再次，养殖人员应做好饲养环境的消毒工作，定期消毒，为羔羊的生长提供良好的环境。冬季时，饲养人员应充分重视保温工作；秋季时，应重点防潮。每次母羊临产前及生产后，养殖人员均应彻底消毒羊舍，利用氢氧化钠充分消毒，或者在地面铺撒石灰，完成消毒后应封闭羊舍。在产羔期，饲养人员应每天进行消毒喷雾，轮流使用 3~4 种消毒药物，如癸甲溴铵、84 消毒剂及二氯异氰脲酸钠等。还应做好新生羔羊的饲养管理工作，利用 0.1% 的温高锰酸钾溶液有效擦拭母羊的乳头、腹下等部位，保证羔羊吃到充足的乳汁，提高自身的抵抗力，保证饲喂量的合理性，不能一次饲喂过量。及时隔离发病羔羊，严格消毒羔羊接触过的地面、墙壁及排水沟等，通常选择 3%~5%

的来苏儿。在进行预防注射时，养殖人员应根据病原的血清类型，选择同型菌苗，保证良好的防治效果。

最后，母羊妊娠期间应保持适量运动，养殖人员应根据母羊的营养情况合理调整饲喂营养，在妊娠后期应保证在饲料中添加一定量的蛋白质与维生素饲料。在临产前 30 小时，为母羊注射亚硝酸钠药物，产后 3 天饲喂高营养食物，促进母羊身体的快速恢复，及时进行有效防疫。

【治疗】　采用抗菌疗法，为母羊注射硫酸庆大霉素，剂量为每千克体重 2~4 毫克；或喂服磺胺类药物，首次剂量为 1 克，以后每 4~6 小时口服 0.5 克。采用补液方法，当羔羊出现脱水问题时，应及时补液，或者静脉注射复方氯化钠注射液或 5% 葡萄糖氯化钠注射液，剂量为每次 30~50 毫升。调整胃肠机能，纠正酸中毒可使用 5% 碳酸氢钠液 10~30 毫升；也可采用胃管灌服 6% 硫酸镁溶液（含 0.5% 福尔马林）40 毫升，经 6~8 小时再灌服 10~20 毫升。

七、羊梭菌性疾病

羊梭菌性疾病是由梭状芽孢杆菌属细菌引起的一类急性传染病，包括羊肠毒血症、羊猝狙、羊黑疫、羊快疫和羔羊痢疾。该类疫病以发病急、病程极短和病死率高为主要特征。

1. 羊肠毒血症

【流行病学】　各种年龄的羊均可感染，主要发生于绵羊，特别是 2~12 月龄膘情良好的羊最易发病，山羊少见。病羊和带菌羊为主要传染源，通过消化道传染。本病发病率低而死亡率高，多呈散发性或地方性流行；也有明显的条件性，多与羊采食过量青嫩多汁、富含蛋白质的饲草及过量的谷类饲料等原因造成肠道环境改变有关，细菌大量繁殖，产生毒素，引起羊肠毒血症的发生。本病在一个疫群内的流行时间多为 30~50 天。开始时比较猛烈，连续几天出现病羊死亡，停止几天，又连续发生，到后期病情逐渐缓和，最后自然停止发生。

【临床症状】　本病的发生多为急性，病程较短，特点是突然发病，不显症状即死亡。临死前步态不稳、全身肌肉震颤，最后倒地或侧卧，四肢划动、抽搐、痉挛，出现角弓反张、呼吸急促、口鼻流白沫（视频 1-8~ 视频 1-10）症状，有腹泻现象，粪便呈灰黑色稀糊状。病羊大多体温正常，个别病羊体温会升高。病死率较高，一旦发病就很难治愈。病程稍长的可见病羊离群呆立，精神沉郁，反刍停止，步态不稳，随后腹痛不安，有的排灰黑色或黄褐色带黏液的稀便。倒地磨牙，四肢痉挛，角弓反张，随后头颈抽缩昏迷（视频 1-11），病羊体温一般不高。羊肠毒血症往往会导致病羊伴有尿糖和血糖升高现象。

视频 1-8

视频 1-9

视频 1-10

视频 1-11

【病理变化】 突然发病迅速死亡者未见特征性剖检变化。病程较长者可见胸腔、腹腔及心包腔内有混浊积液（图1-58）；心脏肿大，心肌松软，心内、外膜有出血点（图1-59和图1-60）；肝脏呈黄褐色，肿大、脆软，被膜下有点状或带状出血（图1-61）；肺部充血、水肿；肾脏变性呈脑组织样，质软如泥，稍加触压即碎烂，是其典型病变（图1-62）；膀胱黏膜有密集的针尖状出血点（图1-63）；肠充血、出血，肠壁呈弥漫性出血或溃疡，严重时整个肠道的肠壁呈红色，故有"血肠子病"之称（图1-64，视频1-12和视频1-13）。胸腺有出血点，脑膜有出血（图1-65）。全身淋巴结肿大，切面呈黑褐色（图1-66）。

视频 1-12

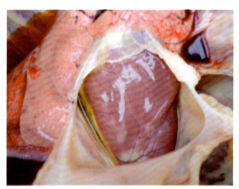

图 1-58　胸腔积液和心包腔积液

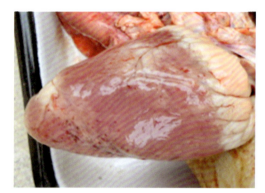

图 1-59　心外膜有出血点

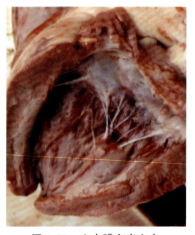

图 1-60　心内膜有出血点

图 1-61　肝脏呈黄褐色，肿大、脆软，被膜下有点状出血

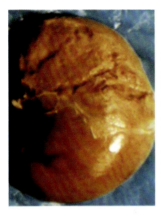
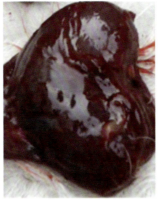

图 1-62　肾脏变性，质软如泥，稍加触压即碎烂

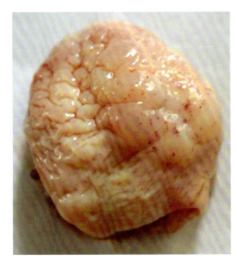

视频 1-13

图 1-63　膀胱黏膜有密集的针尖状出血点

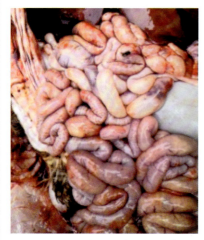
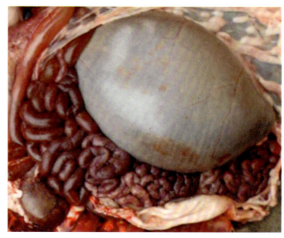

图 1-64　肠充血、出血，肠壁呈弥漫性出血（左侧），严重时整个肠道的肠壁呈红色（右侧）

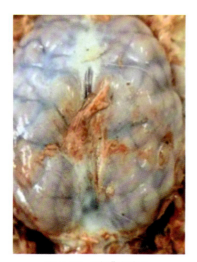

图 1-65　脑膜有出血

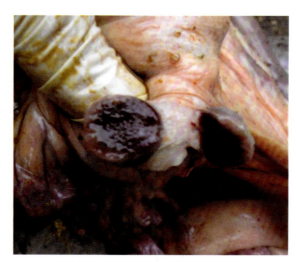

图 1-66　淋巴结肿大，切面呈黑褐色

【鉴别诊断】根据流行病的特点和病理变化中的肠充血、肾烂软和体腔积液，可做出初步诊断，确诊需进一步做细菌分离和毒素鉴定。

2. 羊猝狙

【流行病学】主要发生于成年绵羊，以 1~2 岁的绵羊发病较多，山羊也可发病。本病多发生于早春和晚秋，常呈地方性流行，低洼与沼泽地区多发。被 C 型产气荚膜梭菌污染的牧草、饲料和饮水都会成为传染源。病菌会随着羊采食和饮水经口进入消化道，在肠道中（特别是十二指肠和空肠）生长繁殖并产生毒素，导致羊产生毒血症而死亡。

【临床症状】　本病病程急促，一般为 3~6 小时，通常多数病羊未见症状即死亡。病羊体温一般正常，有时会见有病羊掉队、痉挛、卧地、咬牙、眼球突出、衰弱，并在数小时后死亡。

【病理变化】　十二指肠和空肠黏膜严重充血、糜烂（图 1-67），有的区段可见大小不等的溃疡（图 1-68）。胸腔、腹腔和心包腔积液（图 1-69），暴露于空气后，可形成纤维素性絮状物（图 1-70）。病羊死后 8 小时，骨骼肌有出血和气性裂孔。

图 1-67　空肠黏膜严重充血、糜烂

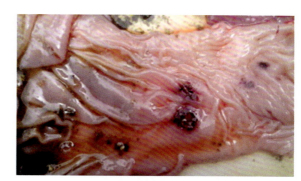

图 1-68　空肠黏膜大小不等的溃疡

图 1-69　胸腔积液

图 1-70　积液形成纤维素性絮状物

【鉴别诊断】　根据病羊突然死亡、腹膜炎和溃疡性肠炎等主要特征即可初步诊断，确诊需做细菌学检查和毒素试验。

3. 羊黑疫

【流行病学】　多发生于 1 岁以上的绵羊，2~4 岁的绵羊发病最多，多为膘情良好的羊。春、夏季节多发本病，常见于低洼、潮湿地区。本病的病菌芽孢多存在于土壤中，当绵羊采食了被该菌污染的牧草、饲料或饮水后，芽孢进入肝脏。肝脏受到肝片吸虫损伤后，提供了芽孢生长繁殖的条件，细菌迅速繁殖，产生毒素而引发本病。

【临床症状】　本病病程极短，绝大多数羊未见症状即突然死亡。临床表现为病羊体温升高，呼吸困难，流涎，昏睡俯卧而死。少数病羊病程可拖延 1~2 天，病羊掉群，精神不振，食量减少，身体虚弱，呼吸困难，体温升高至41.5℃左右，病死率为100%。

【病理变化】病羊尸体迅速腐败，皮下静脉充血、发黑，使羊皮肤呈暗黑色，故名"黑疫"。胸部皮下组织水肿，胸腔和腹腔有大量积液。肝脏充血、肿胀，表面有坏死灶，界限清晰，呈灰黄色、不规整的圆形（图1-71），周围常有鲜红色的充血带围绕，坏死灶直径为2~3厘米，切面呈半圆形。因肝脏有大小不等的坏死灶，所以本病也叫"羊传染性坏死性肝炎"。皱胃幽门部和小肠黏膜充血、出血（图1-72和图1-73）。

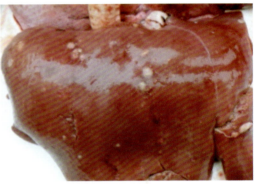

图1-71　肝脏充血、肿胀，表面有灰黄色、不规整的圆形坏死灶

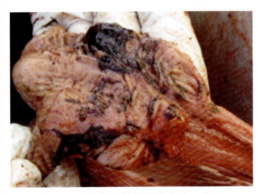

图1-72　皱胃幽门部黏膜充血、出血　　　　图1-73　小肠黏膜充血、出血

【鉴别诊断】根据流行病学和肝脏特征性坏死等特征可初步诊断，确诊需进行细菌学试验和毒素检验。

4. 羊快疫

【流行病学】绵羊对本病易感，山羊也易感，但发病较少。发病年龄一般为6~18月龄，营养中等以上的多发。本病季节性和条件性强，以秋季、冬季和早春季节多发。致病菌所污染的土壤、牧草、饲料和饮水都可能成为传染源。致病菌经消化道感染，当受到不良的外界因素影响，如气温骤变、阴雨天气、采食带冰霜饲草和抵抗力下降时，腐败梭菌大量繁殖，产生外毒素，导致消化道黏膜、特别是皱胃黏膜发生坏死和炎症，同时外毒素随血液进入体内，刺激中枢神经系统，引起急性休克，使病羊急速死亡。本病以散发为主，发病率低而病死率高。本病具有明显的地方性特点。

【临床症状】 最急性型病羊常见在放牧时死在牧场上或早晨发现死于羊舍内。有的病羊突然停止采食和反刍，死前表现为磨牙、腹痛、四肢分开、后躯摇摆、呼吸急促、口鼻流泡沫状液体（图1-74）。最终病羊痉挛卧地，2~6小时后死亡。急性型病羊初期虚弱，食欲废绝，离群独处，卧地，不愿走动，驱赶则表现为走路摇晃，运动失调。有的病羊腹部膨胀，有病痛症状，排便困难，粪便中混有血丝和黏液（图1-75），有恶臭味，呈黑绿色软便或稀便。最后极度衰竭、昏迷，很快死亡，治愈率低。

图1-74　口流泡沫状液体

图1-75　粪便中混有血丝和黏液

【病理变化】 病羊尸体迅速腐败，胸腔、腹腔、心包腔有大量积液（图1-76和图1-77），暴露于空气中易凝固（图1-78）。皱胃胃底部及幽门附近的黏膜常有大小不等的出血斑块和坏死灶（图1-79）。肠道充血、出血，尤其是十二指肠较为明显（图1-80）。心内、外膜出血（图1-81）。肝脏肿大、质脆，呈煮熟状（图1-82）。胆囊膨大，充满胆汁（图1-83）。

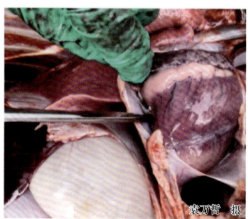

图1-76　心包腔有大量积液

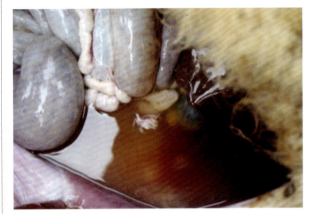
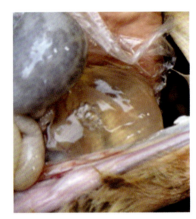

图 1-77　腹腔有大量积液　　　　　　图 1-78　积液暴露于空气中易凝固

图 1-79　皱胃黏膜有大小不等的出血斑块和坏死灶

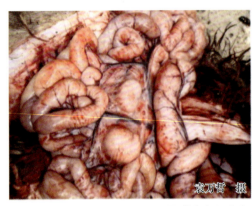
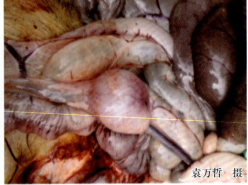

袁万哲　摄　　　　　　　　　　　　　　　　　　　　袁万哲　摄

图 1-80　肠道充血、出血，尤其是十二指肠较为明显

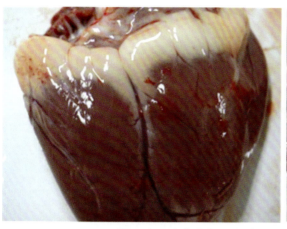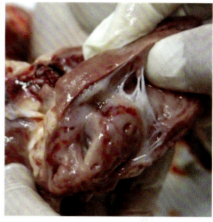

图 1-81　心内膜出血（左侧）、心外膜出血（右侧）

图 1-82　肝脏肿大、质脆，呈煮熟状

图 1-83　胆囊膨大，充满胆汁

【鉴别诊断】 本病发病突然，死亡快，根据流行病学特征和病理剖检中皱胃、十二指肠、肝脏、心内膜和心外膜等特征性变化可初步诊断。确诊应做实验室检查。

5. 羔羊痢疾

【流行病学】 本病呈地方性流行，冬春产羔季节多发，主要为害 7 日龄以内的羔羊，尤其是 2~3 日龄羔羊易感。天气骤变、饲养环境差、羊体质弱等因素会引发本病。母羊妊娠期营养不足，人工补乳不定时、不定量或乳温不适宜都是诱发本病的原因。传染途径主要是通过消化道，也可能通过脐带或创伤。

【临床症状】 本病潜伏期为 1~2 天。病羊病初精神沉郁，低头拱背，不想吃乳。不久就发生腹泻，粪便恶臭，黄色，呈糊状（图 1-84）或稀薄如水。病后期有的粪便还含有血液。病羔羊逐渐虚弱，卧地不起，若不及时治疗，常在 1~2 天内死亡，只有少数较轻的可能自愈。有的病羔羊，腹胀而不腹泻，或只排少量稀便，也可能带血，主要表现为神经症状，四肢瘫软，卧地不起，呼吸急促，口流白沫，最后昏迷，头向后仰，体温降至常温以下（视频 1-14）。病情严重，病程很短，常在数小

视频 1-14

时到十几个小时内死亡（图1-85）。

图1-84　羔羊排出黄色糊状恶臭粪便

图1-85　羔羊头向后仰死亡

【病理变化】　尸体脱水现象严重，最显著的病变在消化道。皱胃内常有未消化的乳凝块（图1-86，视频1-15）；小肠（主要是回肠）黏膜充血发红，常可见直径为1~2毫米的溃疡（图1-87）；有的肠内容物呈血色（图1-88），肠系膜淋巴结肿胀、充血、出血（图1-89）。心包腔积液、心内膜有时有出血点。肺部常有充血区域或瘀斑（图1-90）。

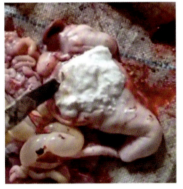

图1-86　皱胃内未消化的乳凝块

视频 1-15

图1-87　回肠黏膜充血发红，有直径为1~2毫米的溃疡

图1-88　部分肠内容物呈血色

图 1-89　肠系膜淋巴结肿胀、充血、出血

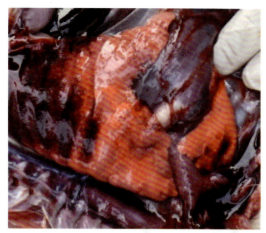

图 1-90　肺部有充血区域或瘀斑

【鉴别诊断】　在经常发生的地区，依据流行病学、临床症状和病理变化一般可以做出初步诊断。为了确定病原及其毒素，应从新鲜尸体采取小肠内容物、肠系膜淋巴结和肝脏、心脏血等，进行细菌和毒素检验。羊梭菌性疾病与羊链球菌病、羊炭疽和羊大肠杆菌病在流行特点、临床症状和病理变化上有相似之处，容易混淆，应注意鉴别（表 1-2）。

【预防】

（1）**预防为主**　由于该类疾病多为突发病，无论病程长短，都缺少十分有效的治疗方法，因此重点是进行积极的预防。根据羊梭菌性疾病发生的特点，减少应激因素是有效防控的关键。饲养管理条件不良和防疫意识薄弱是造成本病发生的主要因素。科学饲养，消除一切诱发因素。平时加强饲养管理，圈舍、场地及笼具等要保持清洁。平时放牧时避免抢青，减少抢茬，少饲喂菜根、菜叶等多汁饲料。加强羊的饲养管理，防止受寒感冒，避免羊采食冰冻饲料，早晨放牧不能太早。

（2）**不从疫区购买羊**　一旦发现发病羊立即隔离，并对症治疗，病死羊一律烧毁或深埋。对病羊污染的场所、饲料和用具等进行彻底消毒，将病死羊及其排泄物消毒后进行深埋；其他羊及时注射疫苗。

（3）**免疫接种**　每年夏末秋初定期接种"羊快疫、羔羊痢疾、羊黑疫、羊猝狙和羊肠毒血症五联苗"，各年龄羊一律皮下或肌内注射 5 毫升。

【治疗】　治疗羊梭菌性疾病首选林可霉素。同时结合对症疗法，强心补液。

（1）**治疗原则**　早发现、早诊断、早治疗。抗菌，防止继发感染和对症治疗。

（2）**治疗方案**　发病羊立即隔离治疗，并用 2% 氢氧化钠溶液、10% 石灰乳或 20% 草木灰溶液彻底消毒用具和羊舍。

表1-2 羊肠毒血症、羊猝狙、羊黑疫、羊快疫、羔羊痢疾与羊链球菌病、羊炭疽、羊大肠杆菌病的鉴别

鉴别要点	羊肠毒血症	羊猝狙	羊黑疫	羊快疫	羔羊痢疾	羊链球菌病	羊炭疽	羊大肠杆菌病
病原	D型产气荚膜梭菌	C型产气荚膜梭菌	B型诺维氏梭菌	B型腐败梭菌	B型产气荚膜梭菌	C群链球菌	炭疽芽孢杆菌	病原性大肠杆菌
发病年龄	2~12月龄的绵羊	1~2岁成年绵羊	2~4岁成年绵羊	6~8月龄的绵羊	7日龄以内	各种年龄的羊均易感染	任何年龄的羊	吸血型多见于2~6周龄羊,肠炎型见于1周龄羔羊
体况	膘情好	膘情好	膘情好	膘情好	体质弱	差别不明显	营养不良	差别不明显
流行病学特征	散发,春末夏初和秋末多发	早春和晚秋多发	春夏季和低洼、潮湿地区多发,与肝片吸虫的感染密切相关	早春和秋冬多发	产羔季节多发	呈地方流行或者散发,冬春季多发	春、秋两季多发	呈地方流行或者散发,冬春季多发
发病诱因	过量使用谷类、高蛋白质饲料或者青绿饲草	羊长期生活在低洼潮湿环境会引发本病	肝片吸虫损伤	气温骤变,阴雨天气,采食带冰霜饲草	天气骤变,羊体弱;母羊妊娠期营养不足,人工补乳不定时,不定量,或乳汁不适宜	天气寒冷,营养不良,圈舍潮湿,饲养密度大等因素	和气温高、雨水多、吸血昆虫多有关	气温骤变,营养不良,圈舍潮湿,密度大,以及突变等因素方式引发本病
体温	一般正常	一般正常	体温升高	体温正常	一般正常	体温升高	体温升高	体温升高
特征性症状或者病变	肠壁充血,呈黑红色。肾脏实质松软如泥,稍压即烂	急性死亡,腹膜炎,十二指肠和空肠黏膜严重充血、溃烂;小肠溃疡,死后8小时,肌肉出血和气肿	尸体皮肤呈暗黑色,肝脏有坏死灶,界限清晰	皱胃发生出血性炎症,弥漫性、斑块状	剧烈腹泻,肠黏膜充血、肠溃疡,羔羊大批死亡	妊娠母羊流产;大叶性肺炎,泛出血,各脏器广泛出血、小肠结肿,肝脏和脾脏肿大,胆囊肿大2~4倍,胆汁外渗	天然孔流血,且血凝不良;脾脏明显肿大	吸血型主要是胸腔积液和脏器出血;肠炎型主要是胃肠的病变,排黄色、灰色或混有血液的液状粪便
实验室诊断要点	产气荚膜梭菌α、ε毒素	产气荚膜梭菌α、β毒素	B型诺维氏梭菌α毒素	肝脏被膜触片镜检可见到无节长丝状的腐败梭菌	产气荚膜梭菌α、β和ε毒素	肝脏、脾脏涂片可见革兰阳性链球菌,多成对或3~5个成短链	天然孔血液涂片可见具荚膜的炭疽芽孢杆菌	革兰阴性球菌

方案 1：对羊肠毒血症，可肌内注射 100 万 ~150 万国际单位青霉素；如果病羊症状严重，要结合使用强心剂、镇静药物等进行治疗。另外，还可按每千克体重在每天饲料中添加金霉素 120 毫克，连续使用 5 天，并在饮水中添加适量的氨苄西林钠，充分溶解后任其自由饮用，并控制在 2 小时内饮完，连续使用 5~7 天。

方案 2：对羔羊痢疾，可用土霉素 0.2~0.3 克，或加胃蛋白酶 0.2~0.3 克，加水灌服，每天 2 次；也可由磺胺脒 2.5 克、碱式硝酸铋 6 克，加水 100 毫升混合，灌服，每次 4~5 毫升，每天 2 次。

方案 3：对羊快疫等，可每次肌内注射 80 万 ~160 万国际单位青霉素，每天 2 次；也可按每千克体重灌服 5~6 克磺胺嘧啶，连续使用 3~4 次；也可按每千克体重肌内注射 0.015~0.02 克复方磺胺嘧啶钠注射液，每天 2 次。

八、羊副结核病

羊副结核病又称羊副结核性肠炎，是由副结核分枝杆菌引起的一种慢性传染病。世界动物卫生组织（World Organization for Animal Health，WOAH）将其划为 B 类疫病，我国将其划为 Ⅲ 类动物疫病。我国羊副结核病的发病率地方差异较大，呈散发性或地方性流行。本病临床上以贫血、腹泻和渐进性消瘦为特征，剖检可见肠黏膜增厚并形成皱襞。羊多在幼龄时感染，经过很长的潜伏期，到成年时才出现临床症状，特别是在机体抵抗力减弱等条件下容易发病。本病尚无有效治疗方法，为此防控本病的主要方法是检测、隔离和淘汰病羊。

【流行病学】

（1）**传染源** 病羊和带菌羊。

（2）**传播途径** 副结核分枝杆菌能够通过病羊的粪尿、乳汁排出体外；健康羊一旦采食了被病原菌污染的饮水或饲料，会经消化道感染发病。

（3）**易感动物** 各年龄羊均可感染本病，以幼龄羊最易感染。

（4）**流行特点** 本病无明显季节性，饲养条件差、通风不良、饲养密度过大等因素可诱发本病。

【临床症状】 本病潜伏期为数月至数年。病羊呈现渐进性消瘦，精神沉郁、食欲减退或废绝，被毛凌乱，排便呈黑褐色或浅黄色，伴有腥臭味和气泡。有的病羊表现为间歇性或持续性腹泻，粪便呈稀糊状。体温正常或略微升高，病程缠绵数月，病羊脱毛、衰竭、卧地。病至末期可并发肺炎、器官衰竭等症状，转归多以死亡告终。有研究表明，本病会导致病羊血红蛋白减少，血钙和血镁下降。

【病理变化】 病羊机体外观消瘦，肛门和尾部多被粪便污染。尸体剖检见可视黏膜苍白，皮下与肌间处脂肪消失而呈现胶样水肿。主要病理变化在消化道和肠系膜淋巴结。空肠、回肠和结肠前段黏膜整体或局部增厚 3~5 倍，尤其回肠变化较为显著，形成类似大脑回纹样硬而弯曲的褶皱（图 1-91）。肠黏膜呈黄白色或灰黄色，褶皱突起处常充血，覆有混浊黏液（图 1-92）。肠系膜淋巴结肿大、坚实，切面呈灰白色（图 1-93）或灰红色（图 1-94），均质呈髓样变。有的病羊皱胃和直肠也有较为明显的病变，其他脏器病变不显著。镜检可见肠黏膜固有层、黏膜下层，以及肠系膜淋巴结的淋巴窦中有大量巨噬细胞、上皮样细胞（图1-95）和巨细胞；抗酸染色镜检可见这些细胞中含有红色成丝的副结核分枝杆菌（图1-96）。

图1-91　回肠黏膜增厚，形成类似大脑回纹样硬而弯曲的褶皱

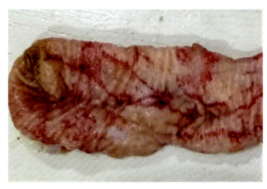

图1-92　肠黏膜呈灰黄色，褶皱突起处常充血，覆有混浊黏液

图1-93　肠系膜淋巴结肿大、坚实，切面呈灰白色

图1-94　肠系膜淋巴结肿大、坚实，切面呈灰红色

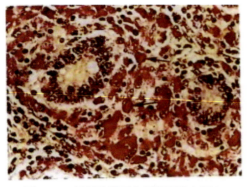

图1-95　回肠黏膜固有层的肠腺之间有大量吞噬副结核分枝杆菌的上皮样细胞

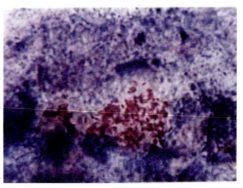

图1-96　抗酸染色镜检见红色成丝的副结核分枝杆菌

【鉴别诊断】 根据本病的流行病学、临床症状及病理变化可做出初步诊断。确诊则需通过补体结合试验、酶联免疫吸附试验、皮内变态反应和琼脂扩散试验等进一步验证。实验室细菌学检查，所用材料包括载玻片、抗酸染色法试剂等。操作方法如下：刮取病变肠段黏膜制成涂片，火焰固定，在触片上滴满石炭酸复红液。涂片下用火焰加热直到有蒸汽出现，注意最好不要产生气泡，需要 5~6 分钟。水洗，然后通过酸性酒精溶液脱色，需 0.5~1 分钟，直至无色为止。最后用亚甲蓝溶液复染约 1 分钟，水洗，吸干，经抗酸染色后镜检，能够观察到红色成丛、成团、细长稍弯的副结核分枝杆菌。本病临床上与沙门菌病、营养不良及胃肠道寄生虫病有相似之处，应注意加以鉴别。

（1）**与沙门菌病的鉴别** 沙门菌病多呈急性或亚急性经过，以羔羊呈现腹泻、急性败血症及母羊妊娠后期流产为主要特征，镜检可从病羊粪便中观察到革兰阴性小杆菌。

（2）**与营养不良的鉴别** 羊营养不良常发生于冬春季节，病羊虽然会出现消瘦和腹泻等症状，然而其肠道却没有副结核分枝杆菌所导致的肠黏膜显著增厚等典型病理变化。

（3）**与胃肠道寄生虫病的鉴别** 该类寄生虫病既具有消耗性疾病特征，也具有慢性病特征，通常可通过粪便沉淀法或漂浮法在粪便中检测到大量寄生虫虫卵。但本病也无肠黏膜增厚并形成褶皱等病理变化。

【预防】

（1）**加强饲养管理** 在本病多发的地区应多增加干草料，补充适量的骨粉或鱼粉，适当补给一些微量元素，如硒、铜、铁等矿物质。定期检疫，对粪检阳性或补给阳性者扑杀。定期用甲醛、氢氧化钠、草木灰等消毒剂对圈舍内外及饲养用具等进行消毒。

（2）**发现病羊和可疑羊应及时隔离饲养** 经实验室检查确诊后及时扑杀处理病羊。对其尸体及时焚烧或深埋，做好无害化处理，彻底消除病原菌。所涉及的羊舍、羊栏、饲槽、用具等要用石炭酸等消毒剂进行严格消毒。粪便堆积经生物发酵处理后方可利用。对假定健康羊群，每年进行 2 次皮内变态反应和粪便检查，连续 2 次检疫为阴性者方可视为健康羊群。

（3）**及时淘汰病羊，净化羊群** 对出现明显症状的病羊及细菌学检查呈阳性的羊应及时予以淘汰，同时加强饲养管理。有条件的可采用集约化养殖方式，避免共用草场。坚持自繁自养，引进的种羊要做好隔离检疫工作，经细菌学检查或皮内变态反应，阴性羊方可混群饲养。定期采用副结核灭活疫苗进行免疫接种，增强羊群的免疫力，才能够有效防控羊副结核病的发生和流行。

【治疗】

（1）**治疗原则** 采用异烟肼治疗能够缓解病情，但病羊并无治疗价值。建议对开放性的病羊采取扑杀处理，防止散布传染。

（2）**治疗方案** 应用链霉素、异烟肼类药物，均无疗效。止泻剂至多能使本病暂时好转。副结核分枝杆菌对青霉素高度敏感，但因脓肿有较厚的包囊，所以有时疗效不佳。发病早期可应用敏感的抗菌药物进行治疗，可用青霉素80万~160万国际单位、生理盐水10毫升，混合溶解后，在肿胀周围肌内深部注射，每天2次，连用3天。磺胺类药物效果较好，可用20%磺胺嘧啶钠注射液10毫克，静脉注射，每天1次，连用2天。症状轻微者在治疗的同时，可在饲料或饮水中加入黄芪多糖及多种维生素，辅助增强羊的抗病力。

九、羊沙门菌病

羊沙门菌病又名羊副伤寒，是由羊流产沙门菌、鼠伤寒沙门菌及都柏林沙门菌引起的一种急性传染病，以羔羊出血性腹泻、妊娠母羊流产为主要临床特征。本病一年四季均可发生，可呈散发性或地方性流行，所有羊群均易感，尤其以妊娠后期母羊和断乳羔羊最易感。

【流行病学】

（1）**传染源** 病羊或者带菌羊。

（2）**传播途径** 主要以消化道感染为主，交配、人工授精和垂直传播等途径也能感染；各种不良的饲养条件和饲养环境能诱发内源性或外源性感染从而促进本病的发生。

（3）**易感动物** 绵羊、山羊均可感染，以妊娠期最后1~2个月的母羊及7~15日龄的断乳羔羊多发。人对鼠伤寒沙门菌也易感。

（4）**流行特点** 一年四季均可发生，育成羊多发生于夏季和早秋，妊娠羊多发于天气寒冷多变的早春或晚冬。

【临床症状】临床上一般分为腹泻型和流产型两种。

（1）**腹泻型** 通常羔羊容易发生。发病初期，病羊精神沉郁，减少吮乳，食欲减退，体温升高到40~41℃，怕冷，弓背站立，部分卧地、跛行，大部分会伴有腹痛、腹泻，排出大量散发恶臭并混杂黏液或血液的稀便。发病后期有大量血样粪便呈喷射状排出，病羊快速脱水，渴欲增强，眼球明显下陷，部分病羊出现呼吸加快、咳嗽、有黏液性鼻液流出等症状。通常发病后1~5天发生死亡，部分病羊2周后能够痊愈。本病发病率一般为30%，死亡率约为25%。

（2）**流产型** 通常在母羊妊娠期最后2个月容易发生。在流产前表现出体温明显升高，能够达到40~41℃，精神沉郁，停止采食，流产前后的几天内有分泌物从阴道流出（图1-97），流产母羊会出现胎衣滞留（图1-98）、胎盘水肿出血的症状。部分病羊鼻孔有黏液性鼻液流出，咳嗽增多，并伴发腹泻。患病母羊体内的病菌能够通过血液导致胎儿被感染，从而损害胚胎，使其过早在病羊腹中死亡；部分病羊会产出严重衰弱且伴有腹泻的活羔羊，1~7天内死亡。发病母羊能够在流产后或者没有流产的情况下发生死亡。流产率和死亡率都能够达到60%左右。

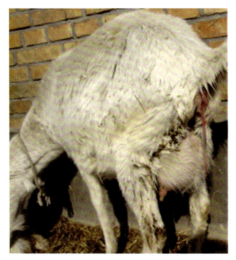

图 1-97　阴道流出分泌物

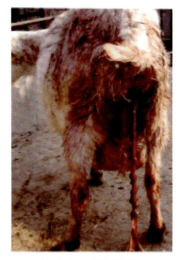

图 1-98　胎衣滞留

【病理变化】

（1）**腹泻型**　皱胃和肠道空虚，胃、肠黏膜充血、肿胀，有黏液及小血块（图1-99），肠道内容物通常呈半液体状（图1-100）；回肠或者结肠肿大，里面含有大量液体；肠系膜淋巴结充血、肿大（图1-101）；肠壁出现不同类型的出血，部分呈弥漫性出血（图1-102），部分呈点状出血（图1-103）；心包膜存在小出血点；肝脏表面存在黄白色的坏死灶（图1-104）；胆囊黏膜水肿（图1-105）；脾脏充血，呈黑紫色或者樱红色（图1-106，视频1-16），且肿大至正常大小的2~3倍；肾脏皮质部与心外膜存在出血点；部分皮下发生胶冻样水肿。

视频 1-16

图 1-99　肠黏膜充血、
肿胀，有黏液及小血块

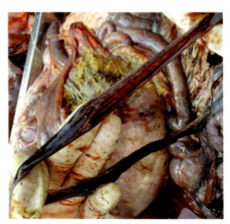

图 1-100　肠道内容物通常呈半液体状

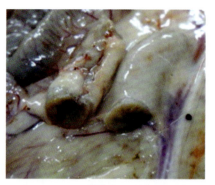

图 1-101　肠系膜淋巴结发血、肿大

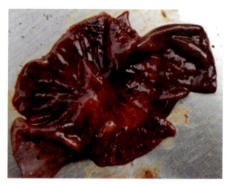

图 1-102　肠壁呈弥漫性出血

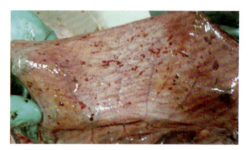

图 1-103　肠壁呈点状出血

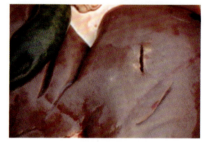

图 1-104　肝脏表面存在黄白色的坏死灶

图 1-105　胆囊黏膜水肿

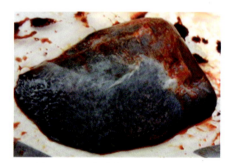

图 1-106　脾脏充血、呈黑紫色

（2）**流产型**　流产母羊主要表现子宫肿胀、充血，里面存在出血性、浆液性渗出物及坏死组织，甚至滞留有胎盘，胎盘水肿、出血（图 1-107）。流产（图 1-108）、死亡的胎儿或出生后 1 周内死亡的羔羊具有全身败血病变。肝脏、脾脏肿大、充血，并存在坏死灶（图 1-109）；胎儿皮下组织水肿、充血（图 1-110）。

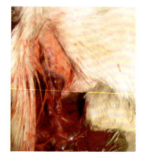

图 1-107　胎盘水肿、出血

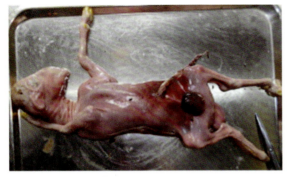

图 1-108　流产的胎儿

图 1-109　肝脏肿大、充血，有坏死灶

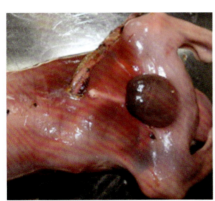

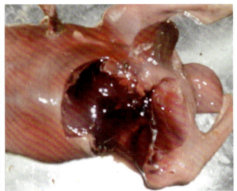

图 1-110　胎儿皮下组织水肿、充血

【鉴别诊断】　根据流行病学、临床症状及病理变化可做出初步诊断，确诊需采集病变组织结合细菌学和血清学综合诊断。腹泻型沙门菌病要注意与大肠杆菌病、羔羊痢疾、羊巴氏杆菌病的鉴别诊断，流产型沙门菌病要注意与布鲁氏菌病的鉴别诊断。

大肠杆菌病通常是羔羊发生，以发生腹泻和败血症为主要特征，败血型大肠杆菌病症状为羊胸、腹腔内有大量积液，胸膜充血，腕关节和肘关节肿大；肠炎型大肠杆菌病症状和病理变化与腹泻型沙门菌病较为相似，需结合细菌学和血清学诊断进行鉴别。患羔羊痢疾的羔羊表现出体温略微升高或者基本正常，且急性型羔羊常常不表现任何明显症状，突然死亡；皱胃内有未消化的乳凝块，小肠尤其回肠黏膜充血发红，常可见直径为 1~2 毫米的溃疡病灶，溃疡病灶周围有一充血、出血带环绕，肝脏发生充血、水肿并萎缩，肺部充血或形成瘀斑，心包腔内存在黄色积液，心内膜发生点状或者条纹状出血。患羊巴氏杆菌病的病羊颈部和胸部多有水肿出现，急性型出现先便秘后腹泻的症状，慢性型病程后期体温会下降；病羊皮下有液体浸润及点状出血，胸腔有黄色液体渗出，肺部有瘀血、出血现象。母羊感染布鲁氏菌病后虽也在妊娠后期发生流产，但流产后往往伴随发生子宫内膜炎或者胎衣不下。

【预防】

1）加强饲养管理，定期进行消毒，彻底消除传染源。经常更换干净垫草，及时清除粪便，保持通风良好，及时排出有害气体。保持舍内温度、湿度、饲养密度适宜，天气寒冷的冬季要加强保温防风，多雨的春季要注意防潮、防湿，避免羊由于环境温湿度不当而发生应激。

2）发现病羊后要立即进行隔离，并采取有效的治疗措施，且对病羊排泄物可能污染的各种用具及羊舍等进行严格消毒，并及时对健康的羊群使用药物进行预防。

3）由于多种动物都能够感染本病，因此羊场禁止混合饲养其他动物，从而可减少患病。加强灭鼠，禁止给羊提供鼠类污染的饮水和饲料。

4）病羊用药治疗后的康复期内也要注意检测其排菌情况，这是由于该阶段的排泄物和分泌物依旧含有病菌，会直接导致健康羊群感染发病，或者通过对用具、饮水、饲料等造成污染而间接传播本病。因此，羊在康复期依旧要采取隔离饲养，并经常使用2%~4%氢氧化钠等有效的消毒剂进行严格消毒。

【治疗】

（1）**治疗原则**　抗菌消炎，补充水盐平衡。

（2）**治疗方案**　已死亡的羊及时进行无害化处理，患病羊进行隔离治疗，并立即使用2%~4%氢氧化钠溶液等对圈舍进行严格消毒。病羊可选择使用敏感药物进行治疗，用药3~5天。

方案1：肌内注射8万国际单位硫酸庆大霉素，2次/天，连用3~5天。

方案2：每千克体重30~50毫克土霉素，每天分2次内服，连用3~5天。

方案3：每天使用0.75~1克新霉素，分成2~4次口服，连用3~5天。

方案4：按每千克体重口服0.15~0.20克磺胺二甲嘧啶，每天2次，连用3天。

方案5：中兽医方剂"郁附败毒汤"，加水煎煮2次，用小胃管或者导尿管灌服，每天2次，连用3天。

十、李氏杆菌病

李氏杆菌也称为李斯特菌（图1-111），包含7个种，其中存在于自然界中致病性最强的是单核细胞增生李氏杆菌，也是引起羊李氏杆菌病的病原。该菌易引起反刍动物，特别是羔羊和妊娠母羊发病。李氏杆菌病又名转圈病，是一种人畜共患传染病，临床主要表现为神经症状、脑膜炎、急性败血症和妊娠母羊流产。本病往往呈散发性且具有较高的病死率，给养羊业的发展和人的身体健康带来较大的影响。

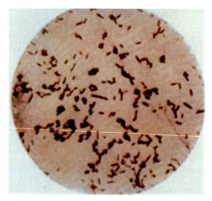

图1-111　李氏杆菌的形态
（革兰染色）

【流行病学】

（1）**传染源**　病羊和带菌羊。

（2）**传播途径** 主要通过消化道、呼吸道、损伤的皮肤，以及黏膜感染。

（3）**易感动物** 家畜中主要是绵羊、猪、兔最易发生，其次是牛、山羊，人也能感染。

（4）**流行特点** 主要以散发性为主，有时呈地方性流行，一年四季均发生，本病虽然发病率低，但死亡率较高，尤其在冬春季节发病率最高。冬季缺乏青贮饲料，天气骤变，寄生虫或沙门菌感染，均可成为本病发生的诱因；土壤肥沃的地方发病多。

【**临床症状**】 自然感染情况下，潜伏期为14~21天，部分可达2个月之久，发病后通常在3~7天内死亡。

（1）**幼龄羊** 病羊发病初期体温升高（40.5~41℃），食欲减退，精神沉郁，行动迟缓，目光呆滞，流涎、流泪、流鼻液，不随群运动，可能伴有神经症状。

（2）**成年羊** 主要以慢性病程为主，体温略偏低，无精打采，口流大量唾液。出现一些固有的神经症状，如面部肌群麻痹，出现欲采食而不能咀嚼吞咽的动作；运动失调，行走摇摆不定，沿偏头方向旋转（回旋病）（图1-112）或出现转圈运动现象，遇障碍物则将头抵在上面（图1-113），一侧或两侧后肢共济失调，一般常出现以肌肉麻痹的反方向运动；头颈麻痹，头颈弯向身体一侧（图1-114），且人力无法迫使其改变方向（图1-115）。随着病程的逐渐发展，前肢外展，头颈高抬，后肢因麻痹而拖地，然后病羊倒地不起，颈项僵硬，角弓弩张（图1-116），眼球明显外凸（图1-117），有时呈斜视状突出（图1-118）；意识逐渐模糊，接着陷入昏迷状态（图1-119），最后死亡，病程可达1~3周。

（3）**妊娠母羊** 常无任何症状流产，多发生在妊娠期最后3个月。胎衣停滞不下，易引发子宫炎。羔羊易发生急性败血症而死亡。

图1-112 羊沿偏头方向旋转

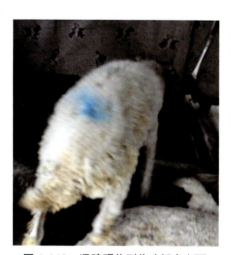

图1-113 遇障碍物则将头抵在上面

图 1-114　头颈麻痹，头颈弯向身体一侧

图 1-115　人力无法迫使其改变方向

图 1-116　病羊倒地不起，颈项僵硬，
角弓弩张

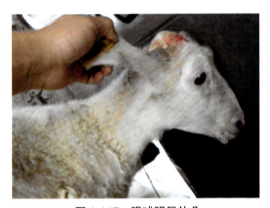

图 1-117　眼球明显外凸

图 1-118　患病羊眼球外突呈斜视状

图 1-119　病羊卧地不起，意识逐渐模糊，
接着陷入昏迷状态

【病理变化】 病变多体现在脑组织，表现为脑实质软化，有出血点（图 1-120）；脑血管水肿、充血（图 1-121），硬膜下有点状出血，脑脊液增多并混浊（图 1-122）。心肌呈灰色，心外膜有出血点（图 1-123），心包内积液严重，多为浅黄色液体。肝脏出现灰白色如同米粒状的坏死灶（图 1-124），全身淋巴结呈现不同程度的肿大、充血。脾脏略微肿大，有些患病羊脾脏会呈现出萎缩的现象。肾脏柔软多汁。个别患病羊内脏

器官无肉眼可见的特殊病变，此时仅见脑组织的变化。流产母羊子宫内膜易发生充血，胎盘发炎、子叶水肿（图1-125），胎盘绒毛膜上皮坏死，伴有脓性渗出物。

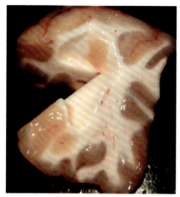

图 1-120　脑实质软化，有出血点

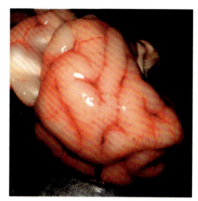

图 1-121　脑血管水肿、充血

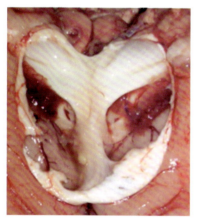

图 1-122　脑脊液增多并混浊

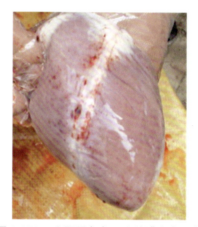

图 1-123　心肌呈灰色，心外膜有出血点

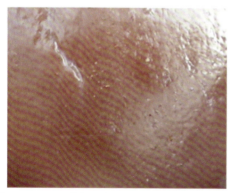

图 1-124　肝脏出现灰白色如同米粒状的坏死灶

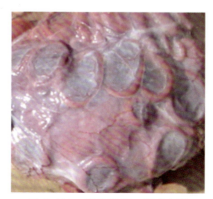

图 1-125　胎盘发炎、子叶水肿

【鉴别诊断】 根据流行病学、临床症状和病理变化可初步诊断，确诊需要进行实验室检查。本病应与其他引起神经症状的疾病相区别，羊李氏杆菌病与羊脑包虫病、羊绦虫病的鉴别见表1-3。

表 1-3 羊李氏杆菌病与羊脑包虫病、羊绦虫病的鉴别

鉴别要点	羊李氏杆菌病	羊脑包虫病	羊绦虫病
饮食情况	食欲减退	采食量逐渐下降	食欲降低
体温	体温升高	无明显变化或下降	有时迅速升高
运动姿势	不同方向转圈运动	一侧式转圈运动	头向后仰，回旋运动
全身症状	眼球外突，角膜混浊，结膜炎	身体逐渐消瘦，压迫头骨产生疼痛，头骨软化	快速消瘦，腹泻，被毛蓬乱
病程持续	较短	较长	较长
粪便	无虫卵	有虫卵	有绦虫节片、虫卵

【预防】

本病的发生多与饲养环境、空气质量、卫生状况、饮食条件、气候变化等密切联系。本病无特异性的疫苗，由于动物感染是否发病主要与机体的免疫状态、抗病力与入侵细菌数量等因素有关，因此需采取早预防和早治疗的措施，做到"五加强"，避免带来不必要的损失。

（1）**加强管理** 坚持每天勤观察，及时发现羊的异常现象。坚持"自繁自养，全进全出"的原则，尽量减少外来羊的引进。若从外地引进羊需进行隔离观察，确保健康后方可将其混合饲养。

（2）**加强消毒灭菌措施** 养殖场门前定期用消毒水消毒，定时清扫、消毒羊舍，可使用3%氢氧化钠消毒液喷洒地面。及时更换干燥洁净的垫草，使地面保持干燥。食槽用具可用0.1%新洁尔灭溶液浸泡消毒，粪便垃圾等及时清扫并消毒处理。

（3）**加强防疫管理** 及时在冬春季节进行药物预防，可选用土霉素或四环素拌料饲喂。对患病羊进行隔离，并对其粪便进行消毒处理。对病死羊进行无害化处理。

（4）**加强消灭鼠虫措施** 羊舍做好防蚊、灭虫、灭鼠，切断其传播途径，同时定期对羊群进行体内驱虫。净化羊舍空气，保持舍内空气流通。羊舍应注意防寒保暖。

（5）**加强青贮饲料的质量管理** 杜绝饲喂发霉、变质的饲料，同时适当地添加精料，可以在饲料中添加适量的维生素 B_1、钙及其他矿物质等，确保营养全面，确保提供洁净的饮水。

【治疗】

（1）**治疗原则** 及早发现，抗菌处理，对症治疗，加强护理，改善体质，避免出现继发感染。

（2）**治疗方案** 发病羊需立即进行隔离治疗，并用5%漂白粉溶液或高锰酸钾溶液彻底消毒一切用具和羊舍。

方案1：早期治疗需大剂量联合使用抗生素与磺胺类药物，避免本病的恶化发展。

方案2：发病羊肌内注射硫酸庆大霉素、20%磺胺嘧啶钠、氨苄西林，以连续注射5~8天为宜；或选用复方磺胺甲噁唑治疗。对于发生神经症状的羊可选择肌内注射异戊巴比妥钠或氯丙嗪。

方案3：中药治疗。野菊花、金银花、蒲公英、山栀根、茵陈各10克，茯神、钩藤根各6克，诃子、乌梅、车前草各5克，甘草3克，连续服用3天的煎汁粉。

方案4：增强羊群的免疫力，进行辅助治疗。可在饲料中添加阿莫西林，同时于饮用水中加入适量的葡萄糖及电解质来增强抗病能力。

第二节 羊病毒性传染病

一、小反刍兽疫

小反刍兽疫俗称羊瘟，是由小反刍兽疫病毒引起的小反刍动物的一种急性、接触性传染病。其特征是发病急剧、高热稽留、眼和鼻分泌物增加、口腔糜烂、腹泻和肺炎。本病毒主要感染绵羊和山羊等小反刍动物。我国农业农村部将其归为一类动物疫病。

【流行病学】

（1）**传染源** 患病动物和隐性感染者是主要的传染源，处于亚临床状态的羊尤为危险。

（2）**传播途径** 本病既可以经直接接触或呼吸道飞沫进行水平传播，也可通过精液和胎盘进行垂直传播。

（3）**易感动物** 自然发病主要见于绵羊、山羊、羚羊、美国白尾鹿等小反刍动物，但山羊发病时比较严重，牛、猪等可以感染，但通常为亚临床经过。

（4）**流行特点** 本病没有明显的季节性，一年四季都可发生，但在雨季和干燥寒冷的季节易多发。

【临床症状】 本病潜伏期多为4~8天。患病动物发病急剧，高热达41℃以上，稽留3~5天；初期精神沉郁，食欲减退，鼻镜干燥，眼、口腔、鼻腔分泌物由浆液性转为黏液脓性分泌物（图1-126和图1-127），呼出恶臭气体。口腔黏膜和齿龈充血，进一步发展为颊黏膜出现广泛性损害，导致分泌大量涎液（图1-128）；随后黏膜出现坏死性病灶，初期会在黏膜出现小的粗糙的红色浅表坏死病灶，以后变成粉红色，感染部位包括下唇、下齿龈（图1-129）等处，严重者可波及腭、颊部及乳头、舌等处（图1-130，视频1-17和视频1-18）。发病羊常出现腹泻，开始粪便变软，后期发展为水样腹泻，常带有血液，伴有难闻的恶臭气味，肛门附近及尾部被稀便沾污（图1-131）。病羊严重脱水、消瘦，并常有咳嗽、胸部啰音及腹式

视频1-17

视频1-18

呼吸的表现。死前体温下降。幼龄羊发病严重，发病率和死亡率都很高。

图 1-126　眼分泌物由浆液性转为黏液脓性分泌物

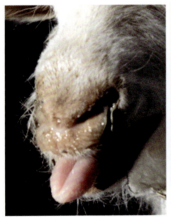

图 1-127　口腔、鼻腔分泌物由浆液性转为黏液脓性分泌物

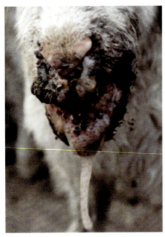

图 1-128　口腔分泌大量涎液　　　图 1-129　下齿龈黏膜出现小的粗糙的
　　　　　　　　　　　　　　　　　　　　　　　粉红色浅表坏死病灶

图 1-130　严重者可波及腭、颊部及乳头、舌等处

图 1-131　病羊出现水样腹泻，肛门附近及尾部被稀便沾污

【病理变化】　本病的病理变化是严重的出血性肠炎和肺炎。消化道主要表现为糜烂性损伤，食道和肠道比较明显。其中，食道黏膜可见高低不平的溃疡灶（图 1-132）；肠道有糜烂或出血变化，特别是在结肠和直肠结合处常常能发现特征性的线状出血（图 1-133）或斑马样条纹。皱胃则常出现有规则、有轮廓的糜烂，创面出血呈红色（图 1-134），瘤胃、网胃、瓣胃很少出现病变。在肺部的尖叶和心叶常可见到呈暗红色或紫色的实变区域（图 1-135），触摸较硬。尸体还可见结膜炎、坏死性口炎等肉眼病变，严重病羊可蔓延到硬腭及咽喉部。淋巴结肿大，脾脏有坏死性病变。在鼻甲、喉、气管等处有出血斑。

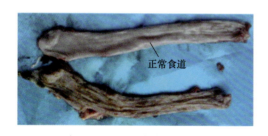

正常食道

正常食道

图 1-132　食道黏膜可见高低不平的溃疡灶

图 1-133　肠道有糜烂，线状出血

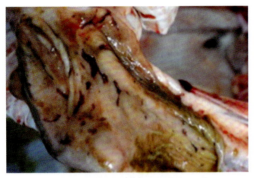

图 1-134 皱胃有规则、有轮廓的糜烂，
创面出血呈红色

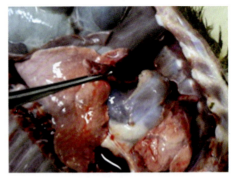

图 1-135 肺部的尖叶和心叶呈暗红色或
紫色的实变区域

【鉴别诊断】 根据流行病学、临床症状与病理变化可初步诊断，确诊可通过病毒分离或 PCR 等方法。

【预防】

1）严禁从疫区引进羊，对外来羊严格检疫，经临床诊断和血清学检查确认健康无病，方可混群饲养。

2）可以使用抗生素类药物预防继发感染。

3）免疫接种是控制本病的最有效途径，应确保免疫羊的密度和质量。常用的疫苗是小反刍兽疫同源减毒疫苗，有 Nigeria 75/1、Sungri/96、Arasur/87 和 Coimbatore/97 多重弱毒疫苗；重组亚单位疫苗：使用 H 蛋白或 N 蛋白的亚单位疫苗，均能刺激机体产生体液和细胞介导的免疫应答，产生的抗体能中和小反刍兽疫病毒和牛瘟病毒。

4）发病羊立即扑杀，并用碘制剂彻底消毒用具和羊舍。全群羊配合刀豆素肌内注射，1 次 / 天，连用 2 天。

二、羊口蹄疫

口蹄疫是由口蹄疫病毒引起偶蹄兽的一种急性、热性、高度接触性传染病，可快速远距离传播。口蹄疫病毒主要感染家养及野生偶蹄类动物，马属动物不感染口蹄疫病毒。牛尤其是犊牛对口蹄疫病毒最易感，骆驼、绵羊、山羊次之、猪也可感染发病。羊感染口蹄疫临床表现通常不明显，偶见严重病羊，其中山羊临床症状比绵羊温和。绵羊和山羊主要临床症状仅是在口腔黏膜、蹄部出现小水疱，很快消失，恢复很快，往往不易察觉。国际动物卫生组织（World Organisation for Animal Health，WOAH）将其列为法定报告疫病，我国将其列为一类动物疫病。

【流行病学】

（1）**传染源** 患病羊、带毒羊和病毒污染物。

（2）**传播途径** 近距离接触（气源性传染）和直接接触为主，还可经摄入、外伤、人工授精或自然受精、胚胎移植感染，偶有治疗性传播等途径侵染易感动物。

（3）**易感动物** 绵羊、山羊均可感染。

（4）**流行特点**　季节性不明显，但春季和秋季较为多发。

【临床症状】羊感染口蹄疫病毒的潜伏期为 1~7 天。发病后体温升至 40~41℃，呼吸加快，精神沉郁，食欲减退。口腔黏膜、蹄部表面、乳房皮肤等处出现水疱、溃疡和糜烂。

（1）**山羊**　山羊症状较为明显，羔羊死亡率高。口腔黏膜（主要是舌下和下唇口角）出现水疱，形似溃疡的烂斑很浅（图 1-136~ 图 1-138），修复快，不流涎。50% 以上病羊只有蹄部病变，并伴有体温升高、精神沉郁等。

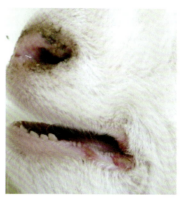

图 1-136　下唇口角黏膜的溃疡烂斑

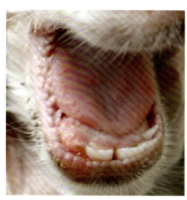

图 1-137　口腔黏膜出现水疱及很浅的溃疡烂斑

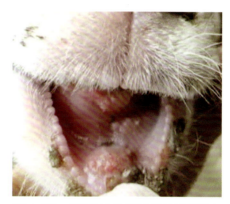

图 1-138　下唇口角口腔黏膜的溃疡烂斑

（2）**绵羊**　我国绵羊口蹄疫发病率较低，症状较轻。潜伏期为 2~8 天，最长为 14 天。患病羊有时临床症状轻微，易被忽视。尤其当水疱较小（米粒或豌豆粒大小）并仅限于口腔黏膜，又无其他明显流涎和咂嘴的临床症状时，需仔细检查才可发现舌上的小水疱，齿龈或唇部发炎肿胀（图 1-139），偶有颊部和咽部发炎肿胀等。蹄部发生水疱则表现跛行，不愿运动，症状严重时蹄小囊的输出管道可以挤出多量脓性干酪团块。个别病羊的乳房、阴户和阴道中也会观察到小水疱。

图 1-139　舌上的小水疱，齿龈发炎肿胀

绵羊口蹄疫的临床症状主要发生在蹄部，50% 以上为蹄部口蹄疫。

【病理变化】 临床可见的病理变化包括口腔、蹄部的水疱和烂斑（图 1-140），由于羊的舌上皮组织较薄，水疱容易破裂，并在数天之内愈合，导致很难在羊口腔和唇发现水疱。剖检病羊可发现消化道黏膜有出血性炎症，心外膜与心内膜有弥散性及斑点状出血，心肌切面有灰白色或浅黄色、针头大小的斑点或条纹，称为"虎斑心"，以心内膜的病变最为显著（图 1-141）。

图 1-140　蹄部的烂斑

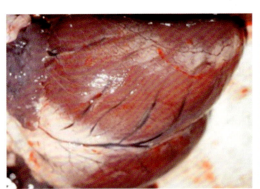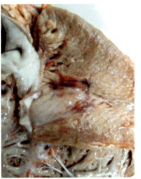

图 1-141　心外膜（左图）与心内膜（右图）的弥散性及斑点状出血

【鉴别诊断】 羊口蹄疫根据流行病学、临床症状和病理变化做出初步诊断，最终确诊需要采集病羊水疱皮或水疱液等典型病理材料送国家口蹄疫参考实验室进行检测。羊口蹄疫在临床上应与羊痘、羊水疱性口炎和羊口疮相区别，羊口蹄疫与其他疾病的鉴别见表 1-4。

表 1-4　羊口蹄疫与其他疾病的鉴别

羊口蹄疫		
	相似之处	不同之处
羊痘	体温升高、精神沉郁、食欲减退、呼吸急促	无毛或少毛的皮肤上形成痘疹，有浆液或脓性分泌物从鼻腔流出，痘疹很少出现在口腔

（续）

羊口蹄疫		
	相似之处	不同之处
羊水疱性口炎	口腔水疱样病变、体温升高、流涎、食欲减退或废绝	口腔黏膜及鼻镜干燥且出现米粒大的水疱，内含透明黄色液体，破裂后遗留浅而边缘不齐的鲜红色烂斑
羊口疮	体温升高、全身反应较重	全身性疱疹，出现在口、鼻、唇及体躯，呈黑褐色、圆形，多分散而互不交融

【预防】

（1）**强制免疫接种疫苗** 口蹄疫属于国家强制免疫的动物疫病，应当按照《中华人民共和国动物防疫法》和《口蹄疫防治技术规范》等法律法规的规定，按时进行疫苗免疫接种和血清抗体监测，当发现羊出现疑似口蹄疫症状时，应当立即报告上级主管部门进行处置。

（2）**加强日常饲养管理** 在饲养管理中，保持饲养环境的整洁、通风和干燥。定期对羊舍、活动场所等环境进行消毒，可选用的消毒剂有 10% 石灰乳、环氧乙烷、氢氧化钠溶液等。但要注意带羊消毒时要选择无腐蚀性和无刺激性的消毒剂。

三、羊口疮

羊口疮又名羊传染性脓疱、羊传染性脓疱性口炎、羊传染性脓疱皮炎，是由传染性脓疱病毒引起绵羊、山羊的一种急性、接触性传染病。本病以在口、唇等处皮肤黏膜形成丘疹、脓疱、溃疡和结成疣状厚痂为特征。本病主要为害羔羊，多为群发，成年羊多散发。

【流行病学】

（1）**传染源** 病羊和带毒羊。

（2）**传播途径** 主要通过损伤的皮肤、黏膜感染。

（3）**易感动物** 绵羊、山羊均可感染，以 3~6 月龄的羔羊多发，群发，成年羊多散发。人也可感染。

（4）**流行特点** 一年四季均可发生，但多发生于秋季、初春，或春末、夏初，天气炎热、干旱及枯草季节。

【临床症状】 本病潜伏期人工感染为 2~7 天，自然感染为 4~8 天。临床上一般分为唇型、蹄型和外阴型，也见混合型感染病羊。

（1）**唇型** 这是一种最常见的临床型。病羊首先在口角、上唇或鼻镜上出现散在的小红斑（图 1-142），逐渐变为丘疹和小结节（图 1-143），继而成为水疱或脓疱（图 1-144 和图 1-145），破溃后结成黄色或棕色的疣状硬痂（图 1-146 和图 1-147）。如果为良性经过，经过 1 周痂皮干燥、脱落而康复。严重病羊患部继续发生丘疹、水疱、脓疱、痂垢，并互相融合，波及整个口、唇周围及眼睑、耳郭等部位，形成大面积龟裂、易出血的污秽痂垢（图 1-148，视频 1-19）。痂垢下肉芽组织增生，痂垢不断增厚，整个唇部肿大外翻呈桑葚状隆起（图 1-149，视频 1-20）影响采食，病羊日趋衰弱。若伴有坏死杆菌、化脓性病原菌的继发感染，可引起深部组织化脓和坏死，致使病情恶化。有些病羊的口腔黏膜也发生水疱、脓疱和糜烂（图1-150），使病羊采食、咀嚼和吞咽困难。继发感染的病害可能蔓延至喉、肺及皱胃。若通过病羔羊传染，则母羊的乳头皮肤也可能出现和唇部皮肤同样的病理变化。

🎥 视频1-19　　🎥 视频1-20

图1-142　病羊唇部、鼻镜出现散在的小红斑

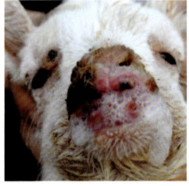

图1-143　病羊唇部和鼻镜上的丘疹和小结节

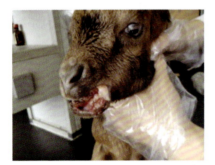

图1-144　病羊口角、唇部出现脓疱

图1-145　病羊唇部的水疱、脓疱

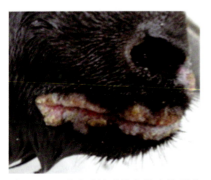

图1-146　破溃后结成黄色的疣状硬痂

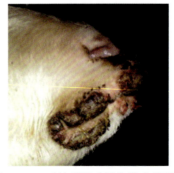

图1-147　破溃后结成棕色的疣状硬痂

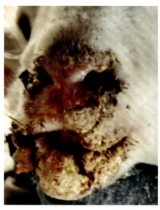

图 1-148　口唇周围形成大面积龟裂、易出血的污秽痂垢

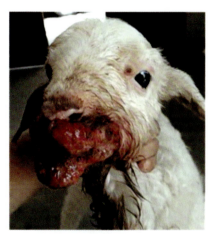
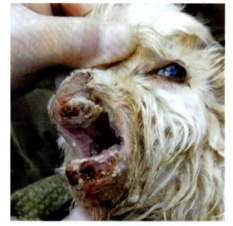

图 1-149　整个唇部肿大外翻呈桑葚状隆起　图 1-150　口腔黏膜发生水疱、脓疱和糜烂

　　(2) **蹄型**　几乎仅侵害绵羊。多见一肢患病 (图 1-151)，但也可能同时或相继侵害多数甚至全部蹄端。通常于中端蹄叉、蹄冠或系部皮肤上形成水疱、脓疱，撕裂后则成为由脓液覆盖的溃疡，若继发感染则发生化脓、坏死，常波及基部、蹄骨，甚至肌腱或关节。病羊跛行、长期卧地，病期缠绵。也可能肺部，以及乳房中发生转移性病灶，严重者衰竭而死或因败血症死亡。

　　(3) **外阴型**　较为少见。阴道流出黏性或脓性分泌物，在肿胀的阴唇及附近皮肤上发生溃疡 (图 1-152)；乳房和乳头皮肤上发生丘疹、小结节、脓疱和硬痂 (图 1-153~图 1-155)；公羊则表现为阴囊鞘肿胀，出现脓疱和溃疡。

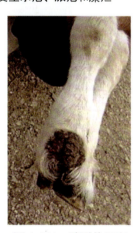

图 1-151　蹄型羊口疮
一肢患病

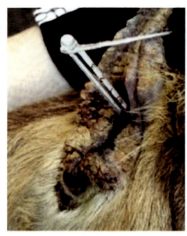

图 1-152　肿胀的阴唇及附近皮肤上的溃疡

图 1-153　患病羊乳房形成的丘疹和小结节

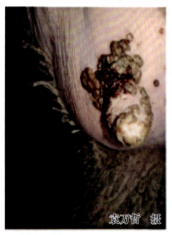

图 1-154　患病羊乳房和乳头形成硬痂

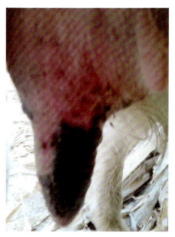

图 1-155　患病羊乳房和乳头的脓疱和硬痂

【病理变化】口腔深部的硬腭、咽黏膜、瘤胃和瓣胃有坏死和溃疡。

【鉴别诊断】根据流行病学、临床症状与病理变化可初步诊断，确诊可通过病毒分离或 PCR 等方法。羊口疮与羊痘的鉴别见表 1-5。

表 1-5　羊口疮与羊痘的鉴别

鉴别要点	羊痘	羊口疮
全身症状	严重，体温升高	不明显，体温正常
疱疹	全身性，口、鼻、唇及体躯	多在口、唇，体躯很少
痘痂	黑褐色，圆形，多分散而互不交融	黄色或棕色，多交融

（续）

鉴别要点	羊痘	羊口疮
揭去痂垢	不明显	肉芽增生、糜烂
痒感	不明显	不明显
流产、死胎	妊娠母羊几乎全部流产或产死胎	无

【预防】

1）严禁从疫区引进羊或购入饲料、畜产品，引进羊时必须隔离观察 2~3 周，严格检疫，同时应将蹄部多次清洗、消毒，证明无病后方可混入大群饲养。

2）保护羊的皮肤、黏膜勿受伤，捡出饲料和垫草中的芒刺；加喂适量食盐，以减少羊啃土、啃墙，防止发生外伤。

3）免疫接种，常用的疫苗是羊传染性脓疱皮炎活疫苗，在本病流行区可进行免疫接种，使用疫苗毒株型应与当地流行毒株相同。也可在严格隔离的条件下，采集当地自然发病羊的痂皮制成活毒疫苗，对未发病羊的尾根无毛部进行划痕接种，10 天后即可产生免疫力，保护期可达 1 年左右。

【治疗】

（1）治疗原则　抗病毒，防止继发感染和对症治疗。

（2）治疗方案　发病羊立即隔离治疗，并用 2% 氢氧化钠溶液、10% 石灰乳或 20% 草木灰溶液彻底消毒用具和羊舍。

方案 1：唇型和外阴型，先用水杨酸软膏将痂垢软化或用 4% 硫酸铜溶液清洗，除去痂垢后再用 0.1%~0.2% 的高锰酸钾溶液冲洗创面，再涂以甲紫、碘甘油、冰硼散或红霉素软膏等，1~2 次 / 天，直至痊愈。

方案 2：蹄型，可将蹄部在 5%~10% 的福尔马林中浸泡 1 分钟，连续浸泡 3 次，患部涂 3% 甲紫溶液或抗生素软膏。

方案 3：抗病毒药物与地塞米松注射液混合，肌内注射，1 次 / 天，连用 3 天。

方案 4：防止继发感染，可注射阿莫西林、青霉素、环丙沙星等抗生素，1~2 次 / 天，连用 2~3 天。

四、羊痘

羊痘是由绵羊痘病毒或山羊痘病毒引起绵羊或山羊的一种急性、热性、接触性传染病，以发热、无毛或者少毛部位的皮肤和黏膜发生丘疹和疱疹或淋巴结病变为临床特征。其发病有一定的特征，通常都是由斑疹、丘疹到水疱，再到脓疱，最后结痂。本病是所有动物痘病中危害最严重的一种，有较高的死亡率。还由于病后恢复期较长，导致羊营养不良，使羊毛的品质变劣，所以应加强防控。

【流行病学】　在自然情况下，绵羊痘病毒主要感染绵羊；山羊痘病毒则可感染绵羊和山羊，并引起绵羊和山羊的恶性痘病。不同地区的流行是由不同毒株所引起的，敏感的绵羊和山羊呈现特征性的表现，容易与其他疫病相区别，其中以细毛羊、羔羊最易感，病死率高。羊痘可发生于任何季节，但以春秋两季比较多发，传播很快。病羊呼吸道的分泌物、痘液、脓汁、痘痂上皮均含有病毒。本病主要传染途径为呼吸道、消化道，以及受损伤的表皮；污染的饲料、饮水、羊毛、羊皮、草场、初愈的羊，以及接触的人畜等，都能成为传播的媒介，但病愈的羊能获得终身免疫。

【临床症状】 本病潜伏期一般多为6~8天，但可短至2~3天，天冷时可以长达15~20天。绵羊和山羊的临床表现基本相同，但也有不同之处。

（1）绵羊痘 病初体温升高至41~42℃，精神委顿，食欲不振，脉搏及呼吸加快，间有寒战。手压脊柱时，有严重的疼痛表现，尤以腰部最严重。鼻黏膜充血，轻度发炎，有分泌物。持续1~2天后在无毛或少毛部位，如眼周、鼻端、口、唇、会阴、四肢的内侧、乳房及尾内侧出现痘疹（图1-156~图1-160），初期为红色圆形斑点（图1-161），斑点很快形成结节，即圆锥形的丘疹。数日之后，丘疹内部逐渐变成充满浆液的水疱。水疱通常扁平，中间凹下，其内液体在2~3天后变为脓性，即由水疱期转为脓疱期（图1-162）。脓疱逐渐破裂，变为褐色的痂，称为结痂期（图1-163）。痂经过4~6天而脱落，遗留红色瘢痕，称为落痂期（图1-164）。

图 1-156 绵羊鼻端上的痘疹

图 1-157 绵羊会阴皮肤上的痘疹

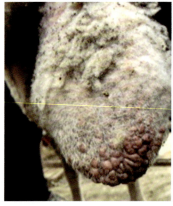

图 1-158 绵羊尾内侧皮肤上的痘疹 1

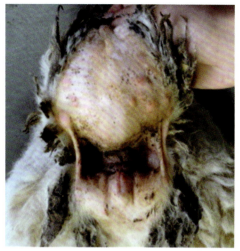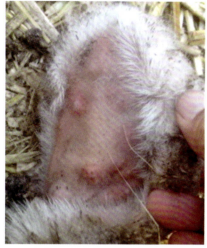

图 1-159 绵羊尾内侧皮肤上的痘疹 2

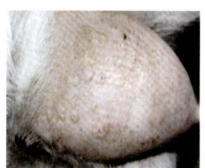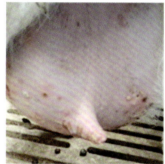

图 1-160 绵羊乳房部的痘疹

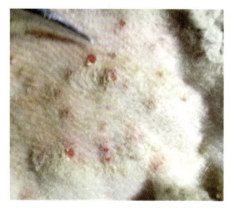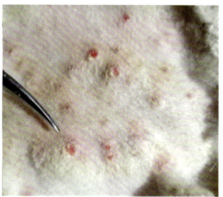

图 1-161 初期为红色圆形斑点（手术剪所指）

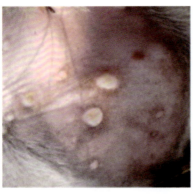

图 1-162　水疱扁平，中间凹下，
其内液体为脓性（脓疱期）

图 1-163　脓疱逐渐破裂，变为褐色的痂
（结痂期）

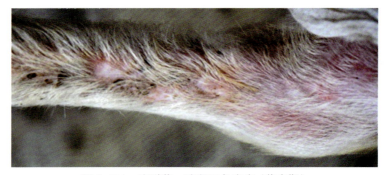

图 1-164　痂脱落，遗留红色瘢痕（落痂期）

（2）山羊痘　病程和绵羊痘相似，但痘的病变常局限在皮肤和黏膜，形成痘疹（图 1-165），少数病羊可蔓延到唇部或齿龈。病程为 10~15 天。

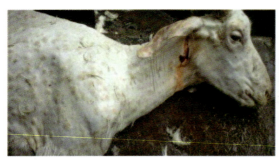

图 1-165　山羊皮肤上的痘疹

【病理变化】　特征性的病变主要见于皮肤及黏膜（呼吸道、皱胃和肺）出现痘疹（图 1-166~图 1-168），之后易形成糜烂或溃疡。淋巴结水肿、多汁而发炎。肝脏常有脂肪变性。

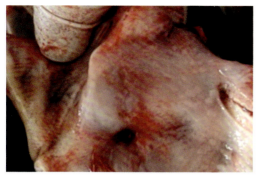

图 1-166　咽喉黏膜上的痘疹

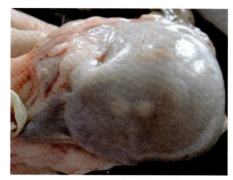

图 1-167　皱胃黏膜上的痘疹

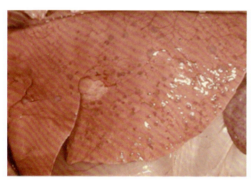

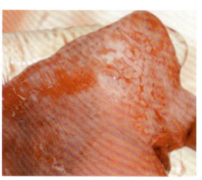

图 1-168　肺表面的痘疹（不同阶段）

【预防】

1）平时加强饲养管理，增强羊的抵抗力，引进羊时需要严格检疫。

2）对病羊要加强保暖、饲喂易消化饲料、铺垫柔软垫草等，可用 0.1% 高锰酸钾溶液、忍冬藤和野菊花煎汤或用淡盐水轻轻清洗破溃的黏膜部位，然后再涂擦上碘甘油或者甲紫。针对口腔部位可在清洗后，喷上冰硼散。

3）定期进行预防注射。对流行地区的健康羊，每年定期注射疫苗。过去曾长期使用羊痘鸡胚化弱毒疫苗，使用很安全，能产生强免疫力。山羊痘细胞化弱毒冻干疫苗，可用于山羊痘和绵羊痘免疫，效果很好。不论羊大小，一律在尾内面或股内侧皮内注射 0.5 毫升，免疫期为 1 年，羔羊应在 7 月龄加强注射 1 次。

4）中兽医预防疗法。

方案 1：中兽医认为羊痘是由湿热侵袭导致脾胃运化失调，而湿热内积，所以预防应以健脾燥湿、清热解毒、由内到外对症治疗为总则，重点是清除体内五脏六腑的湿热，解除体表肌肉和皮毛中的毒素。羊可服用"葛根汤"：葛根 15 克、紫草 15 克、苍术 15 克、黄连 9 克（或黄檗 15 克）、白糖 30 克、绿豆 30 克；煎灌，1 天 1 剂，连服 3 剂。

方案 2：本着清热解毒、解痉透疹、发汗祛风、散结消肿止痛的原则，应用以下处方：双花 12 克、板蓝根 12 克、蝉蜕 12 克、连翘 9 克、防风 9 克、甘草 9 克；煎服，供 1 只羊用，隔天 1 次，连用 3~5 次。

五、蓝舌病

蓝舌病是由蓝舌病病毒引起的一种主要发于绵羊的非直接接触性传染病，由吸血昆虫为传播媒介。本病以发热、白细胞减少，消瘦，口、鼻和胃肠道黏膜严重的溃疡性变化为特征，且病羊口腔黏膜及舌呈蓝紫色，所以称为蓝舌病。病羊乳房和蹄部也常出现病变，且蹄部常因真皮层遭受侵害而致跛行。本病可致羔羊长期发育不良、死亡，胎儿畸形，羊毛被破坏，而造成较大的经济损失。我国农业农村部将其归为二类动物疫病。

【流行病学】

（1）**传染源** 病羊和带毒羊，病愈的绵羊血液中能带毒达4个月。

（2）**传播途径** 除主要通过库蠓叮咬进行传播外，其他节肢动物如虱、蝇也能传播本病。感染的公羊精液中带有病毒，可通过交配和人工授精传播给母羊。病毒也可通过胎盘感染胎儿。

（3）**易感动物** 绵羊最易感，并表现出特有症状，尤其是1岁左右的绵羊最易感，纯种美利奴羊更为敏感。牛易感，但以隐性感染为主。山羊和野生反刍动物如鹿、羚羊也可感染，但一般不表现出症状。

（4）**流行特点** 本病具有严格的季节性特点，多发生于湿热多雨的夏季和早秋季节，尤其是在池塘和河流较多的地势低洼地区。本病特点与传播媒介库蠓的分布、习性和生活史密切相关。

【临床症状】 本病潜伏期为3~10天。病羊病初体温升高至40.5~42℃，稽留2~6天，有的长达11天。病羊表现厌食，精神沉郁，上唇肿胀、水肿（图1-169）可延至面部和耳部，流涎，口腔黏膜充血且呈青紫色，随后出现唇、齿龈、颊、舌黏膜糜烂（图1-170和图1-171），导致吞咽困难。受损的口腔黏膜出现溃疡，局部渗出血液，

图1-169 病羊上唇肿胀、水肿

图1-170 病羊唇、齿龈的黏膜糜烂

唾液呈现红色。如果继发感染可引起局部组织坏死，口腔恶臭。鼻腔流脓性分泌物，结痂后阻塞空气流通（图1-172），可导致呼吸困难和鼻鼾声。蹄冠和蹄叶发炎，导致病羊出现跛行、卧地不动。病羊逐渐消瘦、衰弱，便秘或腹泻，有时粪便中带有血液。早期出现白细胞减少症状。病程一般为6~14天，发病率可达30%~40%，病死率一般为2%~30%，有时可高达90%。患病不死的羊经10~15天痊愈，6~8周后蹄部病变可恢复。山羊的症状与绵羊相似，但一般较轻微，多呈良性经过。

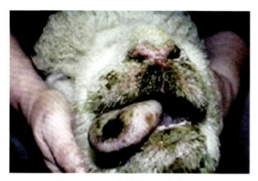

图 1-171　病羊的舌黏膜糜烂

图 1-172　病羊鼻腔脓性分泌物形成的结痂

【病理变化】　病变特点主要见于口腔、鼻腔、瘤胃、心脏、肌肉、皮肤和蹄部，呈现糜烂出血、溃疡和坏死。口腔出现糜烂和深红色区（图1-173），舌、齿龈、硬腭、颊黏膜和唇水肿（图1-174），有的绵羊舌发绀（图1-175），有的糜烂出血、溃疡和坏死（图1-176~图1-178）；瘤胃有暗红色区，表面有空泡变性和坏死；心肌、心内膜和心外膜均有小出血点；肺动脉基部有时可见明显出血（图1-179），出血斑直径为2~15毫米，一般认为其有一定的证病意义；肌肉出血、肌纤维呈弥散性混浊或呈云雾状，严重者呈灰色；皮下组织充血及胶样浸润（图1-180）；蹄部有时有蹄叶炎变化（图1-181）。

图 1-173　病羊口腔的糜烂和深红色区

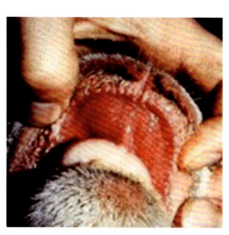

图 1-174　病羊的硬腭水肿

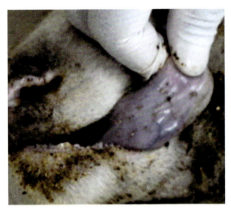

图 1-175　病绵羊舌发绀

图 1-176　病羊口腔及舌黏膜的溃疡与坏死灶

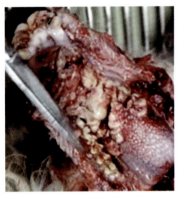

图 1-177　病羊口腔黏膜的
糜烂出血与溃疡

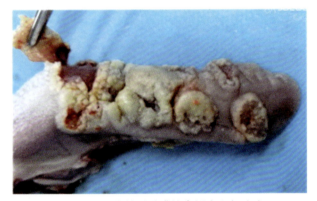

图 1-178　病羊舌黏膜的糜烂出血与溃疡

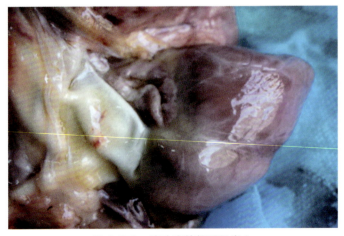

图 1-179　肺动脉基部明显出血

图 1-180　病羊的皮下组织充血呈胶样浸润

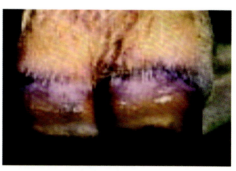

图 1-181　病羊的蹄部有蹄叶炎变化

【鉴别诊断】　根据流行病学、临床症状和病理变化可初步诊断。发病绵羊主要表现为发热、白细胞减少、口和唇的肿胀和糜烂、跛行，行动强直，蹄的炎症及流行季节等，必须依靠实验室诊断才能确诊。

【预防】

1）严禁从疫区引进羊及羊的精液，必须引进时要执行严格检疫。

2）避免在媒介昆虫活跃的时间内放牧，加强防虫、驱虫和药浴以控制和消灭媒介昆虫，做好牧场的排水并避免羊群在低湿地区放牧和夜间留宿。

3）在流行地区，每年在发病季节前 1 个月进行免疫接种，疫苗接种时应选用和当地流行毒株相同血清类型的疫苗；目前疫苗有弱毒苗、灭活苗、亚单位苗和基因工程苗，可根据需要选择。

4）羊应加强营养，精心护理。口腔可用清水、食醋或 0.1% 的高锰酸钾液冲洗；再用 1% 硫酸铜、1% 明矾或碘甘油，涂糜烂面；或用冰硼散喷涂创面。患羊蹄部病可先用 3% 来苏儿洗涤，再用木焦油凡士林（1∶1）、碘甘油或土霉素软膏涂拭，再用绷带包扎，以防止创面感染。

六、羊伪狂犬病

羊伪狂犬病是由伪狂犬病病毒引起的一种急性传染病，病羊以唇、鼻部及脸部奇痒为特征。本病发病急、死亡率高，以发热、奇痒和神经系统障碍（脑脊髓炎）为主要临床特征。

【流行病学】

（1）**传染源**　带毒羊、带毒猪和带毒鼠。

（2）**传播途径**　可通过呼吸道、消化道感染，也能经体表伤口和生殖道黏膜传染，或通过胎盘和哺乳直接传染。

（3）**易感动物**　牛、羊、猪、犬、猫和鼠类可自然感染。

（4）**流行特点**　本病一年四季均可发生，但多见于春秋两季，呈地方性流行。

【临床症状】　本病潜伏期一般为 3~7 天。病羊体温升高至 41~42℃，食欲废绝、反刍停止，呼吸加快，精神委顿，流浆液性鼻液。病羊唇部、眼睑及整个头部或其他部位剧痒，不断在硬物上摩擦发痒部位，或用蹄拼命搔痒，或啃咬皮肤（图1-182和图1-183，视频1-21）。病羊发痒部位皮肤脱毛（图1-184，视频1-22）、水肿、出血。有的病羊出现神经症状，如运动失调、站立不动、烦躁不安、咽喉麻痹、大量流涎（图1-185和图1-186，视频1-23~视频1-25）等。后期病羊衰弱，口、唇至脸部有浆液性或浆液出血性浸润，最终死亡。病程一般为1~3天。患病的妊娠母羊易流产和产死胎。

视频1-21

图1-182　病羊啃咬皮肤1

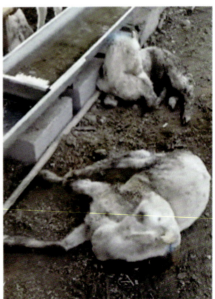

图1-183　病羊啃咬皮肤2

图 1-184 病羊发痒部位皮肤脱毛

图 1-185 病羊运动失调、站立不动、大量流涎

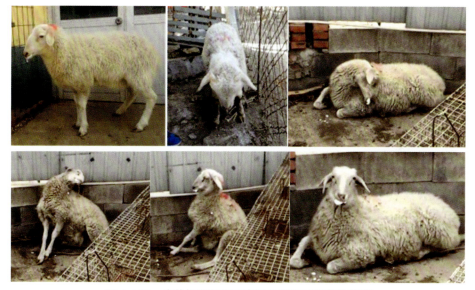

图 1-186 病羊烦躁不安而表现各种不同姿势的流涎

🎬 视频 1-22

🎬 视频 1-23

🎬 视频 1-24

🎬 视频 1-25

【病理变化】 对病死羊剖检可见消化道黏膜出血、充血（图 1-187）；肝脏发暗、肿大（图 1-188）；胆囊肿大，充满墨绿色胆汁（图 1-189）；肺部有点状出血；肾脏质地变软；气管内有大量泡沫（图 1-190）；脾脏多处有出血性梗死，边缘尤为明显

（图1-191）；脑和脑膜出血、充血严重（图1-192），有广泛的神经节细胞及胶质细胞坏死，有类似尼氏体的包涵体存在于神经细胞细胞核内。

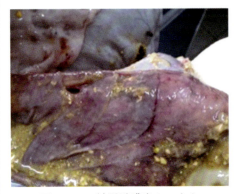

图1-187　皱胃黏膜出血、充血

图1-188　肿大、发暗的肝脏

图1-189　充满墨绿色胆汁的肿大胆囊

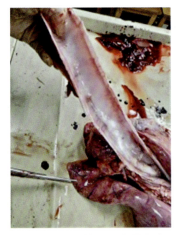

图1-190　气管内有大量泡沫

图1-191　脾脏多处有出血性梗死，边缘尤为明显

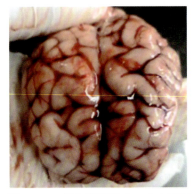

图1-192　脑和脑膜出血、充血严重

【鉴别诊断】 根据流行病学、临床症状及病理变化可初步诊断，确诊需要进行实验室检查。另外，需要注意与羊狂犬病、羊李氏杆菌病的鉴别（表1-6）。

表1-6　羊狂犬病、羊李氏杆菌病与羊伪狂犬病的鉴别

鉴别要点	羊狂犬病	羊李氏杆菌病	羊伪狂犬病
病史	咬伤	无	无
皮肤瘙痒	有	无	病羊啃咬自己皮肤
细菌培养	无	光学显微镜下可见李氏杆菌	无
血液涂片	不明显	单核细胞增多	不明显
病毒培养	电子显微镜下可见狂犬病病毒粒子	无	电子显微镜下可见伪狂犬病病毒粒子

【预防】

1）防鼠、灭鼠，严禁其他动物进入羊舍。

2）接种羊伪狂犬病灭活疫苗。

3）羊场应坚持自繁自养，需要购入羊的必须严格检疫，并应对引入羊进行隔离观察，待证实无病后方可混群饲养。

4）消毒羊舍及周边环境，粪便进行发酵处理。伪狂犬病病毒对阳光敏感，石灰乳、氢氧化钠溶液、福尔马林等可起到有效消毒作用。

5）预防感染。方剂为（25千克体重用量）黄连20克，黄芩30克，金银花50克，夏枯草、麦冬、生地黄、黄花地丁、栀子各80克，淡竹叶、板蓝根、地骨皮、连翘各100克，芦根200克，水煎去渣，候温灌服，每天1剂，连用3天。同时在饮水中添加葡萄糖及电解多维或在精料中掺入维生素C粉剂。

七、山羊副流感

山羊副流感是由山羊副流感病毒3型引起的一种慢性呼吸道传染病，可使山羊、绵羊患病。患病羊表现为精神沉郁、流浆液性或脓性鼻液、咳嗽，在应激、混合或继发感染其他病原等情况下引起严重的呼吸道疾病。

【流行病学】

（1）传染源　病羊和带毒羊。

（2）传播途径　主要通过呼吸道传播。

（3）易感动物　山羊、绵羊均可感染，以3~6月龄的羔羊多发，群发。

（4）流行特点　多发生于秋冬或冬春交替季节，气温变化易导致本病发生。

【临床症状】 本病潜伏期为3~5天。山羊在人工感染后第3天开始出现鼻液、咳嗽，第5~9天出现较为明显的呼吸道症状，表现为精神沉郁、流浆液性或脓性鼻液（图1-193）和咳嗽。

【病理变化】 感染山羊肺部出现明显的增生、实变（图1-194），部分表面有浆液性渗出物，与胸壁粘连。其他脏器未见明显病变。发病期间通过鼻腔向外排毒。

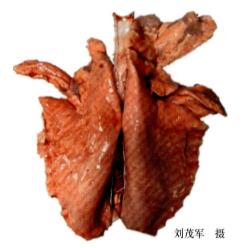

图1-193　病羊流浆液性或脓性鼻液　　　　　图1-194　　肺部实变

【鉴别诊断】 根据流行病学、临床症状与病理变化可初步诊断，确诊可通过病毒分离或RT-PCR等方法。注意山羊副流感病毒3型与羊支原体肺炎的鉴别（表1-7）。

表1-7　山羊副流感病毒3型与羊支原体肺炎的鉴别

鉴别要点	山羊副流感病毒3型	羊支原体肺炎
病程	时间短，约2周	短者3~10天，长者可达3~4周
体温	不明显	体温升高至39.5~40.5℃；部分不明显

【预防】

1）避免从感染场引进羊，引进羊时必须隔离观察2~3周，同时做好消毒措施，证明无病后方可混入大群饲养。

2）做好消毒等生物安全措施，在气温骤变时，做好保温防护，减少羊应激。

【治疗】 抗病毒和抗应激治疗。

八、山羊关节炎-脑炎

山羊关节炎-脑炎是由山羊关节炎-脑炎病毒引起山羊的一种慢性病毒性传染病。其主要特征是成年山羊以慢性多发性关节炎为特征，间或伴发间质性肺炎，或间质性乳腺炎。2~6月龄羔羊表现为脑脊髓炎为特征的神经症状。

【流行病学】

（1）传染源　患病山羊或隐性带毒羊，一旦感染可终生带毒，病毒经乳汁可传递给羔羊，被污染的饲草、饲料、饮水等可成为传染媒介。

（2）**传播途径** 以消化道为主，其次是生殖道，偶尔发生子宫内感染，皮肤和医疗器械也有可能传播。病毒主要存在于乳汁内，主要的传播方式为羔羊通过吸吮含病毒的初乳和常乳而进行的水平传播；也可通过感染羊的排泄物（如阴道分泌物、呼吸道分泌物、唾液和粪便等）污染饲料、饮水、场地和用具等，然后经消化道感染。

（3）**易感动物** 山羊最易感，以成年山羊感染居多。

（4）**传播方式** 水平传播和垂直传播。

（5）**流行特点** 仅在山羊间相互感染，无年龄、性别、品系间的差异。一年四季均可发病，呈地方性流行。

【**临床症状**】 多数山羊感染后不表现临床症状，但终生带毒，并具有传染性。依据临床表现可分为3种类型，即脑脊髓炎型、关节炎型和间质性肺炎型。各类型多为独立发生，少数有所交叉。

（1）**脑脊髓炎型** 潜伏期为2~5个月，常发生于2~6月龄山羊羔。有明显的季节性，80%以上的病羊发生于3~8月，与晚冬和春季产羔有关。羔羊病初精神沉郁，跛行，进而四肢强直或共济失调。一肢或四肢麻痹，横卧不起，四肢划动，有的病例眼球震颤，惊恐，角弓反张，头颈歪斜（图1-195）或作圆圈运动。有时面部神经麻痹，吞咽困难或双目失明。羔羊一般无体温变化，呈进行性衰弱，多数于15天或数月后死亡。个别耐过羊留有后遗症，少数病羊兼有关节炎或肺炎症状。

（2）**关节炎型** 主要发生于1周岁以上的成年山羊，病程为1~3年。疾患多见于腕关节和膝关节，病初关节肿大（图1-196），周围组织肿胀，热痛，跛行，关节逐渐僵硬，关节运动不灵活。病后期，病羊躺卧或跪地爬行。此时关节软骨和周围软组织变性坏死或钙化，形成骨赘。有的病羊还可见到寰枕关节和脊椎关节发炎。

图1-195 羔羊头颈歪斜

图1-196 腕关节明显肿大

（3）**间质性肺炎型** 较少见，无年龄差别，病程为3~6个月，病羊进行性消瘦，咳嗽，呼吸困难，胸部叩诊有浊音，听诊有湿啰音。

除上述3种主要病型外，哺乳母羊有时发生间质性乳腺炎。母羊分娩后乳房硬肿、发红，有的山羊乳房随着时间的推移能变软，大部分病羊的产奶量终生处于较低水平（图 1-197）。

【病理变化】

（1）**脑脊髓炎型** 神经病变主要发生在中枢神经，偶尔可见在脊髓和脑白质部分有局灶性浅褐色病区。严重病羊可见到脑软化。组织学观察可见大脑白质部和颈部脊髓有非化脓性脱髓鞘性脑脊髓炎，以及淋巴细胞型的单核细胞严重浸润。也常有轻度间质性肺炎变化。

图 1-197 乳房硬肿、发红，产奶量减少

（2）**关节炎型** 关节周围软组织肿胀、波动，皮下浆液渗出，关节囊肥厚，滑膜常与关节软骨粘连。关节腔扩张，充满黄色、粉红色液体，其中悬浮纤维蛋白条索或瘀血块。透过滑膜可见到组织中钙化斑。严重者发生纤维蛋白性坏死。

（3）**间质性肺炎型** 肺部轻度肿大，质地变硬（图 1-198），呈灰色，表面散在灰白色小点，切面有大叶性或斑块状实质区。支气管淋巴结和纵隔淋巴结肿大。支气管内空虚或充满浆液或黏液（图 1-199）。镜检见细支气管和血管周围淋巴细胞、单核细胞或巨噬细胞浸润，甚至形成淋巴小结；肺泡上皮增生，肺泡间隔肥厚，小叶间结缔组织增生，邻近细胞萎缩或纤维化。

发生乳腺炎的病羊，镜检见血管、乳腺导管周围及乳腺叶间有大量淋巴细胞、单核细胞和巨细胞渗出，继而出现大量浆细胞，间质常发生灶状坏死。

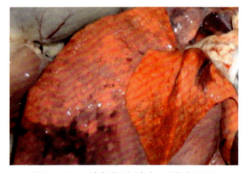

图 1-198 肺部轻度肿大，质地变硬

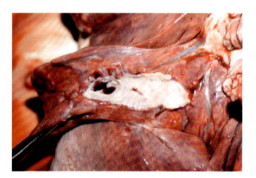

图 1-199 支气管内充满黏液

【鉴别诊断】 根据流行病学（缓慢发病，病羊数量随年龄而增长）、临床症状（羔羊呈现脑脊髓炎症状，成年山羊呈慢性关节炎症状）和病理变化（非化脓性脱髓鞘性、脑脊髓炎，增生性关节炎、滑膜炎，间质性乳腺炎等），可做出初步诊断。确诊需进行实验室检查，通过病毒分离鉴定或 PCR 等方法。本病要与以下病进行鉴别诊断。

（1）**传染性关节炎** 多呈急性，跛行更为严重，中性粒细胞增多。

（2）**维生素 E 和硒缺乏症** 多引起以肌肉衰弱和跛行为特征的白肌病，虽然在临床上酷似山羊关节炎 - 脑炎，但其血清和组织含硒量低，用维生素 E 和硒治疗有效。

（3）**李氏杆菌病** 多表现为精神沉郁、转圈运动及颅神经麻痹，早期使用磺胺类及抗生素治疗有效。

（4）**脑灰质软化症** 以失明、精神沉郁和共济失调为特征，早期使用维生素 B 治疗有效，而山羊关节炎 - 脑炎很少发生失明和精神沉郁。

（5）**弓形虫病** 弓形虫病与山羊关节炎 - 脑炎临床表现有些相似，但前者镜检组织中可检出弓形虫，血清中可检出弓形虫抗体。

【预防】 尚无治疗药物，主要是采取预防措施。不能从疫区购羊，更不能引入病羊。对于发病羊场，主要依靠检疫和淘汰血清学呈阳性反应的羊，逐步净化羊群。

第三节　羊其他病原性传染病

一、羊支原体肺炎

羊支原体肺炎，又称羊传染性胸膜肺炎，是由多种支原体引起绵羊和山羊的一种高度接触性传染病。本病在临诊上以高热、咳嗽、纤维蛋白渗出性肺炎和胸膜肺炎为特征，所以称为烂肺病。本病死亡率很高，对养羊业的危害很大。此外，某些种类的支原体还可以引起羊的无乳症、关节炎、乳腺炎、腹膜炎、脓肿甚至败血症。本病在我国的各地区较为多见。

【流行病学】

（1）**传染源** 病羊和带菌羊，可通过直接或间接接触传染。

（2）**传播途径** 接触传染，主要通过空气 - 飞沫经呼吸道传播。

（3）**易感动物** 绵羊、山羊均可感染，以 3~6 月龄的羔羊多发，群发，成年羊多散发。

（4）**流行特点** 本病常呈地方性流行。本病一般多从秋末开始发生，在冬季和早春季节，如阴雨、寒冷潮湿、羊群密集拥挤等因素，使羊抵抗力降低而大批发病，且传播迅速，死亡率高。发病后，若不及时采取措施，20 天左右即可波及全群。新疫区暴发本病多数是因为引进或迁入病羊或带菌羊。本病在羊群中一旦流行，很难被清除。

【临床症状】 本病潜伏期平均为 2~28 天，根据病程和临床症状可分为最急性型、急性型和慢性型。

（1）**最急性型** 病羊病初体温升高至 41~42℃，精神委顿，食欲废绝，呼吸急促（图 1-200，视频 1-26），很快出现肺炎症状，呼吸困难、咳嗽，鼻腔流出浆液并带有血液；肺部叩诊呈浊音或实音，听诊肺泡呼吸音减弱、消失或呈捻发音。1~2 天后病羊卧地不起、四肢伸直，呼吸极度困难并伴发全身颤动，黏膜高度充血、发绀，最后衰

视频 1-26

弱、窒息死亡。病程一般不超过 4~5 天，个别仅为 12~24 小时。死前体温常明显下降。

（2）急性型 病初体温升高，精神沉郁，食欲减退。随即咳嗽，流浆液性鼻液。4~5 天后咳嗽加重，干咳而痛苦，浆液性鼻液变为黏脓性，常黏于鼻孔、上唇，呈铁锈色。病羊多在一侧出现胸膜肺炎变化，肺部叩诊有实音区，听诊肺部呈支气管呼吸音或呈摩擦音，触压胸壁敏感、疼痛。病羊病后期呼吸极度困难（头颈伸直，腰背拱起，张口

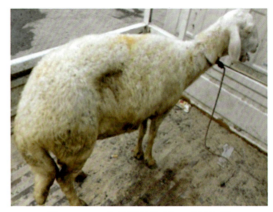

图 1-200　病羊精神委顿，呼吸急促

呼吸），高热稽留，眼睑肿胀，流泪或有黏液、脓性分泌物，口流泡沫状液体，腰背起伏表现出痛苦状态。妊娠母羊多数（60%~80%）可发生流产，部分羊肚胀腹泻。有些病羊口腔溃烂，唇部、乳房等部位皮肤发疹。病羊在濒死前体温降至常温以下。病程多为 1~2 周，长的可达 3~4 周。

（3）慢性型 一般多见于夏季，常由急性型转化而来。全身症状轻微，体温为 40℃左右。病羊时常出现咳嗽（视频 1-27）和腹泻，身体衰弱，被毛粗乱、无光。奶山羊常见乳腺炎、败血症、关节炎及肺炎等症状。若管理不善，复发或继发感染时病情会恶化而迅速死亡。

视频 1-27

绵羊感染主要见于羔羊，临床初期可听到气管有轻度啰音，随后病情逐渐加重，病羔羊出现湿性咳嗽、打喷嚏，鼻腔流出清亮的鼻液。病程较长，1~2 个月后可见病羊表现严重肺部损伤的症状，发病率高、死亡率低。多数羔羊能耐过，但增重受到明显的抑制。日龄较大的绵羊多为亚临床经过，很少发病死亡。

【病理变化】 特征性的剖检变化是纤维素性胸膜肺炎的变化。病变多局限于胸部。可见急性病羊的一侧或双侧肺叶与胸壁轻微粘连（图 1-201）；肺部肝变明显，颜色由红色至灰色且表面凹凸不平（图 1-202），切开常流出带血或泡沫的褐红色液体（图 1-203），切面呈大理石样外观（图 1-204）；纤维蛋白渗出液充盈使肺小叶间质变宽，小叶界限明显，支气管扩张，血管内形成血栓；胸膜表面增厚而粗糙并附着一层黄白色的纤维素，常与心包膜发生粘连（图 1-205）；支气管淋巴结和纵隔淋巴结肿大，切面多汁并有溢血点；胸腔和心包常有大量的浅黄色 / 稻草色积液，多者达 500~2000 毫升，暴露于空气后其中的纤维蛋白易凝固（图 1-206~图 1-208，视频 1-28）。此外，可见心肌松弛、变软，肝脏、脾脏肿大，胆囊肿胀（图 1-209）；常见肾脏肿大，被膜下有小溢血点或白斑（图 1-210）；病程久者，肺硬变区机化，结缔组织增生，甚至有包囊化的坏死灶（图 1-211）。

视频 1-28

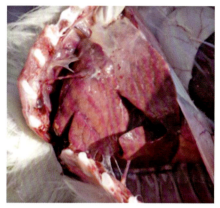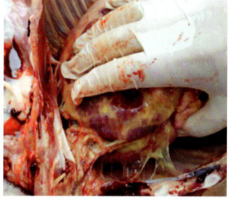

图 1-201 急性病羊的一侧或双侧肺叶与胸壁轻微粘连

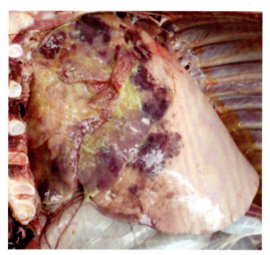

图 1-202 肺部肝变明显，颜色由红色至灰色且表面凹凸不平

图 1-203 肺部切开流出带血的褐红色液体

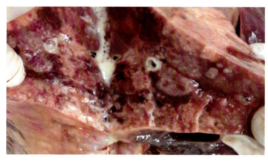

图 1-204 肺部切面呈大理石样外观

图 1-205 胸膜表面增厚而粗糙并附着一层黄白色的纤维素，与心包膜发生粘连

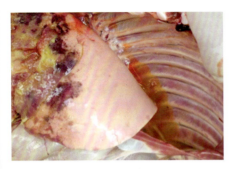

量少呈浅黄色

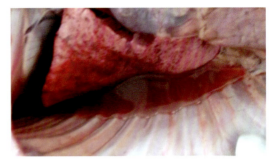

量多呈稻草色

图 1-206　胸腔和心包常有大量的浅黄色 / 稻草色积液，多者达 500~2000 毫升

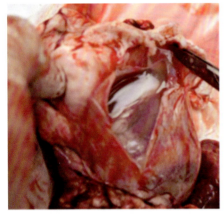

图 1-207　心包内大量的浅黄色积液

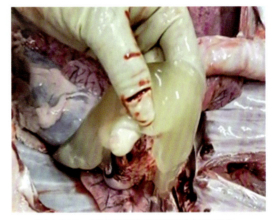

图 1-208　暴露于空气后凝固的纤维蛋白

图 1-209　肝脏肿大，胆囊肿胀

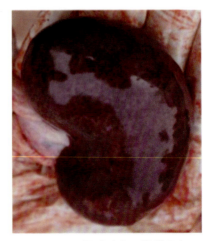

图 1-210　肾脏肿大，被膜下有小溢血点或白斑

支原体肺炎引起绵羊的病变特征是增生性间质性肺炎。肺部发生肝变（图1-212），肝变区域与健康肺组织界限明显，病程延长肺部发生肉变、实变，以尖叶、心叶最明显。组织学变化特征是肺部支气管及细支气管周围大量淋巴细胞浸润（图1-213），支气管管腔内上皮细胞脱落并有炎性渗出物，肺泡间隔增宽，肺泡腔高度狭窄。

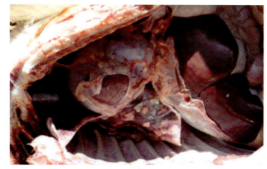

图1-211　肺结缔组织增生，有包囊化的坏死灶

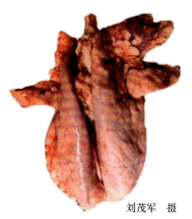

刘茂军　摄

图1-212　肺部发生肝变

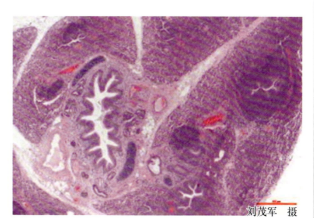

刘茂军　摄

图1-213　支气管及细支气管周围大量
淋巴细胞浸润（×40）

【鉴别诊断】 根据流行病学、临床症状和病理变化可初步诊断，确诊需要进行实验室诊断。注意与羊巴氏杆菌病的鉴别诊断。

羊支原体肺炎与羊巴氏杆菌病的相似点是均以发热、咳嗽和纤维素性胸膜肺炎为特征。其不同点是羊巴氏杆菌病主要是发生于幼龄羔羊，成年羊少见；病羊胃肠道黏膜水肿、溃疡和弥漫性出血，腹泻时粪便中带血。羊支原体肺炎以病肺的边缘常和周围组织发生广泛性粘连为特征。

【预防】

1）提倡自繁自养，加强饲养管理，增强羊的体质来预防本病。

2）勿从疫区引进羊，新引入的山羊，应隔离观察1个月确定无病后方可混群。

3）发病后要划定疫区进行封锁，封锁期间严禁山羊出入，疫病停止后2个月方可解除封锁。污染的场地、羊舍、饲养用具及粪便、病死羊的尸体等进行彻底消毒或无害化处理。

4）对疫区的山羊或疫群均应进行疫苗接种，疫区周围的羊也应进行疫苗接种。疫苗接种可选择山羊传染性胸膜肺炎氢氧化铝菌苗，半岁以下的山羊皮下或肌内注射3毫升，半岁以上的山羊接种 5 毫升。疫苗注射 14 天后产生免疫抗体，保护期为 1 年。若当地羊群疾病由绵羊肺炎支原体所引起，可使用绵羊支原体肺炎灭活疫苗；还可选用山羊支原体肺炎灭活疫苗（MoGH3-3 株 +M87-1 株）（此疫苗中含灭活的绵羊肺炎支原体 MoGH3-3 株和丝状支原体山羊亚种 M87-1 株，每只山羊颈部皮下注射 3 毫升，用于预防由绵羊肺炎支原体和丝状支原体山羊亚种引起的山羊支原体肺炎，免疫期为 10 个月）或羊支原体肺炎灭活疫苗（此疫苗中含有灭活的羊肺炎支原体，为浅黄色混悬液，用于预防由羊肺炎支原体引起的山羊、绵羊进行性、增生性、间质性肺炎，免疫期为 1 年 6 个月。用法与用量为颈部皮下注射，成年羊 5 毫升，半岁以下羔羊 3 毫升）。

5）病羊在隔离治疗过程中须加强饲养管理，如保暖、通风、供给优质饲料。

【治疗】 可选用大环内酯类（替米考星、泰乐菌素、红霉素等）或四环素类（多西环素、四环素、土霉素等）及喹诺酮类（环丙沙星、恩诺沙星等）抗生素。

二、羊衣原体病

羊衣原体病，又名羊地方性流产，是由流产衣原体引起绵羊、山羊的一种急性、接触性人畜共患病。本病以母羊流产、产死胎和弱胎等，引发公羊睾丸炎、包皮炎、尿道炎等多种症状为特征。本病主要为害成年羊，多为群发，我国农业农村部将其归为三类动物疫病。

【流行病学】

（1）**传染源** 病羊和带菌羊。

（2）**传播途径** 主要由粪便、尿液、乳汁、泪液、鼻分泌物及流产的胎儿、胎衣、羊水排出病原菌，污染水源、饲料和环境。主要经呼吸道、消化道及损伤的皮肤、黏膜感染；也可通过交配或用患病公羊的精液人工授精发生感染，子宫内感染也有可能；蜱、螨等吸血昆虫叮咬也可能传播本病。

（3）**易感动物** 绵羊、山羊均可感染，以 3~6 月龄的羔羊多发，群发，成年羊多散发。

（4）**流行特点** 本病的季节性不明显，流产多发生在产羔季节。羔羊的关节炎和结膜炎常见于夏季和秋季。流产常呈地方性流行。

【临床症状】 主要有下列几种病型。

（1）**流产型** 主要发生于绵羊、山羊。潜伏期为 50~90 天。流产发生在妊娠最后 2~3 周，表现为流产、产死胎或产弱羔（图 1-214）。分娩前病羊可排出子宫分泌物达数天，胎衣常滞留，体温也伴随升高。羊群第一次暴发本病时，流产率可达 50%~60%，以后每年为 20%~30%。流产过的母羊不再发生流产。在本病流行的羊群中，可见公羊患有睾丸炎、附睾炎等疾病。

图 1-214 病羊娩出生命力不强的弱羔

（2）**关节炎型** 又称多发性关节炎。此病型多侵害羔羊（图1-215）。羔羊于病初体温上升至41~42℃，食欲废绝，离群。肌肉运动僵硬，并有疼痛，一肢甚至四肢跛行，膝关节肿大（图1-216）或触摸有痛感。随着病情的发展，跛行加重，羔羊弓背而立，有的羔羊长期侧卧。发病率一般达30%，甚至可达80%以上。若隔离和饲养条件较好，病死率低。病程为2~4周。

图1-215 羔羊多发性关节炎

图1-216 病羊膝关节肿大

（3）**结膜炎型** 又称滤泡性结膜炎，主要发生于绵羊、山羊，尤其是肥育羔羊和哺乳羔羊。衣原体侵入羊眼睛或通过母体胎盘感染胎儿，进入结膜上皮细胞的胞质空泡内，从而引起眼睛的一系列病变。病羊眼结膜充血、水肿（图1-217），大量流泪，一眼或双眼均可罹患。混浊和血管形成最先开始于角膜上缘，其后见于下缘，最后扩展至中心。角膜发生不同程度的混浊，出现血管翳、糜烂、溃疡或穿孔，甚至造成失明（图1-218）。一般不引起死亡，病程为6~10天，角膜溃疡者，病程可达数周。

图1-217 病羊眼结膜充血、水肿

图1-218 病羊流泪、角膜混浊、失明

【病理变化】

（1）**流产型** 流产母羊胎膜水肿、增厚，子叶呈黑红色，严重的变成暗土色，胎膜周围的渗出物呈棕色。胎衣、绒毛叶坏死，呈现紫红色，周围存在黄白色糊状分泌物。流产胎儿水肿，腹腔积液，血管充血，气管有瘀血点。流产胎儿肝脏表面附着一层纤维素状渗出物（图1-219），肺部水肿严重，心尖、心叶存在肝变（图1-220）。胸腔和腹腔内部存在大量浅黄色内容物。组织病理学检查，胎儿肝脏、肺、肾脏、心肌和骨骼血管周围网状内皮细胞增生。

图1-219　肝脏表面附着一层
纤维素状渗出物

图1-220　肺部水肿严重，心尖、心叶存在肝变

（2）**关节炎型**　眼观变化见于关节内及其周围、腱鞘、眼和肺部。大的肢关节和寰枕关节的关节囊扩张，内有大量琥珀色液体；滑膜附有疏松的纤维素性絮片，从纤维层一直到邻近的肌肉水肿、充血，有小出血点。关节软骨一般正常。患病数周的关节滑膜层由于绒毛样增生而变粗糙。腱鞘的变化与关节相同，但纤维素量较少。肺部有粉红色萎陷区和轻度的实变区。

（3）**结膜炎型**　组织学变化限于结膜囊和角膜。两眼呈滤泡性结膜炎，滤泡的高度和直径可达10毫米，充血和水肿明显。滤泡内可见淋巴细胞增生。角膜水肿、糜烂和溃疡。

【**鉴别诊断**】　根据流行病学、临床症状和病理变化可做出初步诊断，确诊需进行实验室诊断。由于羊衣原体病的临床表现、病理变化与布鲁氏菌病非常相似，在出现临床症状时，首先应怀疑布鲁氏菌病，待排除布鲁氏菌病后，方可进行羊衣原体病的诊断。不建议通过现场剖检观察病理变化来进行鉴别诊断。对于二者的诊断可从血清学试验和病原学检查两个方面进行。

【**预防**】

1）严禁从疫区引进羊或购入饲料、畜产品，引进的羊必须隔离观察2~3周，严格检疫，同时应将蹄部多次清洗、消毒，证明无病后方可混入大群饲养。

2）保护羊的皮肤、黏膜勿受伤，捡出饲料和垫草中的芒刺；加喂适量食盐，以减少羊啃土、啃墙，防止发生外伤。

3）免疫接种，防治本病必须认真采取综合性的措施，建立密闭的饲养系统；建立疫情监测制度；在本病流行区，应制订疫苗免疫计划，定期进行预防接种。羊流产衣原体病灭活疫苗是用羊流产衣原体强毒株接种鸡胚，收获鸡胚培养物，经甲醛溶液灭活，与油佐剂混合，乳化而成，在配种前、配种后 1 个月进行接种，成年羊为 2 毫升，羔羊为 1 毫升，具有良好的保护作用。

4）发生本病时，流产母羊及其所产弱羔应及时隔离。流产胎盘、产出的死羔应予销毁。污染的羊舍、场地等用 2% 氢氧化钠溶液、2% 来苏儿等进行彻底消毒。

【治疗】

（1）**治疗原则**　抗菌治疗，防止继发感染和对症治疗。

（2）**治疗方案**

1）抗生素类治疗。流产衣原体导致的地方流行性流产通常使用四环素、青霉素类抗生素（卡那霉素和链霉素无效）进行治疗，连用 1~2 周。对流产衣原体感染过的羊羔，通常口服或混饲四环素类抗生素进行治疗；对早期流产和怀疑是羊衣原体病的妊娠羊在妊娠最后一个月使用长效土霉素治疗。对患结膜炎的羊可用土霉素软膏点眼进行治疗。

2）中药治疗。中医药具有成分复杂、作用靶点多、抗菌谱广等独特的抗菌优势，且中药不易产生耐药性，能延缓甚至逆转细菌耐药性，因此常常用于防治。防治羊衣原体病可用两种中药处方，若在羊妊娠前，宜用白术散，用以补气健脾、养血安胎；若发生流产，并且胎衣滞留体内，则当以活血化瘀、补气养血的治法为主，宜用生化汤。

三、羊放线菌病

羊放线菌病是由林氏放线菌或牛放线菌引起羊的一种慢性传染病，主要引起羊皮肤出现脓肿和破溃等症状，严重影响羊的生长发育和生殖性能。

【流行病学】　在自然状态下，绵羊和山羊能够感染发病。放线菌在自然界中广泛分布，不仅存在于被污染的土壤、饮水和饲料中，还存在于动物口腔、扁桃体、咽部黏膜及皮肤等部位。本病传播途径是通过破损的皮肤感染，也可由呼吸道吸入而侵害肺部。易感动物为羊。本病一般呈散发性。

【临床症状】　羊在感染放线菌后表现为精神不振，食欲减退甚至废绝，反刍减少或停止，轻度发热，呼吸困难。随着病程发展，病羊面部、下颌、唇、颈部、鄂及乳房等部位形成肿块，大小呈蚕豆到鸡蛋、拳头不等（图 1-221~图 1-223）。这些肿块与周围的皮肤界限明显，不能活动，触摸较硬，也有的结节较软，触摸时有波动感，但通常没有热痛感。脓肿部位的皮毛逐渐出现脱落，而后脓肿也会出现破溃，有的脓肿会逐渐与外界相通，形成瘘管，从瘘管里能排出一些脓性物质。发病严重的病羊表

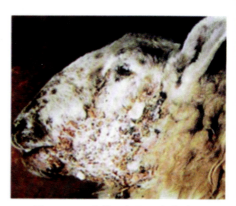

图 1-221　病羊面部蚕豆大的肿胀

现为全身感染或脓毒败血症。有的病羊舌头明显变得坚硬，这种症状大多是由于病羊舌部感染林氏放线菌。

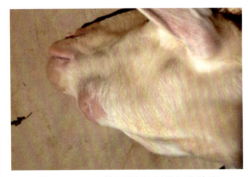

图 1-222　病羊下颌部鸡蛋大的肿胀

图 1-223　病羊下颌部拳头大的肿胀

【病理变化】　患羊放线菌病的病羊受侵害部位会有扁豆（图 1-224）到豌豆大的结节，这些结节逐渐会形成较大结节，而后继续发展成脓肿（图 1-225）。如果病原侵入的是病羊骨骼，如鼻甲骨颌骨等部位会导致骨骼增大，外观看上去如同蜂窝，切面通常呈现白色，里边具有各种细小脓肿。形成瘘管的部位会将脓液导出到皮肤和口腔内。有时在口腔黏膜上有生成物，通常是呈现出圆形或蘑菇状。

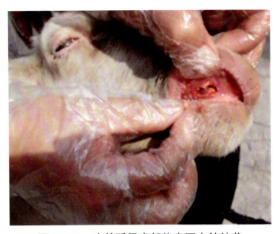

图 1-224　病羊受侵害部位扁豆大的结节

图 1-225　干酪样脓肿物

【鉴别诊断】　羊放线菌病根据流行病学、临床症状和病理变化可初步判断，但临床症状易与干酪性淋巴结炎、羊口疮、羊副结核病等疾病混淆，需要仔细甄别，确诊必须进行实验室诊断。

实验室诊断常用镜检与分离培养方式。镜检即抽取病羊脓液，滴至载玻片上，然后滴加 10% 氢氧化钠溶液，混合均匀后加盖玻片进行镜检，能发现菊花状放射菌丝，直径约 3 毫米，可诊断为羊放线菌病。分离培养即在无菌条件下，取脓液并在血琼脂平板培养基上接种，37℃恒温培养，4 天后可发现灰白色不透明凸起菌落，直径为 0.5~1.0 毫米，随时间生长，逐渐变成纽扣状的黄色菌落。

【预防】

1）注意清除发霉、变质的饲料。

2）注意清除饲料中的尖锐物和芒刺。

3）饲喂质地柔软的饲料或将饲料浸软后饲喂。

4）发现羊皮肤和黏膜损伤及时进行处理。

5）注意饲槽和饮水的清洁卫生。

6）改善饲养条件，提高营养水平，增强羊的体质和抗病力。

7）发现病羊，及时进行隔离治疗。

8）及时淘汰老、弱、病、残及无治疗价值的羊。

【治疗】 治疗羊放线菌病的方法有碘剂治疗、抗生素治疗、中药治疗和手术治疗等。

（1）碘剂治疗 使用一定量的碘化钠对羊进行静脉注射，保证每周注射 3 次，需要连续注射 3 次才能够见效果。在注射碘化钠的过程中需要对病羊患病部位进行碘酒擦拭。此外，还可以内服一定量的碘化钠进行治疗，效果不好的必须静脉注射。

（2）抗生素治疗 应该选择青霉素和链霉素进行注射，使用的剂量需要准确地控制，连用 3 天效果比较好。在抗生素治疗的同时还应配合使用土霉素。

（3）中药治疗 可选择蒲公英、连翘、金银花、当归、甘草、生地黄等中药，经过研磨处理之后给羊服用，每天 1 次，一般 5 天能够有效果。

（4）手术治疗 对于局部浅表性脓肿，可采用切开排脓的方法，然后在伤口内塞入碘酒纱布，1~2 天更换 1 次，直到伤口完全愈合为止；对于游离性的脓肿，也可完成摘除；对于上颌骨和下颌骨上的放线菌脓肿，可采用切开排脓与烧烙相结合的方法进行治疗；伤口周围用 2% 碘水进行点状注射。

四、附红细胞体病

附红细胞体病是一种人畜共患传染病，是动物及人的血浆、骨髓中及红细胞表面寄生附红细胞体导致。任何羊都能够感染发病，实际生产中通常是羔羊、不足 1 岁的幼龄羊或者临产母羊容易发病。一旦感染，就会导致羊体温升高、贫血，以及生长缓慢等症状。母羊感染附红细胞体病后会引起生殖障碍。本病是一种严重影响养羊业的传染病。

【流行病学】

（1）传染源 病羊是主要传染源。

（2）传播途径 本病可通过多种途径传播，有媒介昆虫传播、血源性传播、垂直传播、消化道传播和接触性传播等。其中，吸血昆虫中的蚊、蝇、虱、库蠓等为主要传播媒介，其次为去势、打耳号、剪毛等外科手术器械、注射针头等；母羊可通过胎盘垂直传染给羔羊；配种时公羊、母羊可互相传播；可通过病羊排出的分泌物和粪便传播；通过污染的饮水和饲料传播；通过空气（尘埃、飞沫）传播。

（3）**易感动物**　多种动物都能够感染附红细胞体病，如羊、牛、猪、猫、犬、鸟类及人等都能够感染。任何品种、各个年龄的羊都可感染发病。

（4）**传播方式**　水平传播和垂直传播。

（5）**流行特点**　一年四季均有发生，但是在夏秋季节易广泛流行，可能是由于高温季节，血吸虫、蚊、蝇等昆虫繁殖旺盛，带有病原的昆虫通过叮咬等传播本病。

【**临床症状**】　病羊表现出精神沉郁，采食量明显减少，机体消瘦，被毛粗乱，体质较差（视频1-29），少数体温可升高至41~42℃，呈现明显的稽留热；下颌发生肿大（图1-226），四肢无力，减少走动，往往卧地不起，即使人为迫使其行走，也会在此过程中不断摇摆。眼睑发生肿胀，流泪增多或具有脓性分泌物。初期眼结膜潮红，后期由于贫血变得苍白，并发生黄染（图1-227）。伴有轻度呼吸道症状，部

视频 1-29

分病羊呼吸加速，喘气明显，严重咳嗽，流出较多的浆液性鼻液，往往在鼻孔周围附着，心脏跳动可达到100次/分钟，心音短促且明显增强；随着病程的进展，病羊眼球下陷，明显消瘦，少数出现神经症状，最后由于严重衰竭而发生死亡。母羊患病后会导致繁殖机能降低，无法发情，且受胎率下降，或容易发生流产、产弱羔、病羔羊生长不良（图1-228）等。病程随着年龄增大而有所延长，一般体重为5~10千克的小羊病程可持续2~3天，体重为15~20千克的中等羊病程可持续3~5天，体重为超过30千克的羊病程可持续5~7天。

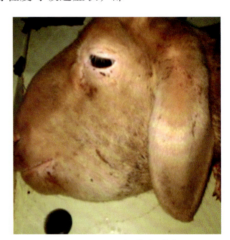

图 1-226　下颌发生肿大

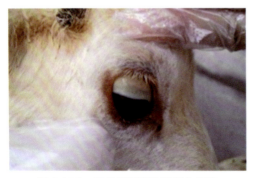

图 1-227　病羊后期眼结膜发生黄染

图 1-228　病羔羊生长不良

【病理变化】 剖检变化主要是机体消瘦，眼结膜苍白（图1-229）；血液稀薄，凝固不良（图1-230）；四肢内侧、腹下及颈部皮下存在少量的出血点，并发生轻微黄染。肌肉变得苍白，毛细血管内不含血液，大血管可流出少量浅黄色的血水。胆囊发生明显肿大，含有大量明胶样的胆汁（图1-231）。腹腔存在积水（图1-232）。淋巴结呈黄色，发生肿大，切面多汁。肝脏肿大，呈土黄色，表面存在出血点（图1-233）。肾脏、脾脏表面也存在出血点，呈针尖大小（图1-234和图1-235）。

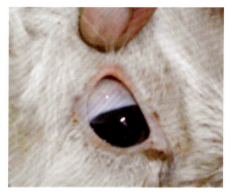

图 1-229　眼结膜苍白

图 1-230　血液稀薄，凝固不良

图 1-231　胆囊发生明显肿大，含有大量
明胶样的胆汁

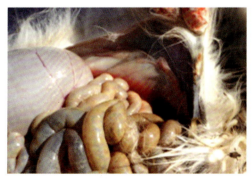

图 1-232　腹腔存在积水

图 1-233　肝脏肿大，呈土黄色，
表面存在出血点

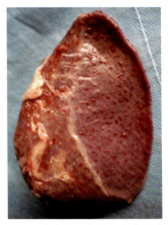

图 1-234　肾脏表面有针尖大小的出血点　　　图 1-235　脾脏表面有针尖大小的出血点

【鉴别诊断】

（1）**现场诊断**　通过对羊群发病前后异常行为的调查，结合流行病学特点，根据病羊表现出的明显临床症状，如贫血、黄疸及多数母羊流产等，进行初步诊断。

（2）**实验室诊断**

1）压片法。该法在基层实验室即可操作，只需要装配相应的配套试剂器皿和油镜头的显微镜即可。在病羊耳尖处取 1 滴鲜血放在载玻片上，然后滴加等量的生理盐水，混合均匀后放上盖玻片，接着滴加少量的香柏油，最后置于显微镜下观察，可见病羊血液中的大部分红细胞发生变形，呈不规则形状，如菠萝形、锯齿状、星状、菜花状等，且周围附着较多的球形虫体（图 1-236）。同时，发现附着虫体的红细胞不断震颤，而游离于血浆中的虫体能够迅速游动，并做旋转、收缩、伸展运动。

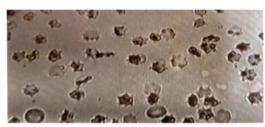

附红细胞体

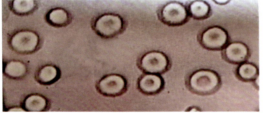

正常红细胞

图 1-236　病羊血液中的大部分红细胞发生变形，
呈不规则形状且周围附着较多的球形虫体

2）染色法。在病羊耳尖处采集血液制成血涂片，通过吉姆萨染色、镜检，发现红细胞凹凸不平，边缘不整齐，表面存在多个紫红色虫体；虫体呈圆形，具有较强的折光性，虫体轮廓呈紫红色或者透光发亮。另外，由于折光性可见带荧光色彩的虫体不断旋转。

3）PCR 方法检测。按照 PCR 的实验操作来进行判定。

【预防】

（1）保持羊舍清洁，做好卫生 生活环境的情况也在很大程度上影响疾病的发生和蔓延。因此，在实际情况中，要有效地预防附红细胞体病，就应该做好羊舍内外的清洁卫生。在羊舍内部，每天都应该及时清除垫料和粪便，并且洒上适量的生石灰，保持舍内足够卫生和干净。同时，还需要保证羊舍干燥通风。此外，还需要及时清除羊舍周边环境的杂草，并且建好粪窖，及时清除散落在羊舍周围的粪便和垃圾，并将其导入粪窖中进行发酵处理，进而减少蚊、蝇的滋生。

（2）做好羊群饲养管理 在实际情况中，养殖场的工作人员应该要充分地做好日常饲养管理工作。在夏秋时节，还应该做好驱螨灭蚊的工作，并且尽可能地减少长途高坡放牧。一旦发现出现附红细胞体病的症状，应该立即将病羊进行隔离，并且将场地进行严格消毒。

【治疗】

1）立即彻底清扫羊舍并消毒，然后对羊舍、墙壁、运动场等所有环境喷洒 2% 辛硫磷。

2）发病羊应立即隔离治疗，注射用盐酸土霉素肌内注射，每千克体重用 0.2 毫升，每天 1 次，连用 3 天；也可以选用三氮脒，每千克体重 4 毫克，肌内注射，连用 3 天。

3）同时给发病羊注射热毒清，每千克体重 0.1 毫升，每天 1 次，连续注射 3 天。

4）给全群羊驱螨，皮下注射伊维菌素，每千克体重 0.2 毫克，间隔 15 天再用药 1 次。

5）羊饮水中添加电解多维，给全群羊饮用。

五、羊钩端螺旋体病

羊钩端螺旋体病是由致病性钩端螺旋体引起绵羊和山羊的一种传染病，以黄疸、血尿、皮肤和黏膜出血坏死为显著特征，大多呈隐性感染。临床表现形式多样，主要有发热、黄疸、血红蛋白尿、流产、皮肤和黏膜坏死、水肿等。

【流行病学】

（1）传染源 主要传染源是病畜与鼠类，病畜和鼠类从尿中排菌，污染饲料和水源。尤其是带有细菌的鼠类在传播钩端螺旋体方面有很大推动作用。

（2）传播途径 通过消化道、黏膜、皮肤等途径传播，除此之外，钩端螺旋体还会以吸血昆虫为载体进行传播。

（3）易感动物 各类野生动物与家畜均较易感染钩端螺旋体病。

（4）传播方式 水平传播。

（5）流行特点 一年四季均可感染钩端螺旋体病，但高发季节是夏季与秋季，多雨地区、潮湿地区、气温较高地区的钩端螺旋体病发病率更高。

【临床症状】 羊钩端螺旋体病的感染方式为隐性感染，潜伏期通常为 4~5 天。病羊的常见临床症状为皮肤坏死、精神沉郁、血红蛋白尿、黄疸、反刍停止、厌食、短时间发热等，患病时间较长时，病羊会出现卧地不起的情况。在发病的第一日及第二日，病羊体温为41℃，随后体温会恢复到正常状态，且呼吸与心跳都不会出现太大的异常情况。初期发病羊会出现腹泻带血、贫血（图1-237）、黏膜苍白（图1-238）等情况；后期发病羊会出现黏膜黄染（黄疸）（图1-239），甚至还有部分皮肤（尾根等）会有明显变黄，呈橘皮样（图1-240），且还会排泄出酱油色的尿液，属于典型的血红蛋白尿；妊娠羊还会出现消瘦、流产等情况。从目前来看，羊钩端螺旋体病的治愈率较低，只要病羊排泄出酱油色的尿液基本就没有治疗价值。基于羊钩端螺旋体病的病情程度来看，可将其分为5种，分别是非典型性羊钩端螺旋体病、慢性羊钩端螺旋体病、亚急性羊钩端螺旋体病、急性羊钩端螺旋体病、最急性羊钩端螺旋体病，但以亚急性羊钩端螺旋体病、急性羊钩端螺旋体病为主，其余为辅。

图1-237　初期病羊贫血

图1-238　口腔黏膜和鼻腔黏膜苍白

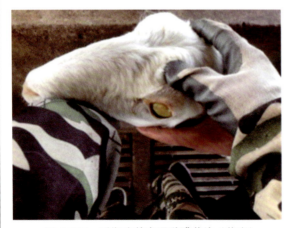

图1-239　后期病羊出现黏膜黄染（黄疸）

图1-240　尾根皮肤呈橘皮样

（1）**最急性** 病羊体温会在短时间内升高到 40~41.5℃，脉搏也会在短时间内迅速增加，一直达到每分钟 90~100 次；病羊的呼吸频率会加快，排泄出酱油色尿液，死亡时间在发病 12 小时后。

（2）**急性** 病羊体温会在短时间内升高到 40.5~41℃，排泄出暗红色尿液，且会出现便秘现象，眼睛大量流泪，且鼻腔内会流出大量脓性分泌物，死亡率通常超过 50%，整个病程达到 5~10 天。

（3）**亚急性** 亚急性羊钩端螺旋体病的主要临床症状与急性羊钩端螺旋体病类似，但发病程度更轻，虽然治愈率较高，但整个过程往往较为缓慢，死亡率通常为 24% 左右。

（4）**慢性** 病羊不会出现较为明显的临床症状，只会出现血尿、发热、厌食、精神委顿等情况，长此以往，病羊极为消瘦，可自行痊愈，病程长达 3~5 个月。

（5）**非典型性** 病羊不会出现较为明显的临床症状，有相当数量的病羊仅在短时间内出现体温升高的情况。

【**病理变化**】 羊机体消瘦，口腔黏膜有溃疡（图 1-241），黏膜及皮下组织黄染（图 1-242 和图 1-243），有时可见浮肿，浆膜和肠黏膜有大量出血，淋巴结肿大。胸腔、腹腔内有黄色液体。心脏、肺部、脾脏、肾脏等实质性器官有出血点。肝脏肿大，外观呈现黄褐色，黄染明显，质地变脆或质地柔软（图 1-244）。膀胱积尿，内有红褐色或黄褐色尿液，且黏膜出

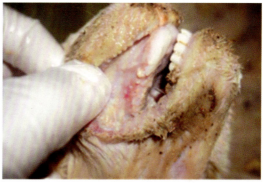

图 1-241　口腔黏膜有溃疡

血（图 1-245 和图 1-246）。肾脏明显肿大，被膜很容易剥离（图 1-247），切面湿润光滑，髓质与皮质界限消失，肾脏组织柔软脆弱（图 1-248）。患病时间较长的病死羊，肾脏呈现坚硬状（图 1-249）。将大脑打开后，发现脑室中蓄积大量液体，血液稀薄，不能正常凝固，红细胞溶解。

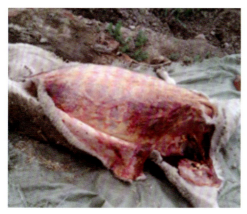

图 1-242　皮下组织黄染

图 1-243　大网膜黄染

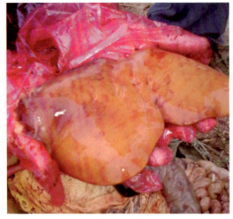

图 1-244　肝脏肿大，呈黄褐色，质地柔软

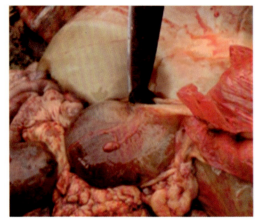

图 1-245　膀胱积尿，内有红褐色尿液

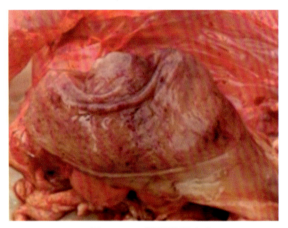

图 1-246　膀胱黏膜出血

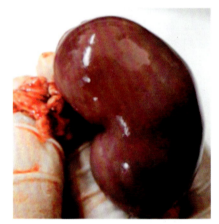

图 1-247　肾脏明显肿大且被膜易剥离

图 1-248　切面湿润光滑，髓质与皮质界限消失，肾脏组织柔软脆弱

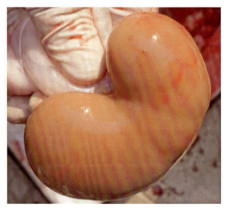

图 1-249　患病时间较长的病死羊，肾脏呈现坚硬状

【鉴别诊断】 根据流行病学、临床症状和病理变化只能提供初步诊断，确诊必须依靠实验室诊断。实验室诊断方法如下：

（1）压滴标本法 对患病羊进行病理分析，很难对病情做出诊断，需要进行严格的实验室诊断。采集患病羊的新鲜血液、尿液和病死羊的病变脏器组织，完全粉碎后充分研磨，加入10倍生理盐水，放置在离心机内，离心处理30分钟，然后采集沉淀物，制作成压滴标本，在暗黑环境下观察，能看到钩端螺旋体存在。将采集到的病料制作成乳剂，接种到体重为150克左右的仓鼠身上，接种3天后仓鼠会出现体温升高、采食量下降、黄疸的临床症状，体温时高时低，然后将仓鼠处死进行解剖，可以看到肾脏、肝脏存在严重的黄染现象，采集病料进行压滴标本检查，能观察到钩端螺旋体存在。结合诊断结果判定为羊钩端螺旋体病。

（2）PCR方法检测 按照PCR的实验操作来进行判定。

【预防】

1）严格检疫隔离，严禁从疫区引进羊，必要时引进的羊应该隔离观察1个月，确认无病后方可混群。避免去低湿草地、死水塘、水田、淤泥沼等有水的地方和被带菌的鼠类、家畜的尿污染的草地放牧。发现病羊立即隔离，严防其尿液污染周围环境。

2）做好科学饲养管理工作，要确保饲料营养价值全面，向羊群投喂鲜嫩多汁的饲料和清洁饮用水，及时清理饲槽和饮水槽，对羊舍内部、外部环境进行全面卫生消毒，彻底清扫羊舍内的粪便和污染物。

3）日常养殖中，还应该妥善分群管理，将不同日龄和性别的羊妥善分群，科学饲喂，以提高羊群抵抗能力。在疫病流行高发期，应该增加消毒次数，消毒剂可以选择使用20%生石灰乳或2%氢氧化钠溶液。

4）做好养殖场环境卫生工作，对预防羊钩端螺旋体病发生有很大帮助。养殖户应该注重对养殖场环境的改造，净化羊群，坚持做好灭鼠、灭蚊工作，消除鼠类繁殖条件。进入夏秋季节后，降雨很容易引起洪涝灾害，应该做好养殖场内部的排水工作。降雨期结束后，应该定期对养殖场的内部和外部环境进行清理，将各种污染物、淤积的泥土、粪便、污水清理出养殖场，确保养殖场清洁、卫生、干燥。

5）有条件的养殖场可接种钩端螺旋体菌苗或多价苗。用法：一次皮下注射。羊1岁以下用量为2~3毫升、1岁以上用量为3~5毫升。第一年注射2次，间隔1周；第二年注射1次。接种同时加强饲养管理，提高羊的特异性和非特异性抵抗力。

6）药物预防可用链霉素、土霉素、四环素等抗生素。

【治疗】 治疗原则为早期诊断、抗菌消炎和对症治疗。

处方1：青霉素每千克体重5万~10万国际单位，链霉素每千克体重15~25毫克，注射用水5~10毫升，每天2次，连用3~5天。严重时全群注射。

处方2：肌内注射20%土霉素注射液，每千克体重0.05~0.1毫升，每天或隔天1次，连用3~5次。严重时全群注射。

处方3：

1）庆大霉素注射液每千克体重0.5万国际单位（或氨苄西林，每千克体重50~100毫克），5%葡萄糖氯化钠注射液500毫升，10%安钠咖注射液5~20毫升；10%葡萄糖注射液500毫升，维生素C注射液0.5~1.5克，依次静脉注射，每天1次，连用3~5天。

2）30%安乃近注射液，3~10毫升，肌内注射；或复方氨基比林注射液5~10毫升，皮下或肌内注射。

第二章 羊寄生虫病的鉴别诊断与防治

第一节 羊 原 虫 病

一、羊球虫病

羊球虫病是养羊业中危害比较严重和常见的一种寄生性原虫病。本病是由艾美耳属球虫寄生于山羊或绵羊的肠上皮细胞中，破坏了肠组织的完整性而导致的。羊球虫病常造成羊消瘦、腹泻、贫血和发育不良，甚至死亡。病羊排深色粥样或水样粪便，并混有脱落坏死的黏膜、血液，气味腥臭。本病对断乳前后的羔羊危害特别严重，可引起大批死亡。

【流行病学】

（1）**传染源** 病羊和带虫羊。

（2）**传播途径** 主要通过被卵囊污染的饮水、饲草、饲料、土壤或用具等传播。

（3）**易感动物** 绵羊和山羊均可感染，1~3月龄的羔羊发病率可高达100%，死亡率可达50%。成年羊感染率也相当高，但不发病或很少发病，成为病原的主要传播源。

（4）**流行特点** 主要流行于春、夏、秋三季，特别是春季羔羊多，易暴发流行本病。温暖潮湿的环境也易造成本病流行。冬季气温低，不利于球虫卵囊的发育，因此发病率较低。

【临床症状】 羊球虫病临床症状的轻重及危害程度与羊的品种、日龄、自身免疫状态，以及球虫种类、感染强度和环境卫生状况等诸多因素有密切关系。羊球虫病的潜伏期一般为11~17天。病羊初期主要表现为粪便稀软不成形，有的带血或黏液，但精神和食欲正常。3~5天后开始出现水样腹泻，粪便中含有血液、黏膜和脱落的上皮细胞，尾根、大腿内侧等近肛门处被毛沾有粪污（图2-1），气味腥臭。随后体温升高至39.5~40℃，并出现精神沉郁、食欲减退、被毛干燥粗乱、迅速消瘦和贫血等症状（图2-2）。急性经过7天左右，严重感染者最后衰竭而死，耐过羊常呈现长期生长发育不良和生产力下降。成年羊一般为隐性感染，临床上虽无异常表现，但粪便中常可查到卵囊，成为羊球虫病的主要感染来源。

图 2-1 羊球虫病致羊尾根、大腿内侧等近肛门处被毛沾满粪污

图 2-2 羊球虫病致羊消瘦，精神沉郁

【病理变化】 病羊高度消瘦，病变主要发生在小肠，其余脏器因贫血而变得苍白，无其他特殊病变。小肠黏膜上有粟粒或豌豆大、成簇分布的灰白色、圆形结节（图 2-3 和图 2-4）。这些病变主要分布于空肠前部，空肠中后部向后数量逐渐减少，十二指肠前部和回肠后部几乎没有。挑取肠黏膜上的结节压片镜检，可见大量裂殖体、配子体和卵囊。此外，肠壁可见增厚，浆膜面有灰白色病灶，肠系膜淋巴结索状肿大（图 2-5），有时羊球虫病引起的病变还会累及肝脏和胆囊，造成肝脏和胆囊肿大。组织学观察可见小肠黏膜上皮细胞坏死脱落，肠绒毛和肠腺上皮细胞中有大量虫体寄生，肠绒毛萎缩。

图 2-3 羊球虫病致小肠黏膜上形成灰白色、圆形的结节 1

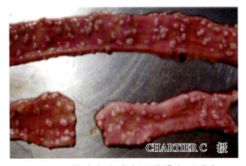

图 2-4 羊球虫病致小肠黏膜上形成灰白色、圆形的结节 2

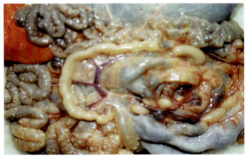

图 2-5 肠壁增厚，浆膜面有灰白色病灶，肠系膜淋巴结索状肿大

【鉴别诊断】 根据流行病学、临床症状和病理变化可对本病做出初步诊断，注意

羊球虫病与羔羊细菌性腹泻的鉴别（表2-1）。确诊需要通过分离鉴定粪便中的球虫卵囊和种类（图2-6）。也可应用PCR方法来进行诊断。

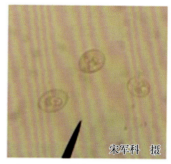

宋军科 摄

图 2-6 山羊粪便中分离到的球虫卵囊（×400）

【预防】

（1）**分群饲养** 成年羊多为球虫携带者，为了防止羔羊感染，需要将成年羊与羔羊分开饲养。

（2）**圈舍卫生** 圈舍及周边场地要每天清扫，粪便、垫草等污染物及时清理并进行无害化处理。将石灰和水按1:4的比例制成石灰乳对羊舍地面、运动场、围栏、饲槽、饮水槽等进行消毒，每周1次。

表 2-1 羊球虫病与羔羊细菌性腹泻的鉴别

鉴别要点	羊球虫病	羔羊痢疾	羔羊大肠杆菌病
病原	艾美耳属球虫	B型产气荚膜梭菌	埃希氏大肠杆菌
发病年龄	1~3月龄羔羊	1~3日龄羔羊	1~8日龄羔羊
全身症状	不明显，渐进性贫血，消瘦，体温升高，腹泻	不明显，体温正常，急性腹泻	病初体温升高至41℃以上，腹泻后体温降至正常
潜伏期	1~3天	1~2天	数小时至1~2天
粪便性状	粥样或水样粪便，含有血液、黏膜和脱落的上皮细胞	粥样或水样粪便，后期粪便甚至全为血液	稀薄，呈沫状，恶臭明显，初为黄色，继而变为浅灰白色
病变	小肠黏膜上有粟粒或豌豆大、常常成簇分布的灰白色、圆形结节。肠绒毛和肠腺上皮细胞中有大量虫体寄生，肠绒毛萎缩	小肠发炎，溃烂明显，常见直径为1~2毫米的溃疡，溃疡周围有出血带环绕	瘤胃、网胃、瓣胃、皱胃及肠黏膜充血发炎，有出血点，胃肠充满乳样内容物
病程	病程长，约为1周，严重时高度贫血、衰竭而死亡。耐过的则长期生长发育不良	病程短，常在1~2天内衰竭死亡	病程短，常因脱水死亡，多于发病后4~12小时内死亡

（3）**饮水、饲料安全** 羊球虫病主要是经口食入感染，因此要避免饲草、饲料及饮水被球虫卵囊污染。

（4）**哺乳母羊的乳房卫生** 羊球虫病对1~3月龄羔羊危害特别严重，为了防止羔羊哺乳时经口食入球虫卵囊，需要对哺乳母羊的乳房经常进行擦洗。

（5）**药物预防** 可用地克珠利、氨丙啉、莫能菌素等及早对易感羊进行药物预防。

【治疗】

（1）**治疗原则** 驱虫，并结合止泻、强心和补液等综合疗法。

（2）**治疗方案** 发病羊立即隔离治疗，并用3%~5%热氢氧化钠溶液彻底消毒地面、饲槽、水槽、用具等。

（3）治疗用药

1）氨丙啉：按每千克体重 25 毫克，口服，每天 1 次，连用 14~19 天。

2）莫能菌素：按每千克体重 20~30 毫克，拌料混饲，连用 7 天。

3）磺胺二甲嘧啶：按每千克体重 100 毫克，口服，每天 1 次，连用 3~4 天。

4）地克珠利：按每千克体重 1 毫克，拌料混饲，每天 1 次，连用 5 天。

二、羊隐孢子虫病

羊隐孢子虫病是由隐孢子虫科隐孢子虫属的多种隐孢子虫寄生于山羊和绵羊的胃肠道上皮细胞中引起的一种原虫病，以腹泻为典型症状，对羔羊危害严重，可引起羔羊持续性水样腹泻，甚至死亡。此外，本病不仅严重危害羊的健康，也是一种严重的公共卫生问题，危害人的健康和生命。

【流行病学】

（1）传染源　绵羊隐孢子虫病的主要传染源是大于 30 日龄的绵羊羔羊和围产期绵羊，而山羊隐孢子虫病的传染源是感染隐孢子虫的围产期母羊和无症状隐性感染的成年山羊。

（2）传播途径　主要经口感染，羊主要感染方式是直接接触，以及摄入粪便污染的食物或饮水；也有经空气传播的。

（3）易感动物　山羊和绵羊均易感，羔羊高度易感，3~21 日龄羔羊多发，成年羊多呈隐性感染。肖氏隐孢子虫、泛在隐孢子虫、微小隐孢子虫等可感染人。

（4）流行特点　羊隐孢子虫病呈全球性分布，季节性不明显，以温暖多雨季节多发，在卫生条件较差的地区或饲养环境下发病率较高。其发生与感染强度与羊的机体免疫力密切相关，羔羊的感染检出率远高于成年羊，发病率也较高。

【临床症状】　羊隐孢子虫病的临床表现与羊的品种、年龄、免疫状态和饲养管理状况等有关。成年羊对虫体有一定的抵抗力，多呈无症状或症状轻微。羔羊感染症状较为严重，绵羊羔隐孢子虫病的潜伏期为 2~7 天，山羊羔的潜伏期约为 4 天，且潜伏期随虫体数量的减少或者动物年龄的增加而变长。临床表现为精神不振、食欲减少或厌食、腹痛、腹泻，粪便常为黄色软便或水样便，有恶臭，常带有纤维或血液，病程为1~2 周，3~14 日龄的羔羊死亡率较高。

【病理变化】　羊隐孢子虫病的病理变化为局部炎性反应，自然感染羊的小肠和大肠均出现病理损伤，人工感染羊的损伤发生于回肠和空肠远端，显微观察发现肠绒毛萎缩、发育障碍甚至融合，黏膜固有层有中性粒细胞和单核细胞浸润，盲肠上皮细胞刷状缘寄生有不同发育阶段的虫体。

【鉴别诊断】　羊发生腹泻应用抗生素治疗无效时应怀疑是隐孢子虫感染，由于本病的临床症状没有特异性，应检查病原确诊。采集粪便进行检查，可采用饱和蔗糖溶液漂浮法查找粪便中的隐孢子虫卵囊；也可将粪样涂片，采用改良抗酸染色法染色镜检，隐孢子虫卵囊被染成红色；或利用绿色荧光抗体染色法检查，隐孢子虫卵囊呈现苹果绿的荧光。分子生物学技术可采用巢式 PCR 结合测序，可进行确诊的同时鉴别种类。死后剖检刮取病变部位的肠黏膜涂片染色，或制作病理切片，或制成电镜样本，鉴定虫体以进行诊断。

【防治】

目前没有用于治疗羊隐孢子虫病的特效药，也没有用于预防的有效疫苗，主要通过提高羊的自身免疫力和加强环境卫生来预防本病。

（1）加强饲养管理，提高羊免疫力　根据年龄分舍饲养，根据羊的生长阶段选择相应的饲料，提高羊的营养供应水平；设置适当面积的运动场，加强运动，提高羊的机体抵抗力；避免其他动物进入羊舍，引种时加强检疫。

（2）搞好环境卫生，做好消毒措施　隐孢子虫卵囊在自然条件下能够存活数月，搞好环境卫生是控制羊隐孢子虫病传播、降低感染风险的有效方法。定期对饲养场及周边环境、人员防护用具、操作器具及进出车辆进行消毒。严格进行单独羊舍消毒，防止隐孢子虫的交叉感染，可使用氨气和10%福尔马林溶液进行消毒。研究证明，65℃以上的温度可杀灭隐孢子虫卵囊，建议定期开展蒸汽消毒。

（3）发病羊进行隔离和及时处置　轻症病羊采用对症治疗，脱水羊及时补充液盐和止泻，防止休克，并加强营养供给；腹泻严重的羊建议淘汰。由于本病为人畜共患病，治疗过程中应注意避免人的感染。

三、羊巴贝斯虫病

羊巴贝斯虫病又名梨形虫病，俗称红尿热、蜱热、巴贝斯焦虫病，是由巴贝斯科巴贝斯属的巴贝斯虫寄生于羊血液中的红细胞内而引起的一种羊血液原虫病，临床以高热、贫血、黄疸和血红蛋白尿为主要特征，所以又称红尿症、血尿症。由于本病经由硬蜱传播，所以本病多发于蜱活动旺盛的季节和地区，呈地方性流行，常造成羊大批死亡，危害严重，严重制约养羊业的健康持续性发展。

【流行病学】

（1）传染源　硬蜱。

（2）传播途径　带有巴贝斯虫子孢子的硬蜱吸食羊血液时将病原注入羊体内。

（3）易感动物　绵羊、山羊均易感，一般1岁以内的羔羊发病率和死亡率较高。

（4）流行特点　本病的流行有一定的地区性和季节性，多发生在热带与亚热带地区，与当地蜱的活动时间密切相关，放牧羊群易感染本病，舍饲羊发病较少。此外，羔羊发病率高、症状轻、死亡率低，成年羊则相反。

【临床症状】　本病潜伏期为7~28天，有的长达42天。病羊消瘦，食欲减退或废绝，毛色灰乱，精神沉郁，行动迟缓，嗜睡；体温升高至40~42℃，并稽留数日；恶寒战栗，有时畏光或烦躁不安，体表或有蜱寄生，眼结膜苍白（图2-7）或伴有黄染（图2-8），尿液发黄，有的病羊排血尿；多数羊出现异食现象，喜啃食泥土等异物（视频2-1），导致便秘或腹泻。个别羊出现神经症状，表现为无目的地狂跑，突然倒地死亡；哺乳母羊泌乳减少或停止，妊娠羊常发生流产。慢性感染者体温数周持续在40℃左右，渐进性消瘦和贫血，食欲减退。

视频 2-1

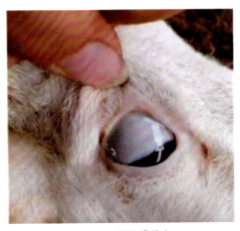

图 2-7 眼结膜苍白

图 2-8 眼结膜黄染

【病理变化】膀胱扩张，其内充满红色尿液；肾脏充血发炎，伴有出血点（图 2-9）；胆囊肿大，充满浓稠的胆汁（图 2-10）；消化道黏膜出血、水肿；黏膜与皮下组织苍白或黄染；脾脏肿大变性，有出血点（图 2-11）；毛细血管堵塞瘀血；肺部瘀血、水肿、出血（图 2-12）；淋巴结肿大；脑灰质肿胀，神经细胞退变、出血及间质水肿；肝脏肿大、呈土黄色（图 2-13）；血液中胆红素升高引起黄疸；部分死亡病羊可见溶血性贫血；心脏肿大，心内膜、心外膜及浆膜、黏膜均有出血点。

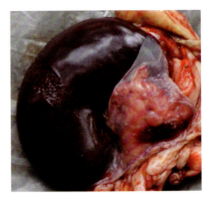

图 2-9 肾脏充血发炎，伴有出血点

图 2-10 充满浓稠胆汁的肿大胆囊

图 2-11 脾脏肿大变性，有出血点

【鉴别诊断】可根据流行病学（发病季节、发病地点、是否有蜱叮咬史）、临床症状（高热、贫血、血红蛋白尿、黄疸）、病理变化做出初步诊断。血液涂片检出虫体是确诊本病的主要依据。还可用分子生物学检测方法和血清学检测方法进行诊断。

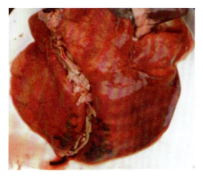
图 2-12　肺部瘀血、水肿、出血

图 2-13　肝脏肿大、呈土黄色

【预防】

1）蜱的活动与本病的流行密不可分，应加强养殖户对蜱的防范意识，因此在蜱活动旺盛的季节注意灭蜱，加强羊舍卫生，保证羊体清洁，科学放牧，必要时可改为舍饲。

2）每年在本病流行之前每隔 2~3 周用双甲脒或溴氰菊酯对羊舍进行彻底喷洒消毒。

3）引进羊应避开蜱活动的时期，同时必须进行严格的检疫，然后再合群。

4）采用合理的饲料配方，饲喂多元化饲料，确保营养全面均衡，以提高羊抵抗力。

【治疗】　尽可能地早确诊、早治疗。在应用特效药物杀灭虫体的同时，应根据病羊机体状况，配合强心、补液、健胃、缓泻、疏肝利胆及抗生素类药物治疗，并加强护理。

（1）中药治疗

① 取栀子 30 克、蒲公英 30 克、黄檗 24 克、郁金 30 克、当归 60 克、连翘 24 克、黄芩 24 克、知母 24 克、茵陈 120 克、牛蒡子 30 克、龙胆 30 克、板蓝根 30 克、灯芯草 30 克、滑石 60 克、木通 30 克、萹蓄 30 克、荆芥 15 克、生甘草 12 克研成粉末，同时加入蜂蜜 240 克，开水冲调。晾温后服下，连服 2 次，每天 1 副，待体温恢复正常后，换用方剂②。

② 取山药 60 克、麦冬 30 克、炒白术 24 克、黄芪 30 克、党参 30 克、桔梗 18 克、茯苓 24 克、当归 60 克、陈皮 18 克、青皮 18 克、百合 30 克、甘草（炙）12 克、大枣 30 克、茵陈 30 克、生姜 30 克、炒神曲 24 克、炒麦芽 24 克、龙胆 30 克研成粉末，同时加入 24 克蜂蜜，开水冲调，晾温后服下，连服 3~5 次，每 2 天 1 副，同时结合静脉注射葡萄糖注射液补充能量。

（2）西药治疗

① 咪多卡（咪唑苯脲或咪唑啉卡普），每千克体重肌内或皮下注射 1~3 毫克，将药物粉末配成 10% 的溶液，每天 1~2 次，连用 2~4 次。该药物对各种巴贝斯虫均有很好的治疗效果，疗效高、毒性小且能在羊体内存留较长时间。

② 三氮脒（血虫净、贝尼尔），临用时将粉剂用蒸馏水配成 5%~7% 溶液进行深部肌内分点注射，每千克体重 3.5~3.8 毫克，可根据情况连续使用 3 次，每次间隔 24 小时。

四、羊泰勒虫病

羊泰勒虫病又称羊焦虫病，是由泰勒科泰勒属原虫引起山羊、绵羊的一种血液原虫病。传播媒介主要为蜱虫，以高热稽留、淋巴结肿大、贫血、黄疸、消瘦为典型症状。绵羊发病率高于山羊，羔羊较成年羊更易感。

【流行病学】

（1）**传染源** 病羊及带虫羊。

（2）**传播途径** 主要通过蜱叮咬吸血进行传播。

（3）**易感动物** 绵羊、山羊均可感染，绵羊较山羊易感，1~6月龄羔羊易感。

（4）**流行特点** 具有明显的季节性，主要与其传播媒介蜱的生活习性相关。4~6月蜱生活旺盛时期易发病，一般5月为高峰期。

【临床症状】 病程一般为3~14天。初期一般出现高热稽留，体温可达40~42℃并持续1周左右。病羊精神沉郁，食欲不振，心率加快并出现节律不齐，反刍减少。体表淋巴结肿大，以肩前淋巴结最为显著。眼结膜初期会表现为潮红，继而贫血苍白甚至有轻微黄疸症状。部分病羊会出现腹泻，排出粥样粪便，恶臭甚至带有黏液和血液。严重病羊，后期精神极度沉郁，食欲废绝，消瘦，呼吸困难，可视黏膜苍白甚至全身出现黄疸；行动不便，磨牙或口吐白沫。

【病理变化】 病羊消瘦，全身浆膜、黏膜有出血点，淋巴结肿大并有灰白色结节。肝脏、肾脏、脾脏肿大并伴有出血点。皮下呈胶冻样浸润，脂肪黄染（图2-14）。

【鉴别诊断】 通过流行病学、临床症状和病理变化可初步诊断，可利用病羊外周血制作成血涂片，通过甲醇固定、吉姆萨染液着色后在显微镜下镜检，再结合病羊的临床症状确认是否感染本病病原。也可通过实验室分子生物学手段确诊，包括病原分离鉴定、血清学检测，以及PCR检测等方法。

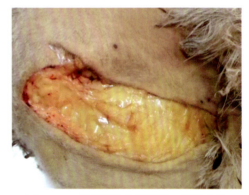

图2-14 皮下呈胶冻样浸润，脂肪黄染

【预防】 以综合防控和接种疫苗为主要手段。

1）切断传播途径是预防本病最为有效的防控手段。羊体及周围环境采用化学药物或生物防控的方式及时灭蜱。

2）加强饲养管理和羊舍消毒，在雌蜱产卵季节对羊舍缝隙进行封堵。饲喂营养丰富、易消化的优质饲料，提高羊自身免疫力。

3）目前已有商品化环形泰勒虫裂殖体胶冻细胞苗，可于每年4月进行1次免疫，免疫效率高达90%。

【治疗】 目前没有治疗羊泰勒虫病的特效药，常用的治疗药物有三氮脒、咪多卡等。

1）三氮脒，每千克体重7毫克，用蒸馏水配制成7%稀释液，深部肌内注射，有3个月的有效保护期，可在流行地区大规模使用。

2）咪多卡（咪唑苯脲或咪唑啉卡普），每千克体重肌内或皮下注射1~3毫克，将药物粉末配成10%的溶液，每天1~2次，连用2~4次。该药物对泰勒虫有治疗作用，而且还具有较好的预防作用，但本品不能静脉注射。

3）加强护理。主要为对症治疗，若伴有心脏衰弱、呼吸困难等可配合注射樟脑制剂；若消瘦、营养不良，可静脉注射葡萄糖注射液，增加营养；若食欲不振，可注射复合维生素B，增强胃肠功能。

五、羊无浆体病

羊无浆体是一种由媒介蜱传播的专性红细胞内寄生的一类病原微生物，可以引起绵羊和山羊的无浆体病。羊无浆体病临床症状主要表现为发热、贫血、黄疸和消瘦，严重时可导致死亡。羊无浆体病在全世界广泛流行，阻碍了养羊业的发展，给养羊业带来了严重的经济损失。

【流行病学】

（1）**传染源**　病羊和带虫羊。

（2）**传播途径**　主要通过媒介蜱吸血传播，多种吸血昆虫也能够传播本病病原。

（3）**易感动物**　绵羊、山羊均可感染，羊年龄越大，发病率和病死率也越高，幼龄羊感染率较低。

（4）**流行特点**　具有明显的季节性，多发于气温较高的季节。在我国南方地区多发于每年的4~9月，北方多发于7~10月。

【临床症状】　羊无浆体病发病前期，患病羊体温通常升高至39~41℃，呈不规则热型。患病羊表现出衰弱无力、食欲不振、被毛粗糙、消瘦、贫血（图2-15）、黄染（图2-16），红细胞总数、血红蛋白和血细胞比容均减少。病情严重的出现卧地不起，最终导致死亡。

图2-15　被毛粗糙、消瘦、贫血

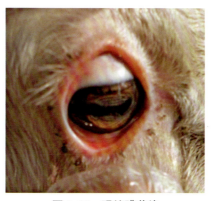

图2-16　眼结膜黄染

【病理变化】病羊尸僵不全，明显消瘦，皮下只有少量脂肪，并发生黄染，肘后皮下浸润有黄色胶样脂肪，大网膜发生黄染。血液如水样稀薄，不易凝固，血沉呈较快速度。下颌、肩前，以及乳房淋巴结发生明显肿大，切面多汁，存在斑状出血。心脏有所肿大，心内膜和心外膜存在出血点（图2-17和图2-18），心包积液（图2-19），心冠脂肪发生黄染（图2-20）。肺部发生水肿，存在瘀血。肝脏略微肿大，胆囊缩小，含有少量黄绿色胆汁（图2-21）。肾脏呈土黄色，也发生肿大（图2-22）；肾盂出现水肿、黄染（图2-23）。脾脏稍有肿大，质地变脆，被膜易于剥离。皱胃黏膜发生充血，十二指肠存在少量的出血点。

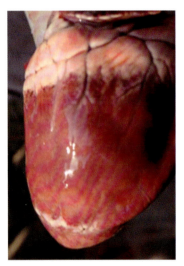
图2-17 心外膜存在出血点

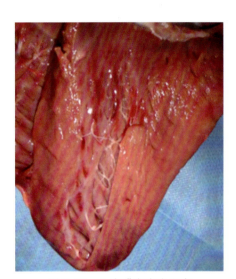
图2-18 心内膜存在出血点

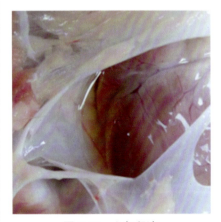
图2-19 心包积液

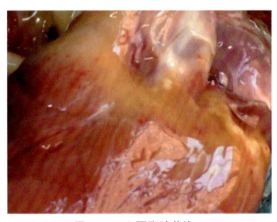
图2-20 心冠脂肪黄染

图 2-21　肝脏略微肿大，胆囊缩小，含有少量黄绿色胆汁

图 2-22　呈土黄色且肿大的肾脏

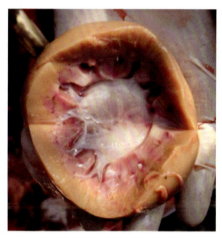

图 2-23　肾盂出现水肿、黄染

【鉴别诊断】　血涂片镜检是无浆体最为经典的检测方法，也是实验室常用的诊断方法。该方法主要用外周血制作成血涂片，通过甲醇固定、吉姆萨染液着色后在显微镜下镜检，再结合病羊的临床症状确认是否感染本病病原（图 2-24）。血清学诊断和分子生物学诊断方法也常用于无浆体病的临床诊断。

【预防】

（1）平时预防　本病的预防措施主要是灭蜱，轮换放牧不仅可以有效灭蜱，而且也能有效避免长期使用药物导致蜱产生抗药

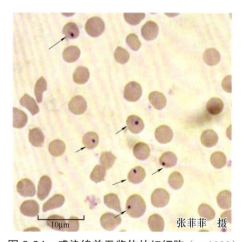

张菲菲　摄

图 2-24　感染绵羊无浆体的红细胞（×1000）

性，适时对羊群进行药浴，防止吸血昆虫的侵袭。

（2）**加强检疫** 按期进行血检尽早检出病羊，肌内注射土霉素，每千克体重 8~10 毫克，连用 10~14 天，效果较好。对病羊及时隔离，并做好血液、分泌物、排泄物及其污染物的消毒处理。

（3）**免疫接种** 现已研究出无浆体灭活佐剂疫苗和无浆体弱毒疫苗，后者的免疫期可达 15 个月。

【治疗】

（1）**药物治疗** 三氮脒，也称血虫净，病羊按每千克体重 7 毫克，添加注射用水配成 7% 溶液进行分点深部肌内注射，每天 1 次，1 个疗程连续用药 3 天。盐酸吖啶黄，也称黄色素，病羊按每千克体重 3~4 毫克，添加注射用水配成 1% 溶液进行静脉注射，连续使用 2 天。土霉素或金霉素，病羊按每千克体重口服或肌内注射 10~15 毫克，连续使用 12~16 天。

（2）**及早使用抗生素，避免出现并发症** 若用四环素类的多西环素、喹诺酮类的左氧氟沙星治疗效果明显，对贫血严重的病羊可进行输血治疗，每天输血 1000 毫升，连续 5~6 天。此外，对病情较重者应补充足够的液体和电解质，以保持水、电解质和酸碱的平衡。使用糖皮质激素可抑制宿主消除病原的能力，从而加重病情并增强疫病的传染性，所以应慎用激素。

六、肉孢子虫病

肉孢子虫病是由多种肉孢子虫寄生于哺乳类、鸟类、爬行类、鱼类等多种动物和人而引起的一种重要的人畜共患寄生虫病，呈世界性分布。本病的感染率高，危害较大，是家畜常见寄生虫病之一。

【流行病学】

（1）**传染源** 被肉孢子虫孢子囊或卵囊污染的水或饲料，以及含有肉孢子虫包囊的肌肉或神经组织。

（2）**传播途径** 主要通过消化系统感染。

（3）**易感动物** 爬行类、鸟类及猴、鲸、各种家畜在内的哺乳动物均可感染，人也可感染。

（4）**流行特点** 一年四季均可发生，呈世界性分布，多发生在热带和亚热带地区，卫生条件差及喜食生肉的地区更为多见。

【临床症状】 肉孢子虫的致病作用除了机械损伤与吸收宿主营养外，在其发育阶段可产生致病性较强的毒素，即肉孢子虫毒素。这种毒素毒力的强弱根据虫种而异，毒素可作用于肌纤维，使其发生变性、坏死，导致肌纤维出现炎症；也会造成羊体温升高、似内毒素性休克、水肿、出血，严重时还会抑制羊生长发育，甚至导致死亡。羊感染肉孢子虫后会出现急性临床症状，主要表现为食欲减退、发热、精神沉郁、腹泻、流涎、体重减轻、心跳加快、呼吸困难、极度虚弱、贫血、运动失调、母羊流产等。

【病理变化】 巨型肉孢子虫感染后，食道中肉眼可见有大小不一、黄白色或乳白色、米粒状，且与肌纤维平行的虫体包囊（图2-25），若挤破包囊后于镜下观察，可见大量香蕉形的缓殖子（图2-26）。其他虫种感染剖检可见寄生部位嗜酸性脓肿、各种肉芽肿的病理变化，患部肌纤维常呈不同程度的变性、坏死、断裂。将肉样压片检查，苏木精-伊红染色（HE染色）镜检，均可见到与肌纤维平行的纺锤形虫体包囊（图2-27和图2-28）。病程久者虫体包囊发生钙化形或黑色的小团块。

图2-25 羊食道中的肉孢子虫包囊

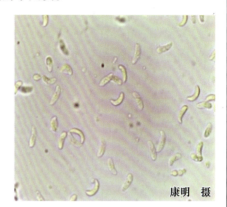

图2-26 羊食道中的肉孢子虫缓殖子

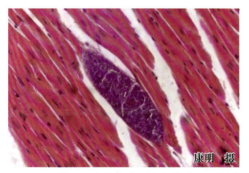

图2-27 羊心肌中的肉孢子虫包囊（HE染色）

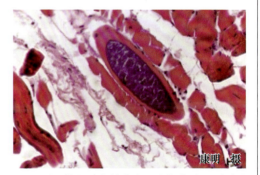

图2-28 羊膈肌中的肉孢子虫包囊（HE染色）

【鉴别诊断】 本病一般不出现典型的特异性症状，因此生前诊断比较困难。目前应用血清学方法可以诊断肉孢子虫病，分子生物学诊断技术用于羊肉孢子虫的物种鉴定。对病死羊进行剖检，肉眼或显微镜观察到肌肉中的包囊即可确诊。

【预防】 对于肉孢子虫病目前尚无特效治疗药物，切断传播途径仍是预防羊和人肉孢子虫病的关键措施。具体包括：

1）严格处理羊、人等终末宿主的粪便，防止其污染羊的饲料和饮水。

2）加强羊肉品卫生检验，防止含虫体包囊的肉品进入市场。含有肉孢子虫的羊肌肉、内脏和组织应按肉品检验的规定处理，不能将其饲喂给其他动物。

3）在发病区或流行区要防止人感染本病，不要生食动物肉品或是食用加工不彻底的肉制品。

4）注意个人卫生和饮食卫生，避免食入肉孢子虫卵囊或孢子囊；同时应定期检查羊粪便，及时隔离治疗感染的羊。

5）引进羊应先进行隔离检疫，防止引入感染。

【治疗】　目前尚无特效的治疗药物。常用的抗球虫药对治疗羊肉孢子虫病有一定疗效，如氨丙啉、氯苯胍、常山酮及磺胺类药物等，但均不能使肌肉中的肉孢子虫完全失活。还可在生产中使用伊维菌素注射液，每千克体重200微克，肌内注射；隔5天，再用吡喹酮，每千克体重20毫克，灌服，并补饲生长素添加剂，可使病羊康复。

第二节　羊吸虫病

一、羊肝片吸虫病

羊肝片吸虫病是由肝片吸虫（图2-29）寄生于山羊和绵羊的肝脏和胆管中所引起的一种生物源性人畜共患蠕虫病，常呈地方性流行，可引起羊的急性或慢性肝炎和胆管炎，并伴随全身性中毒和营养障碍，对羔羊和绵羊危害严重，可引起大批死亡。除羊外，肝片吸虫还可寄生于牛、骆驼等反刍动物，猪、马、兔及多种野生动物，人也会被感染。

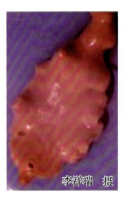

李祥瑞　摄　　　　李祥瑞　摄　　　　李祥瑞　摄　　　李祥瑞　摄

图2-29　肝片吸虫虫体及虫卵

【流行病学】

（1）**传染源**　病羊及带虫羊不断向外界排出大量虫卵，污染环境，成为传染源。

（2）**传播途径**　羊因食入含囊蚴的饲草或饮水而经口感染。囊蚴对外界环境的抵抗力较强，在潮湿的环境中可生存3~5个月；但对干燥和阳光直射敏感，在干燥空气中和阳光直射下2~3小时即失去感染力。

（3）**易感动物**　绵羊和山羊均可感染，但羔羊和绵羊易感，危害严重。

（4）**流行特点**　温度、水和淡水螺是羊肝片吸虫病流行的重要因素，虫卵的发育、毛蚴和尾蚴的游动及淡水螺的活动与繁殖都与温度和水直接相关，常流行于河流、山川、小溪和低洼、潮湿沼泽地带，长时间在潮湿地带放牧时易发；肝片吸虫广泛分布于全国，多呈地方性流行；久旱多雨的温暖季节易发，急性病羊多见于夏秋季节，慢性病羊多见于冬春季节；绵羊对再感染抵抗力弱。

【临床症状】羊肝片吸虫病的临床表现与虫体寄生的数量、毒素作用的强弱及羊的机体状况有关，绵羊最敏感，最常发生，死亡率也高。

（1）**急性型**　主要发生于夏末和秋季，短时间吞食大量（2000 个以上）囊蚴 2~6 周后，即童虫移行所致；病羊食欲减退或废绝，精神沉郁，可视黏膜苍白（图 2-30）；按压病羊肝部，病羊疼痛表现明显，有腹水，排黏液性血便，偶尔有腹泻，全身颤抖；红细胞数量和血红蛋白显著降低，体温升高，通常在出现症状后 3~5 天内死亡。

（2）**慢性型**　多发于冬季、春季，一般在吞食 200~500 个囊蚴后 4~5 个月时发病，即成虫引起的症状。病羊表现渐进性消瘦、贫血、黏膜苍白黄染，食欲不振、被毛粗乱，异食，眼睑、下颌水肿（图 2-31），有时也发生胸下、腹下水肿（图 2-32，视频 2-2）。叩诊肝脏的浊音界扩大，后期可能卧地不起，最终死亡。

视频 2-2

图 2-30　可视黏膜苍白

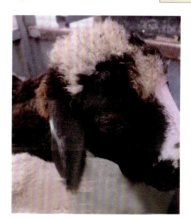

图 2-31　下颌水肿

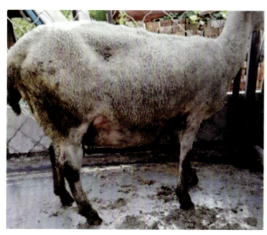

图 2-32　胸下、腹下水肿

【病理变化】 病变多集中在肝脏。急性型病理变化包括肠壁和肝组织的严重损伤、出血，肝脏肿大（图2-33）；肝脏也因幼虫移行导致浆膜和组织损伤、出血，出现暗红色"虫道"（图2-34）；成虫寄生于胆管和肝脏（图2-35）内，常引起慢性感染，导致慢性胆管炎、慢性肝炎和贫血现象；血液稀薄（图2-36），血液中嗜酸性细胞增多；肝脏肿大，肝实质萎缩、褪色、变硬、边缘钝圆，小叶间结缔组织增生；胆管肥厚，如绳索一样增粗，常凸出于肝脏表面（图2-37，视频2-3），胆管壁发炎、粗糙，常在粗大变硬的胆管内发现有磷酸（钙、镁）盐等的沉积。

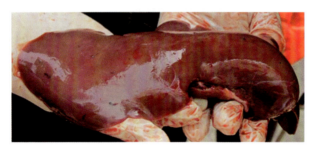

视频 2-3

图 2-33 肝组织的严重损伤、出血，肝脏肿大

图 2-34 肝脏浆膜和组织因幼虫移行导致损伤和出血，出现暗红色"虫道"

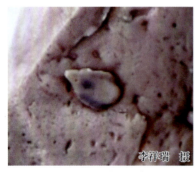

图 2-35 寄生于肝脏的肝片吸虫成虫　　图 2-36 血液稀薄　　图 2-37 胆管肥厚，如绳索一样增粗，常凸出于肝脏表面

【鉴别诊断】 由于羊肝片吸虫病的临床表现不典型，诊断需要根据急性型和慢性型临床症状、流行病学资料、粪便检查及死后剖检等进行综合判定。通常情况下，可以依据病羊食欲减退、下颌肿胀、腹泻、贫血等症状进行初步诊断；粪便镜检发现虫卵是确诊的主要依据，多采用水洗沉淀法和尼龙筛兜集卵法来检查虫卵，也可用饱和硫酸镁漂浮法检查虫卵；死后剖检可在急性型病羊的腹腔和肝实质等处发现童虫或成虫（图 2-38），慢性型病羊的胆管内检获大量成虫；对于急性型病羊，可采用酶联免疫吸附试验（ELISA）、间接血凝试验（IHA）等方法检测病羊血清中的特异性抗体；近年来，也有关于分子生物学检测方法的研究用于本病的诊断。

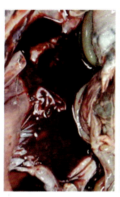

图 2-38 死后剖检在急性型病羊的腹腔（左图）和肝实质等处发现童虫（中图）或成虫（右图）

【预防】

（1）**预防性定期驱虫** 急性型病羊可在夏季、秋季选用氯氰磺柳胺钠等药物进行驱虫；慢性型病羊，北方驱虫 2 次 / 年，即冬末初春和秋末冬初，南方终年放牧，每年可进行 3 次驱虫；定期普查，适时评价驱虫效果，选择适合本养殖场且有效的驱虫药物。

（2）**做好粪便管理** 要及时清除羊舍内的粪便，尤其是驱虫后的粪便，运送至指定地点进行堆积发酵，1~2 个月后才可作为肥料使用。

（3）**消灭中间宿主淡水螺** 利用食螺鸭子等生物消灭淡水螺；结合农田水利建设，改造牧场，填平无用水洼；化学灭螺（常用），如用氯硝柳胺、茶子饼、生石灰、硫酸铜等。

（4）**防止牛、羊感染囊蚴** 羊群尽量选择到高处草区放牧，不要在低洼、潮湿、多囊蚴的地方放牧；保持牛、羊的饮水卫生，最好以井水、自来水或者流动的河水作为饮水，并确保饮水干净卫生；保持牛、羊的饲草卫生，从流行区域运来的新鲜牧草经暴晒后使用；牛、羊等动物禁止混牧或者混养，防止出现交叉感染；有条件的地方实行轮牧。

【治疗】

（1）**治疗原则** 治疗羊肝片吸虫病时，不仅要进行驱虫，而且应注意对症治疗，尤其对体弱的重症病羊。驱除羊肝片吸虫的药物很多，应选用具有毒性小、用量少、安全范围大、使用方便、同时驱除童虫和成虫等特点的药物。

（2）治疗方案

1）溴酚磷（蛭得净），一次口服按每千克体重 12~16 毫克，对成虫和童虫具有良好的驱杀作用，可用于治疗急性型病羊。

2）氯氰碘柳胺钠，按每千克体重 10 毫克，一次性口服或皮下注射，对成虫及 6~12 周龄的童虫有效。

3）三氯苯达唑，按每千克体重 5~12 毫克，口服，对成虫和童虫有高效驱杀作用。对于急性型肝片吸虫病的治疗，5 周后应重复用药一次。为了扩大抗虫谱，可与左旋咪唑联合应用。

4）硝碘酚腈，按每千克体重 10~15 毫克，皮下注射；或按每千克体重 30 毫克，口服，但效果不如皮下注射；本品的注射液对组织有刺激性；重复用药应间隔 4 周以上；对成虫和 4~6 周龄以外的童虫有很强的驱杀作用。

5）阿苯达唑（丙硫苯咪唑、丙硫咪唑、抗蠕敏），一次口服剂量按每千克体重 5~15 毫克。该药为广谱驱虫药，也可用于驱除胃肠道线虫和肺线虫及绦虫，剂型一般有片剂、混悬液、瘤胃控释剂和大丸剂等。

6）硝氯酚（拜耳 9015），一次口服剂量按每千克体重 4~5 毫克，对成虫有效。

二、歧腔吸虫病

羊的歧腔吸虫病是由歧腔科歧腔属的吸虫寄生于羊肝脏、胆囊引起的一类吸虫病（图 2-39）。除羊外，还可寄生于牛、骆驼、鹿、猪、犬、兔等 70 多种动物，有些种类还可感染人。本病在我国危害较为严重，能引起胆管炎、肝硬变，并导致代谢障碍和营养不良。歧腔吸虫常和肝片吸虫混合感染。

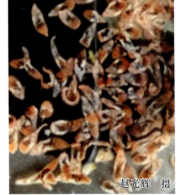

赵光辉　摄

图 2-39　羊的矛形歧腔吸虫新鲜虫体

【流行病学】 本病呈世界性分布，我国主要分布于西南、东北、华北、西北地区。本病在南方可全年发生；北方春秋季感染，冬春季发病。羊年龄增加，歧腔吸虫感染率和感染强度也逐渐增加。

【临床症状】 多数羊症状轻微或不表现症状。严重感染时，尤其在早春，会出现严重的症状。一般表现为慢性消耗性疾病的临床特征，如精神沉郁、食欲不振、渐进性消瘦、可视黏膜黄染（图 2-40）、贫血造成眼结膜苍白（图 2-41）、下颌水肿（图 2-42）、腹泻、行动迟缓、喜卧等。严重的病羊可死亡。

图 2-40　可视黏膜黄染

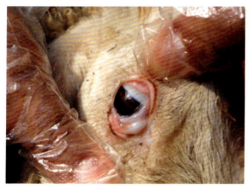

图 2-41　贫血造成眼结膜苍白　　　　　　　图 2-42　下颌水肿

【病理变化】　由于虫体的机械性刺激和毒素作用，可引起胆管卡他性炎症、胆管壁增厚、肝脏肿大（图 2-43）；在胆管和胆囊内可见虫体（图 2-44）。

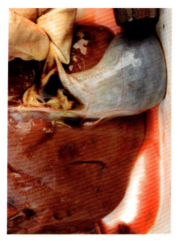

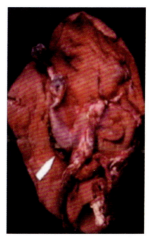

图 2-43　胆管卡他性炎症、　　　　　图 2-44　胆管内寄生的虫体
　　　　胆管壁增厚、肝脏肿大

【鉴别诊断】　在流行病学调查的基础上，结合临床症状采用沉淀法进行粪便虫卵检查，可发现大量虫卵；死后剖检，可在胆管、胆囊中发现大量虫体（图 2-45），即可确诊。有研究基于核糖体 ITS2 建立了用于成虫、中间宿主蜗牛和蚂蚁体内矛形歧腔吸虫的特异 PCR 检测方法，可以借鉴用于诊断。

【预防】

（1）**定期驱虫**　羊群通常在每年初冬和春季各进行 1 次常规驱虫，还要在每年放牧季节过后进行 1 次加强驱虫，尤其是容易发病的地区，羊群每年必须进行 3 次驱虫。

（2）**灭螺灭蚁**　因地制宜，结合开荒种草、消灭灌木丛或烧荒等消灭中间宿主。牧场可养鸡、鸭灭螺，人工捕捉蜗牛；发病较重的牧场，可用氯化钾按 20~25 克 / 米^{2}灭螺。

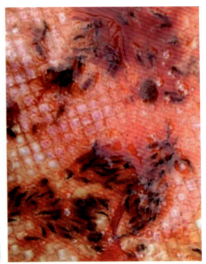

图 2-45　慢性病羊的胆管内检获大量歧腔吸虫成虫

（3）**加强饲养管理**　选择开阔干燥的牧地放牧，尽量避免在中间宿主多的潮湿低洼牧地放牧；确保饮水卫生，可供给洁净井水或者自来水。

（4）**预防人的感染**　不要生食蚂蚁或不食用被蚂蚁污染的食物。

【治疗】

1）吡喹酮，按每千克体重 50~70 毫克，1 次喂服；或油剂腹腔注射，每千克体重 50 毫克；疗效都在 96% 以上。

2）阿苯达唑，按每千克体重 30~40 毫克，配成 5% 混悬液，1 次喂服，疗效甚好。

3）三氯苯哌嗪（三氯苯丙酰嗪、海涛林或海托林），按每千克体重 40~60 毫克，配成 2% 混悬液，1 次喂服。

4）氯氰碘柳胺，按每千克体重 10 毫克，1 次皮下注射。

三、羊阔盘吸虫病

阔盘吸虫病是由阔盘吸虫寄生在宿主胰管中，引起营养障碍和贫血为主的吸虫病。其特征是腹泻、贫血、消瘦、水肿等症状，严重时可引起死亡。阔盘吸虫呈世界性分布，我国的东北、西北牧区及南方各省都有本病流行。

【病原】　我国报道的阔盘吸虫主要有 3 种，均属双腔科阔盘属，它们是胰阔盘吸虫、腔阔盘吸虫和枝睾阔盘吸虫（图 2-46）。

【流行病学】

（1）**传染源**　病羊和带虫羊粪便。

（2）**传播途径**　主要通过粪口传播，草螽和针蟋作为中间宿主也可传播。

（3）**易感动物**　本病除发生于牛、羊等反刍动物外，还可感染猪、兔、猴和人等。

胰阔盘吸虫　　　　　　腔阔盘吸虫　　　　　　枝睾阔盘吸虫

图 2-46　阔盘吸虫成虫

（4）**流行特点**　适宜的季节（一般在夏季、秋季），贝类宿主（蜗牛）、昆虫宿主（草螽、针蟋）及羊、牛三者联系在一起的地点，才是病原传播、羊受感染的地点。由于阔盘吸虫在中间宿主体内的发育期长，而草螽、针蟋又是一年生昆虫，所以一个地区阔盘吸虫病感染的季节受当地的自然气候所影响，也与当地蜗牛排出成熟子胞蚴及昆虫宿主带有成熟囊蚴的季节密切相关。在南方，感染季节有 5~6 月和 9~10 月两个高峰期；而在北方，感染的高峰期只在 9~10 月。

【临床症状】　阔盘吸虫成虫寄生在终末宿主的胰管中，由于机械性刺激、堵塞、代谢产物的作用及营养的夺取等，引起胰腺的病理变化及机能障碍。病羊全身表现营养不良、消瘦、贫血、水肿、腹泻、生长发育受阻，严重的造成死亡。

【病理变化】　尸体消瘦，胰腺肿大。轻度感染羊胰管高度扩张，管上皮细胞增生，管壁增厚，管腔缩小，黏膜不平呈小结节状，也有出血、溃疡、炎性细胞浸润，黏膜上皮细胞被破坏，发生渐进性坏死变化。整个胰腺结缔组织增生，呈慢性增生性胰腺炎，胰腺小叶及胰岛的结构发生变化，从而使胰液和胰岛素的生成、分泌发生改变，机能紊乱。重度感染羊胰管因高度扩张呈黑色，蚯蚓状突出于胰腺表面，胰管发炎肥厚，管腔黏膜不平，呈乳头状小结节突起，并有点状出血，内含大量虫体。慢性感染因结缔组织大量增生而导致整个胰腺硬化、萎缩，胰管内仍有数量不等的虫体寄生（图 2-47）。

【鉴别诊断】　用水洗沉淀法进行粪便检查，一般难以检出虫卵，对于羊阔盘吸虫病，

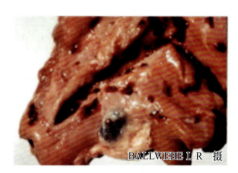

BALLWEBE L R　摄

图 2-47　阔盘吸虫大量寄生于羊胰腺中，致胰腺组织和胰管病变

最好结合尸体剖检检查胰腺病变和计数虫体数量，便能做出正确诊断。剖检可见胰腺肿大，表面粗糙不平，色泽不匀，有小出血点，胰管壁发炎肥厚，黏膜可呈乳头状小结节，甚至息肉状增生并有点状出血，管腔内有大量虫体，有的胰腺萎缩或硬化，甚至癌变。

【预防】　本病流行地区应在每年初冬和早春各进行 1 次预防性驱虫；有条件的地区可实行划区放牧，以避免感染；应注意消灭其第一中间宿主蜗牛（其第二中间宿主草蜢在牧场广泛存在，消灭极为困难）；同时加强饲养管理，以增强羊的抗病能力。

【治疗】

吡喹酮，口服，剂量按每千克体重 65~80 毫克；肌内注射或腹腔注射时，剂量按每千克体重 50 毫克，并以液状石蜡或植物油灭菌制成 20% 油剂，腹腔注射应防止注入肝脏或肾脂肪囊内。

四、前后盘吸虫病

前后盘吸虫病是由前后盘科的各属吸虫（图 2-48~ 图 2-50）寄生所引起的疾病。成虫寄生在牛羊等反刍动物的瘤胃和网胃壁上，危害不大，幼虫则因在发育过程中移行于皱胃、小肠、胆管和胆囊，可造成较严重的疾病，甚至导致死亡，本病吸虫不仅寄生于牛、羊等畜禽体内，还可寄生于人体，能导致严重的经济损失和公共健康危害。

图 2-48　不同种类的前后盘吸虫

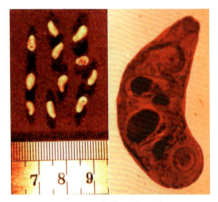

图 2-49　鹿前后盘吸虫

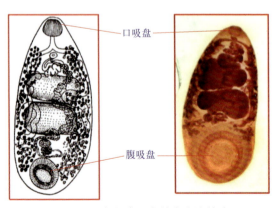

图 2-50　口吸盘和腹吸盘的大小比约为 1∶2

【流行病学】

（1）**传染源**　病羊和带虫羊粪便。

（2）**传播途径**　主要通过粪口传播。

（3）**易感动物**　山羊、绵羊均可感染，人也可感染。

（4）**流行特点**　南方温暖湿润的气候条件适宜中间宿主的繁殖和发育，尤其是在夏季，放牧管理的羊群会容易发病。

【临床症状】　羊感染前后盘吸虫童虫会导致急性型发病，可能在5~30天内发生死亡。初期病羊体温没有明显变化，但精神沉郁，食欲不振，被毛粗乱且容易发生脱落。随着病程的进展，通常在发病7~10天后，部分病羊的体温会逐渐升高，往往可达到40~40.5℃；鼻镜、眼黏膜及口腔黏膜发白（图2-51），存在明显的出血点，并且大小不等，鼻镜和鼻翼上出现较浅的溃疡；颌间部、眼睑及胸垂部出现水肿（图2-52）。再经过几天，病羊停止采食，机体衰弱无力，并由于发生顽固性腹泻而导致机体日渐消瘦，明显贫血；严重时目光呆滞，眼睛塌陷，肋部凹陷，呈现疝痛状，磨牙且不断呻吟，排出粥样或者水样粪便，并散发腥臭，有时甚至排出混杂血液的稀便。最终病羊非常虚弱，卧地不起，往往由于病情严重而发生死亡。羊感染成虫后，也会导致病羊腹泻、贫血、消瘦及水肿，但病程比较缓慢。

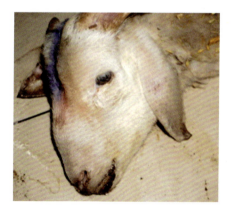

图2-51　鼻镜及眼黏膜发白

图2-52　颌间部及眼睑出现水肿

【病理变化】　剖检病死山羊，能够在瘤胃和网胃交界处的黏膜上发现吸附的前后盘吸虫深红色、粉红色的虫体（图2-53），虫体肥厚，长2~3厘米、宽0.5~1厘米（图2-54）。根据病羊症状和病变严重程度可发现数量不等的虫体，如果将虫体强行剥离，能在附着处的黏膜上发现充血、出血和明显的溃疡灶（图2-55）；病羊的血液稀薄，血凝不全，部分病羊发现大量心包积液，在心冠脂肪部位有胶冻样浸润物且伴有出血点（图2-56）；病羊的肝脏、脾脏肿大，质地变脆，肝脏呈土黄色，胆囊异常肿大并充满胆汁（图2-57）；在胃肠道和胆管黏膜发现局部充血、水肿，严重者可见脱落的肠黏膜，在肠内容物中能够检出虫卵和童虫。

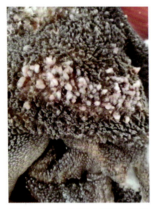

图 2-53　瘤胃和网胃交界处黏膜上的前后盘吸虫虫体

图 2-54　虫体肥厚的前后盘吸虫

图 2-55　黏膜上充血、出血和明显的溃疡灶

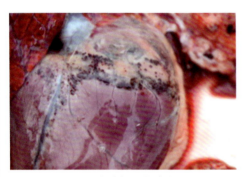

图 2-56　心冠脂肪部位有胶冻样浸润物且伴有出血点

图 2-57　胆囊异常肿大并充满胆汁

【鉴别诊断】

（1）**成虫寄生的诊断**　可用水洗沉淀法在粪便中检查虫卵。

（2）**童虫寄生的诊断**　病羊生前诊断主要结合生活史资料和临床特征进行推断或用驱虫药物试治，如果症状好转或在粪便中找到相当数量的童虫，即可做出判断。

（3）**死后诊断**　可根据尸体病变及大量童虫和成虫的存在诊断。

羊前后盘吸虫病与羊肝片吸虫病的鉴别见表 2-2。

表 2-2　羊前后盘吸虫病与羊肝片吸虫病的鉴别

鉴别要点	羊前后盘吸虫病	羊肝片吸虫病
下颌水肿	长条型	包型
寄生部位	成虫一般在羊瘤胃内寄生，童虫主要在羊小肠、皱胃、胆囊、胆管内寄生	肝脏、胆囊、胆管内
虫体形状	剖检器官出现棕红色的虫体，呈扁平叶状	剖检器官出现圆锥状、圆柱状虫体，呈乳白色或者粉红色

【预防】

1）每年春秋季防疫期间使用阿苯达唑伊维菌素片各驱虫 1 次，在低洼潮湿地区放牧的羊要每隔 3 个月进行 1 次驱虫。

2）加强羊的饲养管理，在养殖过程中尽量避开潮湿地带和前后盘吸虫幼虫活跃的时间。

3）搞好羊舍内的环境卫生和消毒工作，将粪便进行堆积发酵处理。

4）同时注意羊的饮食、饮水安全卫生，合理的补充精料、矿物质，提高机体抵抗力。

【治疗】 一旦发现羊群中有感染前后盘吸虫的病羊要立即给全群羊口服阿苯达唑伊维菌素片，对于已经感染的病羊可肌内注射氯氰碘柳胺钠，严重者可加用复方磺胺间甲氧嘧啶钠、头孢氨苄注射液、维生素 B_{12} 等药物。

五、东毕吸虫病

东毕吸虫病是一种人畜共患的寄生虫病，是由土耳其斯坦东毕吸虫（图 2-58）等多种东毕吸虫寄生于牛、羊等动物门静脉和肠系膜静脉内而引起的一种血吸虫病。本病主要分布于亚洲和欧洲的一些国家和地区，常呈地方性流行，对畜牧业危害十分严重，同时东毕吸虫的尾蚴可以引起人的尾蚴性皮炎，严重影响人类的健康，是一种非常重要的人畜共患寄生虫病。

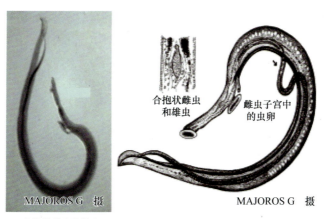

合抱状雌虫
和雄虫

雌虫子宫中
的虫卵

MAJOROS G 摄

MAJOROS G 摄

合抱状雌虫和雄虫

图 2-58 土耳其斯坦东毕吸虫成虫形态

【流行病学】

（1）**传染源** 中间宿主主要是软体动物门中的多种螺类。这些螺类生活在沟渠、池沼和水田边角及水流缓慢的小溪中，当气温达到 10℃以上时，螺类开始活动；当气温达到 20~23℃时，开始繁殖幼螺。

（2）**传播途径** 东毕吸虫感染宿主的途径有两种：一种是通过胎盘感染，在东毕吸虫病致死的绵羊体内胎儿的肠系膜静脉中可检出东毕吸虫；另一种是皮肤刺入感染，尾蚴有向光性，当牛、羊等家畜在水中吃草或从水中走过时，尾蚴借吸盘吸附于皮肤上。吸虫尾蚴的腹吸盘腺体是其穿透宿主皮肤进入体内的重要器官。

（3）**易感动物** 东毕吸虫的终末宿主有奶牛、黄牛、水牛、绵羊、山羊、骆驼、马、驴、骡、猫、马鹿、犬及野生啮齿类。人也可以被东毕吸虫尾蚴感染，患尾蚴性皮炎。

（4）**流行特点** 东毕吸虫病的发病季节各地有所不同，在黑龙江省，羊感染尾蚴最早时间是6月中旬，10月则停止感染；急性病羊发病时间通常在每年的7月下旬~10月下旬，慢性病羊在10月下旬~12月下旬，有的也可在第二年的春季发病。在吉林省，6~9月感染，以8月为最高峰；轻度感染的牛、羊一般不发病，牛于第二年1~4月才发病，羊是第二年2~4月发病。在陕西省榆林县，羊东毕吸虫最早感染时间为4月下旬，11月结冰时停止感染，羊感染高峰在7~9月，东毕吸虫侵袭羊体后经45~60天成熟产卵。本病的发生与年降雨时间的早晚和降雨量的多少有关，降雨时间越早、雨量越充足，发病就越早、越严重。牛、羊在自然条件下感染东毕吸虫，受地理环境的影响，感染率和感染强度也有所不同。

【临床症状】 东毕吸虫病多为慢性经过，病羊表现为营养不良，体质日渐消瘦，贫血和腹泻，粪便常混有黏液和脱落的黏膜和血丝。病羊可视黏膜苍白，下颌和腹下部出现水肿，成年病羊体弱无力，母羊不发情、不妊娠或流产。幼年病羊生长缓慢，发育不良。突然感染大量尾蚴或新引进羊感染会引起急性发作，表现为体温上升到40℃以上，食欲减退，精神沉郁，呼吸急促，腹泻，消瘦，直至死亡。

【病理变化】 剖检可见，病羊明显消瘦，贫血，皮下脂肪很少，腹腔内有大量积水且混浊不清（图2-59），心冠脂肪呈胶冻样（图2-60），大肠和肠系膜脂肪呈胶样浸润，小肠壁肥厚，黏膜上有出血点（图2-61）或坏死灶，肠系膜淋巴结水肿（图2-62）。肝脏在病的初期呈现肿大，后期萎缩、硬化、表面凸凹不平、质硬、被膜下可见大小不等散在的灰白色虫卵结节（图2-63）。虫体主要存在于肝脏叶下静脉、肠系膜静脉

图2-59 腹腔内有大量积水且混浊不清

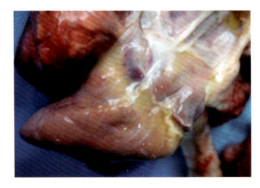

图2-60 心冠脂肪呈胶冻样

（图 2-64）、肝门淋巴结和肠系膜淋巴结。由于虫体寄生于心血管系统，随血液循环进入全身各器官，引起血栓性静脉炎、纤维性淋巴炎、肝硬变、胃肠炎、肾小球肾炎等。血栓阻塞血管，使网状纤维胶原化、血栓机化。血栓死亡的虫体被吞噬细胞包围，逐渐对虫体进行消化吞噬。最后网状纤维被胶原纤维代替，而没有肉芽组织形成。在整个过程中，淋巴细胞、巨噬细胞、嗜酸性粒细胞、浆细胞、成纤维细胞等聚于肝脏内成虫或虫卵周围，参与肉芽肿形成的细胞免疫和体液免疫的病理过程，从而引起全身组织和肝脏的损伤。在实际工作中发现，当虫体被药物杀死后，死亡崩解的虫体被羊机体吸收可导致羊机体中毒，出现神经症状，这时病羊有攻击周围人、畜的行为。

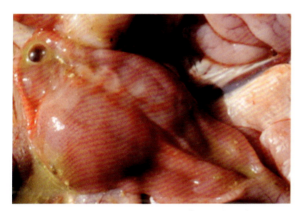

图 2-61 小肠壁肥厚，黏膜上有出血点

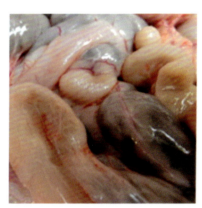

图 2-62 肠系膜淋巴结水肿

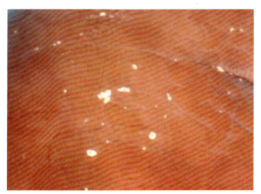

图 2-63 肝脏被膜下大小不等散在的
灰白色虫卵结节

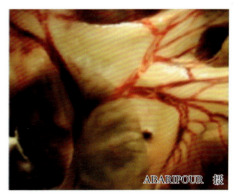

图 2-64 寄生于绵羊肠系膜静脉中的
东毕吸虫

【鉴别诊断】 东毕吸虫病的诊断主要包括临床诊断和实验室诊断。

（1）**东毕吸虫病的临床诊断**　东毕吸虫病的临床诊断应根据病羊贫血、腹泻、水肿等临床症状结合流行病学调查进行，在流行区出现以上临床症状时可以怀疑感染了东毕吸虫，但不能确诊。如果要确认，需要进行实验室检查。

（2）**东毕吸虫病的实验室诊断**　实验室诊断又分为病原检查和免疫学检查。病原检查方法有虫卵检查法、毛蚴孵化法和虫体收集法。免疫学检查方法包括间接血凝试验（IHA）、酶联免疫吸附试验（ELISA）、酶联免疫电转移印斑技术（ELIB），以及斑点免疫金渗滤法（DIGFA）。

【预防】

（1）**加强饲养卫生管理**　严禁羊接触和饮用疫水，特别在流行区不得饮用池塘水、水田水、沟渠水、沼泽水、湖水、最好给羊设置清洁饮水槽，饮用井水或自来水。由于东毕吸虫虫卵必须接触水才可能孵出毛蚴感染椎实螺，因此防止病羊粪便污染水源是防治本病的重要环节，为此要加强粪便管理，将粪便堆积发酵，杀灭虫卵。

（2）**定期驱虫**　定期驱虫应根据本地的地理和气候特征，结合春秋季防疫，选用吡喹酮等有效药物，给牛、羊等牲畜各驱虫一次。初春驱虫可以防止东毕吸虫虫卵随粪便传播，深秋驱虫可以保证动物安全越冬。在多雨年份，应反复用药几次。驱虫时一定要在划定的干燥无积水的驱虫草场上进行驱虫。有条件的牧场，要定期采集粪便和血样进行东毕吸虫检查，随时发现随时驱虫，以减少病原的扩散。

（3）**杀灭中间宿主——螺类**　根据椎实螺的生态学特点，因地制宜，结合农牧业生产采取有效的措施，改变螺类的生存环境进行灭螺。也可以使用氯硝柳胺等杀螺剂灭螺，但要防止人、畜中毒，污染环境。也可以饲养水禽进行生物灭螺。

（4）**安全期放牧**　根据螺类生存时间和活动规律，确定放牧安全期。在放牧安全期内，可在污染牧地上放牧，其余时间应该在没有被污染的草地上放牧，有条件的牧场可以实行轮牧。

【治疗】

（1）**治疗原则**　吡喹酮或是以吡喹酮为基础的复方制剂。

（2）**治疗方案**

① 治疗羊东毕吸虫病可采用吡喹酮，按每千克体重40毫克口服，即可治愈。吡喹酮口服效果虽好，但剂量太大，成本太高，不易推广。也可按每千克体重10毫克肌内注射吡喹酮进行本病治疗。

② 驱杀其他蠕虫的复方制剂——抗血吸虫Ⅱ号。该药对东毕吸虫具有很强的驱杀作用，采用每千克体重30毫克的剂量，羊口服用药1次，虫卵转阴率为85%，虫卵减少率为95.55%。

③ 采用含10%吡喹酮的吸虫净注射液，羊按每千克体重10~20毫克剂量，一次性肌内注射，驱虫率达99.5%~100%。

第三节　羊绦虫病

一、羊裸头绦虫病

羊裸头绦虫病是由裸头科莫尼茨属、曲子宫属和无卵黄腺属的绦虫寄生于羊小肠内引起的肠道寄生虫病。莫尼茨绦虫较常见，世界范围内广泛分布，我国各地均有报道，尤其在西北地区对养羊业危害严重；曲子宫绦虫在我国许多地区均有报道；无卵黄腺绦虫多分布于内蒙古牧区。成年羊感染裸头绦虫后，一般不表现明显临床症状；羔羊感染后危害较为严重，以腹泻、贫血和消瘦为主要临床症状，严重者导致死亡，降低生产效益。

【流行病学】

（1）**传染源**　病羊或带虫羊。

（2）**传播途径**　主要经口感染。莫尼茨绦虫的中间宿主为地螨，已报道的有30余种，地螨多分布于潮湿、肥沃的土壤中，雨后的牧场，地螨数量明显增加；地螨对干燥和高温敏感，气温升至30℃以上、地面干燥或阳光照射时，地螨多从草上钻入地下。一般认为，地螨在早晨和黄昏较为活跃，与羊主要摄入饲料或牧草的时间一致，增加了感染本病的概率。曲子宫绦虫和无卵黄腺绦虫的生活史尚不清楚。

（3）**易感动物**　绵羊、山羊均易感，以6月龄以下羔羊易感多发，随着羊年龄的增加，感染率明显下降。

（4）**流行特点**　流行季节与地螨的分布、习性密切相关，北方感染高峰一般在5~8月。

【临床症状】　虫体寄生于牛、羊的肠内，主要有以下致病作用和临床症状：

（1）**机械堵塞**　寄生在羊肠道内的虫体长达数米，数量可达数十条（图2-65），在虫体集聚部位，可造成肠腔狭窄，引起部分肠道扩张、炎症和臌气。当虫体扭结成团时，可发生肠阻塞、套叠、扭转和破裂等继发症，表现出腹围增大、腹痛、食欲减退、腹泻或便秘等症状。

王正荣　摄

图 2-65　绵羊肠道内的莫尼茨绦虫虫体

（2）**掠夺营养**　虫体在肠道中生长迅速，掠夺大量营养。病羊常腹泻，粪便间可见有白色长方形孕卵节片，有时一团粪便中有几个或十几个孕卵节片（图2-66，视频2-4），肉眼可见其蠕动。羔羊生长缓慢、消瘦、贫血（图2-67），甚至导致死亡。

（3）**中毒作用**　虫体代谢产物引起病羊出现抽搐、回旋运动等神经症状，严重者卧地不起，仰头空嚼，全身衰竭而死（图2-68）。

视频2-4

图2-66　粪便中的白色长方形孕卵节片，一团粪便中有几个或十几个孕卵节片

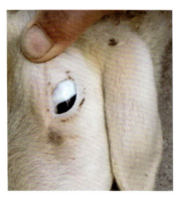

图2-67　贫血造成眼结膜苍白

图2-68　羊卧地不起，仰头空嚼，全身衰竭而死

【病理变化】　剖检可见尸体肌肉色浅，黏膜苍白，胸腔渗出液增多（图2-69），肠系膜淋巴结肿大，肠道内有虫体（图2-70~图2-72），肠黏膜出血、增生。有时可见肠阻塞或扭转。

图 2-69　胸腔渗出液增多

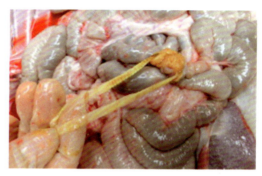

图 2-70　肠道内有虫体 1

图 2-71　肠道内有虫体 2

图 2-72　肠道内有虫体 3

【鉴别诊断】　根据流行病学、临床症状可初步诊断，剖检发现虫体可确诊，临床上应与多种疾病进行鉴别（表 2-3）。临床诊断时，要全面考虑流行病学因素，如发病时间、饲养方式、年龄、草料中有无地螨、粪便中有无蠕动的孕卵节片或链体等。

表 2-3　羊莫尼茨绦虫病与其他疾病的鉴别

疾病	症状	鉴别要点
羊莫尼茨绦虫病	消瘦、贫血、假回旋症	放牧羊多发，粪便检查发现虫卵，剖检发现虫体
羊脑多头蚴病	神经症状明显、回旋症	脑部手术发现多头蚴
羊鼻蝇蛆病	甩头、流鼻液，神经症状不明显	鼻腔内发现虫体
羊乙型脑炎	体温升高、呼吸道症状、后肢麻痹	蚊虫滋生季节多发，血清学检查，病毒分离
羊中毒病	抽搐、癫痫、流涎	多伴有胃肠道反应
羊骨软化症	消化紊乱、异食、跛行、骨骼变形	测定血钙、血磷的数值

【预防】　要根据当地的流行因素来进行预防。

1）放牧条件下，羔羊应在春季放牧后 28~35 天进行"成熟前驱虫"，间隔 14~21 天后进行第 2 次驱虫。成年羊多为携带者，每年也需要定期驱虫。驱虫后的粪便要进行集中无害化处理，杀灭病原体。

2）实行深耕土壤、种植牧草、更新牧地、轮牧等方式，减少地螨的污染。

3）加强安全放牧，尽量避免在阴暗潮湿的地区放牧，减少清晨和傍晚等地螨活动时间段放牧。

4）舍饲条件下，需多注意从牧区采购的草料，减少地螨的污染。

【治疗】

1）氯硝柳胺（灭绦灵），每千克体重 80 毫克，一次口服。

2）阿苯达唑（丙硫咪唑），每千克体重 10~20 毫克，一次口服。

3）吡喹酮，每千克体重 10~15 毫克，一次口服。

为进一步驱虫，以上药物均应在用药 7 天后重复用药 1 次。

二、棘球蚴病

棘球蚴病，又称包虫病，是由棘球蚴（棘球绦虫的中绦期）寄生于羊的肝脏、肺和心脏等组织中所引起的一种寄生虫病，主要引起脏器萎缩和机体功能障碍。本病是重要的人畜共患病。在我国，棘球蚴病主要流行于北方和西南地区，尤其在甘肃、青海、宁夏、新疆、西藏和内蒙古等省（自治区）流行，严重危害人体健康，阻碍养羊业的健康发展。

【流行病学】

（1）**传染源** 终末宿主是犬科动物，家犬是最主要的传染源，狼、狐等也可传播病原。

（2）**传播途径** 主要经口感染。感染细粒棘球蚴的家犬等犬科动物，肠道内虫体可达数百至数千条，排出的节片或者虫卵污染牧场或水源，或与羊群直接接触，遭受感染。牧民等饲养者常以感染棘球蚴的羊内脏喂家犬，或者随意丢弃，使家犬等犬科动物有吞食棘球蚴的机会，然后在其体内发育为成虫。

（3）**易感动物** 绵羊、山羊均易感，随着羊年龄的增加，感染率呈上升趋势。

（4）**流行特点** 一年四季均可发生，多呈地方性流行。

【临床症状】 棘球蚴主要寄生于羊的肝脏和肺部，以肝脏常见。绵羊对棘球蚴病较敏感，死亡率也较高，危害程度主要取决于棘球蚴的大小、数量和寄生部位。棘球蚴寄生于羊的肝脏时，随着包囊的逐渐长大，可引起机械性压迫、中毒和过敏反应等症，严重感染者，精神不振，食欲减退，极度消瘦，被毛逆立、易脱落。棘球蚴寄生于肺部时，表现出连续咳嗽等症状，长时间卧地不起。

【病理变化】 剖检可见病变主要表现在虫体经常寄生的肝脏和肺部。棘球蚴寄生于肝脏时，剖检可见肝脏肿大、混浊，呈暗紫色；棘球蚴寄生于肺时，肺明显肿大，周边有肉眼可见实变。肝脏和肺部均有大小不等的灰白色、半透明、光滑、发亮的包囊组织（图 2-73~图 2-76，视频 2-5）。肝脏的包囊大小不一（图 2-77，视频 2-6 和视频 2-7），

视频 2-5

囊液略为黄色、透明，包囊组织与脏器交界处可见白色囊壁。变性坏死和萎陷的棘球蚴可继发感染，或发生钙化。有时在心脏、脾脏、肾脏、脑、脊椎管、肌肉、皮下也可发现棘球蚴（图2-78）。

视频 2-6

齐萌 摄
图 2-73 绵羊肝脏上的细粒棘球蚴

图 2-74 肝脏表面的棘球蚴

视频 2-7

图 2-75 肝脏实质的棘球蚴

郭建强 摄
图 2-76 绵羊肝脏表面突出的棘球蚴包囊

图 2-77 肝脏的包囊大小不一

【鉴别诊断】 临床上应结合流行病学、临床症状、病理变化和实验室检查等多方面信息对棘球蚴病进行诊断，并与其他肝脏寄生的虫体予以鉴别（表2-4）。本病生前诊断比较困难，可采用皮试和血清学诊断方法，也可以用 X 射线和 B 超检查法；宰后检疫是最常用的确诊方法，脏器发现包囊即可确诊。

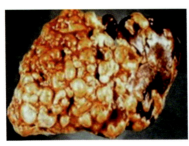

图 2-78　心脏的棘球蚴

表 2-4　羊棘球蚴病与其他疾病的鉴别

疾病	症状	鉴别要点
羊棘球蚴病	消瘦、贫血、全身毒性症状	近似球形的包囊嵌于脏器内，囊壁较厚
羊肝片吸虫病	发热、消瘦、贫血、肝区疼痛明显	肝实质内有暗红色虫道，虫道内有凝血块和虫体
羊双腔吸虫病	无明显临床症状，可见消瘦、食欲不振	肝脏表面形成瘢痕，按压肝脏切面，可见虫体逸出
羊细颈囊尾蚴病	无明显临床症状，可见消瘦、食欲不振	多寄生于大网膜、肠系膜，蚴体较大，头节明显

【预防】

1）在本病流行区和高发地区实行"犬犬投药，月月驱虫"的方法，对终末宿主持续进行驱虫，减少传染源，驱虫后对粪便实施无害化处理。

2）圈养的羊应重视饲料卫生与羊舍清洁，犬应进行拴养，与羊舍分开；放牧的羊，推行四季轮流划区放牧，以减少感染机会。

3）加强群众的卫生行为规范，严禁用病羊生的内脏喂犬，严禁乱抛病羊的内脏。

4）加强肉品卫生检验工作，有棘球蚴的脏器应按肉品卫生检验规程进行无害化处理。

5）加强健康教育，宣传和普及棘球蚴病防治知识，提高全民的防病意识。

6）加强野生动物的管理，可捕杀无保护价值、研究价值和经济价值的野犬等犬科动物。

7）该病可用阿苯达唑预防，剂量为每千克体重 90 毫克，连服 2 次；吡喹酮也有较好的疗效，剂量为每千克体重 25~30 毫克，每天服 1 次，连用 5 天（总剂量为每千克体重 125~150 毫克）。

三、脑多头蚴病

脑多头蚴病又称脑包虫病，是农牧区绵羊和山羊较为常见的一种寄生虫病。本病由多头带绦虫的幼虫——脑多头蚴（图 2-79 和图 2-80）寄生于羊的脑、脊髓内，引起脑炎、脑膜炎及失明、转圈运动、行动障碍等严重的神经症状，严重者会导致死亡。绵羊比山羊易感，1~2岁的羔羊比成年羊更易感。由于脑多头蚴的成虫多头带绦虫寄生于犬、狼、狐等肉食动物的小肠，从而导致本病多见于犬类活动频繁的地区。

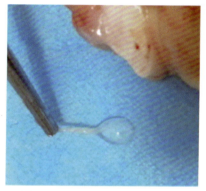

图 2-79　充满透明液体呈豌豆大
囊泡状的脑多头蚴

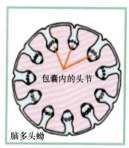

脑多头蚴

包囊内的头节

图 2-80　脑多头蚴示意图

【流行病学】　脑多头蚴的分布极其广泛，全国各地均有报道，在西北、东北等牧区多呈地方性流行。羔羊多发，全年都可见到因本病而死亡的动物。脑多头蚴的主要感染源是牧羊犬。虫卵对外界因素的抵抗力很强，在自然界中可长时间保持生命力，但在太阳直射的高温下会很快死亡。全价饲料饲养的羔羊和犊牛，对脑多头蚴的抵抗力较强。

【临床症状】　症状取决于寄生部位和病原体的大小，有典型的神经症状和视力障碍，全过程可分为前期与后期两个阶段。

（1）**前期为急性期**　由于感染初期六钩蚴移行到脑组织，引起脑部的炎性反应。病羊（尤其羔羊）体温升高，脉搏、呼吸加快，甚至有的强烈兴奋，做回旋、前冲（视频2-8）或后退运动。有些羔羊可在5~7天因急性脑炎死亡。

视频 2-8

（2）**后期为慢性期**　病羊耐过急性期后即转入慢性期。在一定时间内，不表现临床症状。随着脑多头蚴的发育增大，逐渐产生明显的症状。由于虫体寄生在大脑半球表面的概率最高，其典型症状为"转圈运动"。因此，通常又将脑多头蚴病称为"回旋病"（视频2-9）。其转圈运动的方向与寄生部位是一致的，即头偏向病侧，并且向病侧做转圈运动。脑多头蚴包囊越小，转圈越大；包囊越大，圈转越小（图2-81）。囊体大时，可发现局部头骨变薄、变软和皮肤隆起的现象。

视频 2-9

另外，被虫体压迫的大脑对侧视神经乳突常有充血与萎缩，造成视力障碍甚至失明（图2-82）。病羊精神沉郁，对声音刺激的反应弱，常出现强迫性运动（驱赶时才走）。如果寄生多个虫体而又位于不同部位时，则出现综合性症状，严重时食欲废绝，卧地不起，最终死亡。

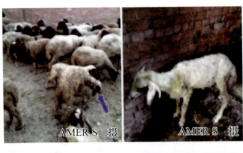

图 2-81　羊脑多头蚴病临床症状

图 2-82　羊由于脑多头蚴包囊的压迫
导致视力下降

【病理变化】急性期死亡的羊有脑膜炎和脑炎病变，还可见到六钩蚴在脑膜中移行时留下的弯曲伤痕。慢性期的病羊则可在脑或脊髓的不同部位发现 1 个或数个大小不等的囊状多头蚴（图 2-83~图 2-85，视频 2-10 和视频 2-11）；在病变或虫体相接的颅骨处，骨质松软、变薄、甚至穿孔，致使皮肤向表面隆起；病灶周围脑组织发炎、出血（图 2-86，视频 2-12），有时可见萎缩变性（图 2-87）或钙化的脑多头蚴。

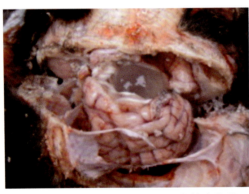

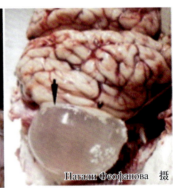

图 2-83　在羊脑发现 1 个多头蚴

视频 2-10

视频 2-11

视频 2-12

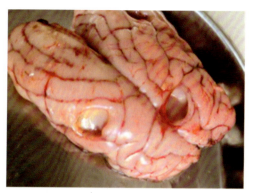

图 2-84　在羊脑发现 2 个多头蚴

图 2-85　在 2 个羊脑取出多个多头蚴

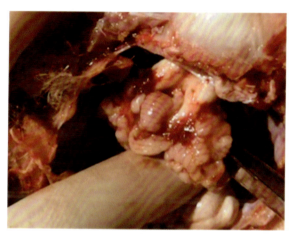

图 2-86　病灶周围脑组织发炎、出血

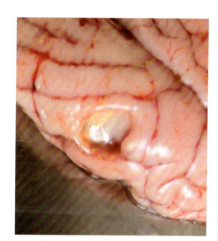

图 2-87　脑多头蚴萎缩变性

【鉴别诊断】患本病的羊因表现出一系列特异神经症状和病史，容易确诊，应注意与莫尼茨绦虫病、羊鼻蝇蛆病及其他脑部疾患所出现的神经症状相区别，这些病一般不会出现头骨变薄、变软和皮肤隆起等现象。

国内已有许多应用变态反应进行实验室诊断研究的报道，即用脑多头蚴的囊壁及原头蚴制成乳剂变态反应原，注入羊的眼睑内，病羊于注射 1 小时后出现直径为 1.75~4.2 厘米的皮肤肥厚肿大，并保持 6 小时。近年来采用酶联免疫吸附试验（ELISA）诊断，有较强的特异性和敏感性。此外，也可用 X 射线或超声波等影像学方法诊断，尸体剖检时发现虫体也可确诊。

【预防】防止犬等肉食动物吃到带有脑多头蚴的羊、牛等动物的脑和脊髓；患病动物的脑和脊髓应进行烧毁或深埋处理；牧羊犬应进行定期驱虫，排出的粪便应深埋、烧毁或利用堆积发酵等方法严格处理，以杀死其中的虫卵，避免虫卵污染环境；注意管控或必要时消灭野犬、狼、狐狸等终末宿主，以防病原进一步扩散。药物预防，将吡喹酮 1 份、葵花籽油 10 份，充分研磨混合均匀，用前加温至 40~42℃，每千克体重

50 毫克，分两点深部肌内缓慢注射。本药物防治脑包虫病疗效显著，毒性小，如果能驱虫 2 次，可消灭脑包虫的寄生。以在每年 7 月下旬及 10 月下旬驱虫为宜。

【治疗】 近年来，临床常用吡喹酮（病羊按每千克体重每天 50 毫克，连用 5 天；或按每千克体重每天 70 毫克，连用 3 天）和阿苯达唑（每千克体重 75 毫克口服或注射）进行治疗，有较好的效果。条件许可时，可施行外科手术摘除虫体进行治疗，但手术对脑前部表面寄生的虫体有一定效果，而在脑深部和后部寄生的虫体则难以摘除。

四、细颈囊尾蚴病

细颈囊尾蚴病是由泡状带绦虫的幼虫——细颈囊尾蚴（图 2-88 和图 2-89）寄生于绵羊、山羊、黄牛、猪、骆驼等多种动物的肝脏、浆膜、网膜、肠系膜、腹腔内所引起的一种绦虫蚴病。细颈囊尾蚴主要引起家畜尤其是羔羊、仔猪和犊牛的生长发育受阻、体重减轻，当大量感染时可因肝脏严重受损而导致死亡。其成虫则寄生于犬、狼、狐等肉食动物的小肠内。羊发病多见于与犬接触较为密切的广大牧区。

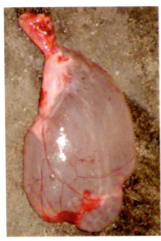

图 2-88　内含透明液体呈泡囊状的细颈囊尾蚴

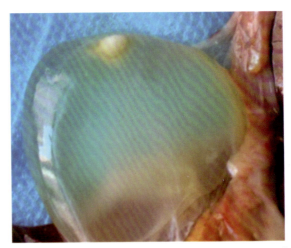

图 2-89　细颈囊尾蚴囊壁上有 1 个不透明的乳白色结节

【流行病学】 本病呈世界性分布，我国各地普遍流行，呈区域性或地方性流行。流行原因主要是感染泡状带绦虫的犬、狼等终末宿主的粪便中排出绦虫的节片或虫卵，污染了牧场、饲料和饮水而使牛、羊等中间宿主遭受感染。蝇类是不容忽视的重要传播媒介。

【临床症状】 成年羊症状表现通常不明显。羔羊症状明显，生长发育受阻，体重减轻。当肝脏及腹膜在六钩蚴的作用下发生炎症时，可出现体温升高、精神沉郁、腹水增加、腹壁有压痛现象，甚至发生死亡。经过上述急性发作后则转为慢性病程，一般表现为消瘦，被毛逆立而无光泽，眼结膜及皮肤的颜色日益变浅（图 2-90），时间长者表现衰弱和黄疸等症状。在寒冷季节和饲料单一而营养不足的情况下，容易发生死亡。

【病理变化】慢性病羊可见肝脏包膜（图2-91，视频2-13）、肠系膜（图2-92）、大网膜（图2-93）、腹膜（图2-94）上具有数量不等、大小不一的虫体包囊，严重时还可在肺和胸腔处发现虫体。急性病程时，可见急性肝炎及腹膜炎，肝脏肿大、表面有出血点，肝实质中有虫体移行的虫道，有时出现腹水并混有渗出的血液，病变部有尚在移行发育中的幼虫。

图 2-90　眼结膜颜色变浅呈苍白色

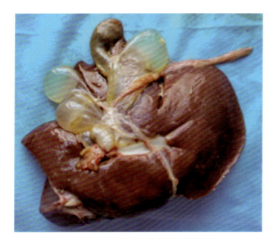

图 2-91　肝脏包膜上的细颈囊尾蚴

视频 2-13

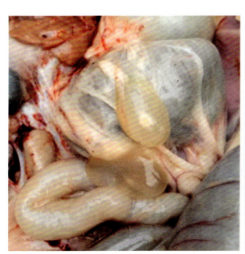

图 2-92　肠系膜上的细颈囊尾蚴

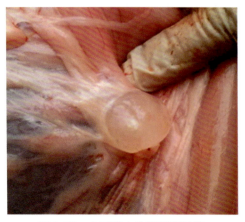

图 2-93　大网膜上的细颈囊尾蚴　　　　　图 2-94　腹膜上的细颈囊尾蚴

【鉴别诊断】　细颈囊尾蚴病生前诊断非常困难，可用血清学方法诊断。诊断时必须参照其临床症状，并在尸体剖检时发现虫体及相应病变才能确诊。急性型的易与急性肝片吸虫病相混淆。在肝脏中发现细颈囊尾蚴时，应与棘球蚴相区别：前者只有一个头节，壁薄而且透明；后者囊壁厚且不透明，头节数量非常多。

【预防】　含有细颈囊尾蚴的脏器应进行无害化处理，未经煮熟严禁喂犬。在本病的流行地区应及时给犬进行驱虫，驱虫可用吡喹酮（每千克体重 5~10 毫克）或阿苯达唑（每千克体重 15~20 毫克）或氯硝柳胺（每千克体重 100~150 毫克），一次口服。做好羊饲料、饮水及羊舍的清洁卫生工作，防止犬粪污染。注意管控或捕杀野犬、狼、狐等肉食动物。

【治疗】　可使用吡喹酮，剂量按每千克体重 50 毫克，每天 1 次，口服，连服 2 次；或可使用阿苯达唑或甲苯达唑等治疗。

第四节　羊线虫病

一、毛圆线虫病

毛圆线虫病主要是由毛圆科血矛属、毛圆属、奥斯特属、长刺属、马歇尔属、古柏属、细颈属、似细颈属和背带属的某些线虫引起的，它们主要寄生于羊等反刍动物体内，并且常常出现混合寄生。这些线虫在形态、生活史、流行病学、致病机理和防治等方面有诸多共同点，其中以血矛属的捻转血矛线虫致病性最强，流行最为严重，在此做重点介绍（图 2-95~ 图 2-98）。

【流行病学】

（1）**传染源**　反刍动物，如牛、羊等。

（2）**传播途径**　经口感染为主，经食道寄生于动物的胃和小肠内。

图 2-95　呈毛发状红白相间捻转样的捻转血矛线虫［引自 The ROyal（Dick）School of Veterinary Studies The University of Edinburgh］

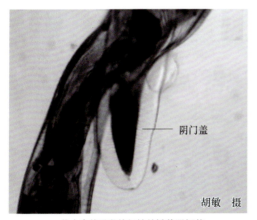

阴门盖

胡敏　摄

雌虫身体后段特征性的瓣状阴门盖

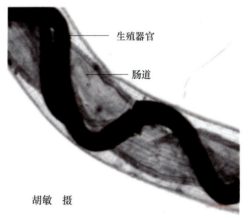

生殖器官

肠道

胡敏　摄

虫体肠道和生殖器官相互缠绕呈"麻花状"

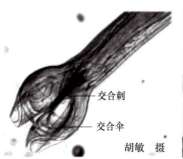

交合刺

交合伞

胡敏　摄

雄虫尾部特征性的交合伞及交合刺

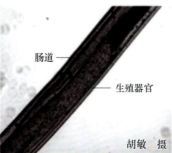

肠道

生殖器官

胡敏　摄

肠道和生殖器官平行排列

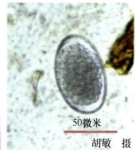

50微米

胡敏　摄

粪便中的捻转血矛线虫虫卵

图 2-96　捻转血矛线虫

第3期幼虫

虫卵

牛、羊皱胃

第2期幼虫

第1期幼虫

草地上

杨光友　摄

图 2-97　捻转血矛线虫生活史

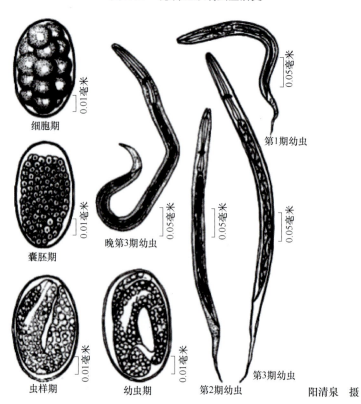

细胞期

0.01毫米

囊胚期

0.01毫米

虫样期

0.01毫米

幼虫期

0.01毫米

晚第3期幼虫

0.05毫米

第2期幼虫

0.05毫米

第3期幼虫

0.05毫米

第1期幼虫

0.05毫米

0.05毫米

阳清泉　摄

图 2-98　捻转血矛线虫的发育

（3）**易感动物** 羊等反刍动物易感。受品种、性别、年龄、营养状况及管理模式等因素影响，绵羊比山羊易感，羔羊及年老体弱羊更易感。

（4）**流行特点** 一般始发于春季末，7~9月为高发期，10月以后为低潮期，冬季发病率低。我国东北、西北和华北地区较为严重。

【临床症状】 以捻转血矛线虫为代表的毛圆科线虫寄生于羊的皱胃和小肠，以吸食羊的血液为主，常与仰口线虫、夏柏特线虫、食道口线虫、毛圆线虫、马歇尔线虫、细颈线虫或/和毛尾线虫等混合感染。临床上表现为急性型、亚急性型和慢性型。

（1）**急性型** 病羊高度贫血，可视黏膜苍白，短期内死亡率高，主要发生于羔羊。

（2）**亚急性型** 主要表现为失血性贫血、消化机能异常、营养不良、继发感染和腹泻。病羊精神沉郁、食欲不振、消瘦、软脚、眼结膜苍白（图2-99）、黏膜苍白（视频2-14）、下颌和腹部水肿、腹泻和便秘交替发生，最后会因衰竭死亡。死亡多发生于春季。

（3）**慢性型** 羊感染后症状不明显，但病程可长达1年以上，病羊发育不良。

江斌 摄
软脚

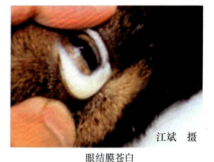
江斌 摄
眼结膜苍白

视频 2-14

图 2-99 羊捻转血矛线虫病

【病理变化】 感染羊皱胃出现大量虫体，大量虫体绞结成黏液状团块（图2-100，视频2-15），表现为胃炎性病变，皱胃壁增厚，内部皱褶肿胀。大量虫体寄生可使胃黏膜广泛损伤（图2-101），有些病羊在黏膜表面发现出血点（图2-102）或发生溃疡（图2-103和图2-104）。切片观察会发现黏膜组织中单核细胞、嗜酸性粒细胞、淋

视频 2-15

图 2-100 大量虫体绞结成黏液状团块

图 2-101 大量虫体寄生使胃黏膜广泛损伤

巴细胞和巨噬细胞浸润，肥大细胞大量增加（图 2-105）。病死羊解剖时会发现贫血症状，浅红色血液稀薄且不易凝固。有些病羊胸腔和腹腔中出现积水，肺出血、水肿，肝脏、肾脏、脾脏等实质性器官色泽变浅。

图 2-102　皱胃黏膜表面的出血点

图 2-103　皱胃黏膜发生的溃疡

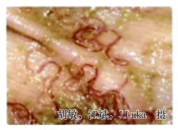

皱胃中的捻转血矛线虫

红白相间的捻转血矛线虫

皱胃黏膜水肿

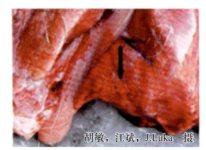

肺充血、水肿，肺小叶扩张

皱胃黏膜多处出血

图 2-104　羊捻转血矛线虫病剖检症状

【鉴别诊断】　根据当地流行情况和临床症状，特别是病羊症状、发病羊或死亡羊的剖检结果（皱胃中有红白相间的线虫），便可初步确诊。之后根据实验室诊断：采集粪便，用饱和食盐水漂浮法和直接涂片观察法检查，发现粪便中有捻转血矛线虫虫卵，便可确诊，但是捻转血矛线虫虫卵和其他线虫虫卵难以区别（图 2-106），必要时需要进行粪便培养，依据三期幼虫的形态特征进行诊断（图 2-107）。还可以进行分子生物学诊断。

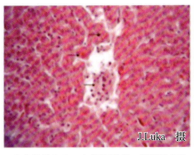

| 中央静脉充血，白细胞增多、肝细胞变性 | 黏膜上皮变性坏死，固有层白细胞浸润 |

图 2-105　羊捻转血矛线虫病病理变化

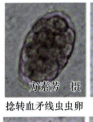
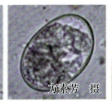
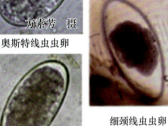

| 捻转血矛线虫虫卵 | 毛圆线虫虫卵 | 奥斯特线虫虫卵 | 细颈线虫虫卵 |
| 乳突类圆线虫虫卵 | 食道口线虫虫卵 | 夏柏特线虫虫卵 | |

图 2-106　捻转血矛线虫虫卵与其他线虫虫卵比较

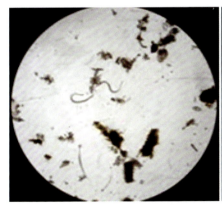
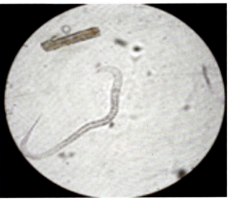

图 2-107　羊粪便中的线虫幼虫（右图为放大图）

【预防】根据当地流行病学情况制定预防措施。

（1）**定期驱虫**　有计划地驱虫对预防线虫病十分重要。一般安排在每年春季（放牧

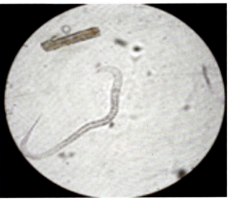

前，3~4 月）和秋季末（收牧后，大概 12 月）各驱虫 1 次，感染严重者进行对症治疗，各地区根据实际情况，选择驱虫的时间和次数。我国北方牧区会在春季放牧之前连续驱虫 2 次，可有效防止春季"成虫高潮"的出现。此外，羔羊感染的来源主要是围产期母羊的粪便，因此在母羊妊娠后期或哺乳前期使用有效驱虫药可以清除大多数虫体，同时可改善营养状况不良的母羊。

（2）**加强粪便管理** 及时清理粪便，进行堆积发酵处理，以消灭虫卵和幼虫。

（3）**加强饲养管理** 合理地补充精料、矿物质等，提高机体营养水平，增强机体抵抗力。

（4）**注意饮水卫生** 羊群饮用自来水、井水和干净的流水，禁止饮用低洼地带的死水和下雨过后的积水。

（5）**注重牧场管理** 提倡轮牧或不同动物交换牧场，避免在潮湿低洼地带放牧，避免在清晨、傍晚和雨后放牧。有的牧场在离开产羔区时对母羊进行一次驱虫治疗，围产期结束，母羊和羔羊到达新的安全草场前清除线虫卵，获得良好的预防效果。

（6）**加强检疫** 如果要引种或从外地引入羊，在引入后要进行驱虫并隔离观察，检测无虫卵时方可混群。

【治疗】 目前，国内外用于捻转血矛线虫防治的药物种类较多，并且这些药物通常可防治多种线虫。但是也有报道国内多地捻转血矛线虫虫株对阿苯达唑、伊维菌素等产生耐药性，所以应根据当地实际情况合理选择药物。羊常用驱虫药见表 2-5。

表 2-5 羊常用驱虫药

中文名称	剂量（毫克/千克体重）		给药方式
	绵羊	山羊	
阿苯达唑（抗蠕敏）	5~15	5~15	口服
芬苯达唑	6~10	6~10	口服
左旋咪唑	10~15	10~15	口服、混饲、皮下或肌内注射
甲苯达唑	10~15	10~15	口服或混饲
莫昔克丁	0.2	0.3	口服
伊维菌素	0.2	0.2	口服或皮下注射
阿维菌素	0.2	0.2	口服或皮下注射
依普菌素（产乳期常用）	0.5	0.2~0.5	口服或皮下注射
多拉菌素	0.2	0.2	皮下注射
精制敌百虫	80~100	50~70	温水溶解，空腹内服

二、羊食道口线虫病

羊食道口线虫病是由属于圆线目夏柏特科食道口属的多种线虫寄生于羊的大肠（主

要是结肠）内引起的疾病，某些食道口线虫的幼虫在肠壁内寄生时形成结节，所以也称为结节虫病。本病在我国羊群中普遍存在，严重阻碍我国畜牧业发展。羊群中常见的食道口线虫有哥伦比亚食道口线虫（图 2-108）、粗纹食道口线虫、微管食道口线虫、甘肃食道口线虫、湖北食道口线虫、新疆食道口线虫和尖尾食道口线虫，我国报道居多的是前 4 种，其中哥伦比亚食道口线虫危害最重。

图 2-108　哥伦比亚食道口线虫

【流行病学】

（1）**传染源**　绵羊、山羊等反刍动物的粪便。

（2）**传播途径**　感染羊粪便污染环境（牧场、草料、饮水等），其他羊通过摄食感染。

（3）**易感动物**　羔羊。

（4）**流行特点**　食道口线虫分布范围广，我国普遍存在。一般第三期幼虫抵抗力强，在环境适宜的条件（湿度为 40%~50%，温度为 25℃左右）下可存活数月。温度低于 9℃时，虫卵不发育；温度高于 35℃时，所有幼虫迅速死亡，因此本病多发生在春秋季节，主要为害羔羊。

【临床症状】　临床症状的有无及严重程度与寄生虫体的数量和羊的抵抗力有关。一般感染后出现被毛粗乱易断、贫血瘦弱、眼结膜苍白（图 2-109）、生长发育受阻等症状。羔羊寄生 80~90 条、年龄较大的羊寄生 200~300 条即可视为严重感染。重度感染可使羔羊发生持续腹泻，粪便呈暗绿色，伴有大量黏液或脓液，有时带血，甚至因体液失衡、衰竭而死。慢性感染表现为便秘和腹泻交替发生，渐进性消瘦，下颌水肿，最后因虚脱而死。

图 2-109　眼结膜苍白

【病理变化】　食道口线虫钻入肠壁，在肠道局部形成化脓性或卡他性炎症，由于机体的免疫反应等形成肉眼可见的、隆起的结节（图 2-110 和图 2-111），结节形状不规则、纤维化、发硬，直径一般大于 5 毫米，结节性肿块布满整个大肠。大肠壁增厚、肿胀，结节周围黏膜表面充血，尤其是哥伦比亚食道口线虫的幼虫感染易产生，但是初次感染者很少形成结节，羊肠壁结节形成与否也有差异（图 2-112）。如果结节破溃，易引发腹膜炎，甚至坏死性病变；若多处结节中的幼虫死亡，最后钙化后肠壁变硬，发生肠蠕动和消化机能紊乱，发生腹泻。若继发细菌感染，可导致弥漫性肠炎。对病灶进行病理学研究发现，结节中央干酪样坏死，肠壁组织大量嗜酸性粒细胞、浆细胞和淋巴细胞浸润，肠黏膜下层出血，肠黏膜层中出现虫体或虫卵，周围大量嗜酸性粒细胞（图 2-113）。

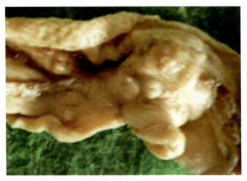

图 2-110　食道口线虫在肠壁上形成的结节

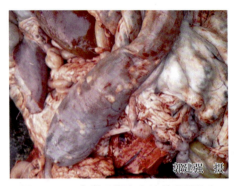

郭建强　摄

图 2-111　食道口线虫在绵羊盲肠壁上
引起的结节

江斌，胡敏，K.Nagarajan　摄

盲肠表面黄白色坏死结节

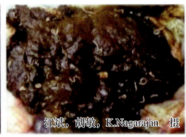

江斌，胡敏，K.Nagarajan　摄

盲肠内白色虫体

江斌，胡敏，
K.Nagarajan　摄

皱胃内白色虫体

江斌，胡敏，K.Nagarajan　摄

肠道中大量形状不一的结节

江斌，胡敏，K.Nagarajan　摄

肠壁增厚、水肿

图 2-112　羊食道口线虫病剖检症状

【鉴别诊断】　根据临床特征、当地流行病学资料，并结合下述方法进行诊断。

1）粪便检查。取羊的粪便进行饱和食盐水漂浮法检查，发现有较多的虫卵呈椭圆形，内含有 8~16 个深色胚细胞，初步诊断为食道口线虫；本属线虫虫卵与其他圆线目虫卵不易区分，所以有时采用幼虫培养法培养至第三期幼虫，然后比较诊断。

2）剖检。剖检会在肠壁发现大量结节，在肠腔内找到虫体即可确诊。

3）分子生物学检测。

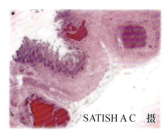
结节中央干酪样坏死

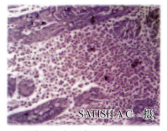
肠壁组织大量嗜酸性粒细胞、
浆细胞和淋巴细胞浸润

肠黏膜下层出血

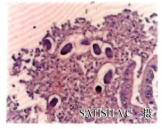
肠黏膜层中出现虫卵

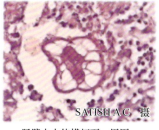
肠壁中虫体横切面，周围
大量嗜酸性粒细胞

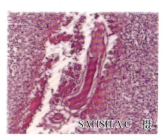
肠壁中虫体纵切面，明显
的虫体食道切面结构

图 2-113　羊食道口线虫病病理变化

【预防】 预防措施包括定期驱虫、加强营养、改善养殖环境、加强管理，尤其是羔羊管理等。具体参照毛圆线虫病。

【治疗】 驱虫治疗药物选择参照毛圆线虫病，对严重感染者需要进行对症治疗，若出现细菌继发感染，应配合抗生素治疗。

三、羊仰口线虫病

羊仰口线虫病俗称羊钩虫病，是由钩口科仰口属羊仰口线虫（图 2-114～图 2-118）引起的肠道线虫病。羊仰口线虫主要寄生于羊的小肠（主要是十二指肠），导致羊贫血，严重感染可引起死亡，对养羊业造成较大危害。

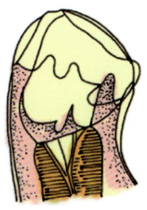
图 2-114　羊仰口线虫的头部

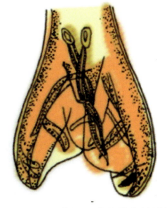
图 2-115　羊仰口线虫雄虫的尾部

图 2-116　羊仰口线虫的成虫

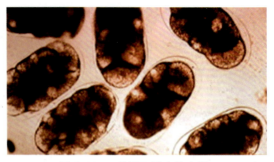

图 2-117　羊仰口线虫的虫卵

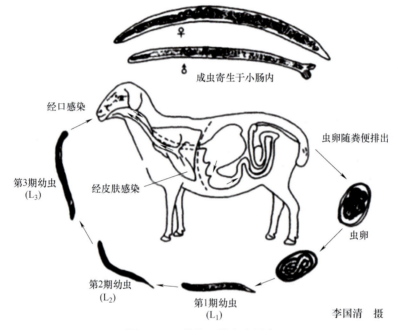

图 2-118　羊仰口线虫生活史

【流行病学】

（1）**传染源**　羊的粪便、食物，以及饮水等。

（2）**传播途径**　经口、皮肤感染。

（3）**易感动物**　羊仰口线虫病主要为害羔羊，成年羊群也可感染，但发病率低。

（4）**流行特点**　羊仰口线虫病分布范围比较广泛，全球范围内均有报道，国内几乎各省都有关于本病的报道。本病的流行与地理环境、气候因素密切相关。虫卵和幼虫发育适宜的温度范围是 14~31℃，且要求潮湿的环境；温度低于 8℃时，幼虫不能发育，高于 35℃时，幼虫发育受阻。因此，较为潮湿的牧场更易发生羊仰口线虫病，我国一般秋季感染、春季发病的较多。夏季环境中，感染性幼虫（L₃）在牧场上可以存活

2~3 个月；春秋季节，存活时间更长；冬季的严寒天气对幼虫有杀灭作用，特别是我国北方，幼虫一般不能越冬。虫体感染强度最强一般出现在雨季结束或旱季初期，感染强度最弱出现在旱季结束。

【临床症状】临床上可见患病羊进行性、缺铁性贫血，严重消瘦，被毛脱落，下颌水肿，顽固性腹泻，粪便带血等症状。羔羊感染会出现发育不良，有时出现神经症状，如后躯无力或进行性麻痹等，最后死亡。一般羔羊寄生 20~100 条虫体时即显现临床症状，成年羊体内感染 300 条虫体时即可引起死亡。当感染性幼虫通过皮肤感染羊，病羊经常伴随炎症反应、免疫应答和疼痛，可引起四肢红肿、剧痒和皮炎症状。幼虫移行到呼吸器官时，引起咳嗽及其他呼吸系统症状。

【病理变化】仰口线虫经皮肤感染时，幼虫在羊皮肤移行造成严重的皮肤机械性损伤。移行到肺部时，引起肺出血或点状出血。剖检可见尸体水肿、皮下有浆液性浸润，血凝不全。心肌软化，肝脏呈浅灰色，松软、质脆。肾脏呈棕黄色，十二指肠和空肠有大量虫体游离于肠腔内容物中或附着在黏膜上（图 2-119）。肠内容物呈褐色或血红色。肠系膜淋巴结肿大。肠黏膜发炎，有出血点（图 2-120）。组织病理学检查发现，感染羊肠黏膜充血、出血、严重坏死、上皮细胞脱落和毛细血管充血，并伴有嗜酸性粒细胞、浆细胞和淋巴细胞的严重浸润，派尔集合淋巴结内淋巴细胞溶解、腺样增生、绒毛坏死和脱落，杯状细胞产生的黏液素增多，伴有嗜酸性粒细胞、浆细胞和淋巴细胞浸润（图 2-121）。

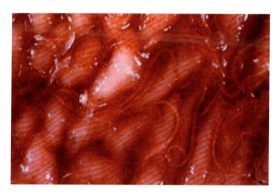

图 2-119　空肠有大量虫体附着在黏膜上

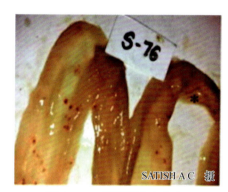

图 2-120　肠黏膜有出血点

【鉴别诊断】

1）根据临床症状和当地流行病学情况，可用饱和食盐水漂浮法检查粪便虫卵，依据虫卵特征对本病进行确诊。

2）剖检。解剖查看相应的组织器官病变，并在小肠中发现羊仰口线虫虫体即可确诊。

3）分子生物学检测。

【预防】预防措施包括定期驱虫，加强营养，改善养殖环境，保持羊舍清洁干燥，避免在潮湿低洼地带放牧。由于羊仰口线虫的卵和幼虫不耐干燥，所以应该加强牧场排水管理。其他具体措施参照毛圆线虫病。

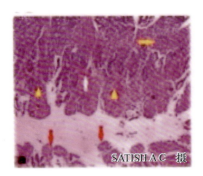
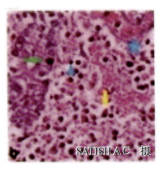

肠黏膜充血(白色箭头)，出血、严重坏死(黄色箭头)和上皮细胞脱落(红色箭头)

毛细血管充血(蓝色星形)，伴有嗜酸性粒细胞(黄色箭头)、浆细胞(绿色箭头)和淋巴细胞(蓝色箭头)的严重浸润

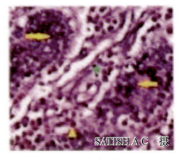

派尔集合淋巴结内淋巴细胞溶解(红色箭头)、腺样增生(黄色星形)、绒毛坏死和脱落(黄色箭头)

杯状细胞产生的黏液素增多(黄色星形)，伴有嗜酸性粒细胞(黄色箭头)、浆细胞和淋巴细胞(绿色星形)浸润

图 2-121　羊仰口线虫病组织病理学变化

【治疗】驱虫药物选择参照毛圆线虫病，对严重感染者需要进行对症治疗，若出现皮炎引起的皮肤化脓等细菌继发感染，应配合抗生素治疗。

四、羊肺线虫病

羊肺线虫病包括大型肺线虫病和小型肺线虫病，分别是由网尾科和原圆科的线虫寄生于羊的气管、支气管、细支气管及肺实质中引起的一种寄生虫病，以支气管炎和肺炎为主要症状。其中网尾科线虫较大，又称为大型肺线虫（图 2-122），其致病力强。本病多见于潮湿地区，常呈地方性流行，可造成羊群尤其是羔羊大批死亡。原圆科线虫细小，又称为小型肺线虫（图 2-123），其危害相对较轻，但分布广、感染率高。总之，羊肺线虫病在我国分布广泛，是羊常见的蠕虫病之一，绵羊和山羊都可感染，往往会造成羊大量死亡。

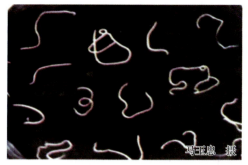
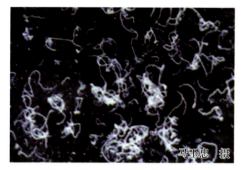

图 2-122　大型肺线虫的形态　　　　图 2-123　小型肺线虫的形态

【流行病学】

（1）**传染源**　体内带肺线虫的羊，含有肺线虫幼虫的陆地螺或蛞蝓。

（2）**传播途径**　通过食入含有肺线虫感染性幼虫的饲草、饮水或软体动物等感染。

（3）**易感动物**　绵羊、山羊均可感染。大型肺线虫成年羊比幼龄羊的感染率高，但虫体对羔羊的危害更严重。成虫在羊体内的寄生期限依羊营养的好坏而不同，由2个月到1年不等；4~5月龄及以上的羊，几乎都有小型肺线虫的寄生，甚至数量很大。

（4）**流行特点**　羊肺线虫病在我国分布广泛，是羊常见的蠕虫病之一，除严冬软体动物休眠外，小型肺线虫几乎全年均可发生感染。

【临床症状】　感染的首发症状为咳嗽，最初为干咳，后变为湿咳，而且咳嗽次数逐渐频繁。中度感染时，咳嗽强烈而粗糙；严重感染时呼吸浅表、急促并感到痛苦。先是个别羊发生咳嗽，后常成群发作。运动时和夜间咳嗽最为明显，在羊舍附近可以听到羊群的咳嗽声和拉风箱似的呼吸声。阵发性咳嗽发作时，常咳出含有成虫、幼虫及卵的黏液团块。病羊常从鼻孔排出黏液分泌物，干涸后在鼻孔周围形成痂皮；有时分泌物很黏稠，形成绳索状物，垂悬在鼻孔下面（图2-124）。病羊常打喷嚏，逐渐消瘦，被毛枯干，贫血，头、胸部和四肢水肿（图2-125），呼吸加快、困难，体温一般不

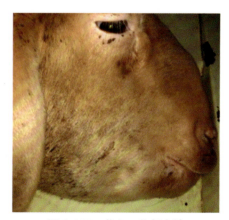

图 2-124　鼻分泌物很黏稠，　　图 2-125　贫血、头部水肿
绳索状垂悬在鼻孔下面

升高。羔羊症状较严重，可以引起死亡。羔羊轻度感染或成年羊感染时常为慢性，症状不明显。小型肺线虫单独感染时，病情表现比较缓慢，只是在病情加剧或接近死亡时，才明显表现为呼吸困难、干咳或呈暴发性咳嗽。

【病理变化】 幼虫移行时，可导致肠黏膜、淋巴结、肺毛细血管的损伤和小出血点。成虫寄生于支气管、细支气管，因本病病变主要发生在肺部，可见有不同程度的肺膨胀不全和肺气肿（图2-126），肺表面隆起呈灰白色，触摸时有坚硬感；支气管中有黏液性或脓性混有血丝的分泌团块；气管、支气管及细支气管内可发现数量不等的大型肺线虫、小型肺线虫（图2-127和图2-128）；肺组织中可见大量中性粒细胞、嗜酸性粒细胞，以及巨噬细胞、浆细胞浸润。

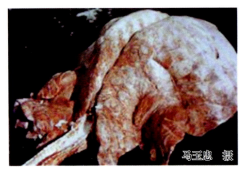

图 2-126　肺气肿

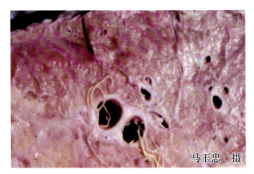

图 2-127　支气管中的肺线虫

图 2-128　气管中的肺线虫

【鉴别诊断】 根据临床症状和流行病学，特别是病羊咳嗽发生的季节和发生率，可考虑肺线虫感染的可能，然后查找病原体进行确诊。通过幼虫分离法检查粪便中的幼虫，分离幼虫的方法很多，常用漏斗幼虫分离法（贝尔曼法），取羊粪15~20克，放入带筛（40~60目）或垫有数层纱布的漏斗内，漏斗下接1根短橡皮管，末端以水止夹夹紧。漏斗内加入40℃温水至淹没粪球为止，静置1~3小时，此时幼虫游走于水中并穿过筛孔或纱布网眼沉于橡皮管底部。接取橡皮管底部粪液，经沉淀后弃去层液，取其沉渣制片镜检即可。镜下幼虫的形态特征为丝状网尾线虫的第一期幼虫，虫体粗大，体长 0.50~0.54 毫米，头端有 1 个纽扣状突起，尾端钝圆，肠内有明显颗粒，色较深。各种小型肺线虫的第一期幼虫较小，长 0.3~0.4 毫米，头端无纽扣状突起，尾端呈波浪状，或有 1 个角质小刺，或有分节。剖检时在支气管和细支气管发现一定量的虫体和相应的病变时，即可确认为本病。

【预防】

（1）**加强饲养管理，科学放牧**　一般在流行区内，每年应对羊群进行 1~2 次普遍驱虫，即由放牧改为舍饲的前后进行一次驱虫，使羊安全越冬，第二年 1~2 月初再进行一次驱虫，以避免春季死亡，驱虫时集中羊群数天，以加强粪便管理，粪便应堆积发酵进行生物热处理，以消灭病原。成年羊与羔羊分群放牧，以保护羔羊少受感染。有条件的地方可以实施划地轮牧，以减少羊的感染机会。冬季羊群应适当补饲，让羊自由采食，能大大减少病原的感染。对小型肺线虫病的预防应注意消灭其中间宿主陆地螺或蜗牛。

（2）**注意羊舍卫生，提高营养水平**　做好栏舍卫生消毒工作，经常清扫羊舍，保持羊舍清洁、干燥，注意饲料、饮水的清洁卫生，防止羊粪便污染饲草和饮水。在不同的季节合理地添加精饲料和矿物质，提高羊自身的抵抗力。

（3）**引种隔离后混群**　刚引进的羊必须隔离饲养观察 1~2 周，并采取合适的措施对羊进行预防性驱虫，经检测确认健康无虫后，方可与原饲养的羊合群。

【治疗】

1）阿苯达唑（丙硫咪唑），按每千克体重 10~20 毫克，一次口服，对各种肺线虫均有很好的效果。

2）阿维菌素或伊维菌素，按每千克体重 0.2~0.3 毫克，一次口服或皮下注射，休药期为 28 天。

3）多拉菌素，按每千克体重 0.3 毫克，一次肌内注射。

4）莫昔克丁（莫西菌素），按每千克体重 0.2 毫克，一次口服或皮下注射。

5）左旋咪唑（左咪唑），按每千克体重 8~10 毫克，一次口服。

6）枸橼酸乙胺嗪（海群生），按每千克体重 100~200 毫克，口服。该药适合对感染早期童虫的病羊进行治疗。

7）芬苯达唑，按每千克体重 5 毫克，口服。

8）氯氰碘柳胺钠，按每千克体重 10 毫克，一次皮下注射。休药期为 28 天。

第五节　羊体外寄生虫病

一、羊螨病

羊螨病俗称羊疥疮、羊癞，是由疥螨（又叫穿孔疥癣虫）（图 2-129）寄生在羊的表皮内或痒螨（又叫吸吮疥癣虫）（图2-130）寄生在羊的皮肤表面而引起的一种羊常见的慢性寄生虫性皮肤病，以能引起病羊发生剧烈的痒觉、脱毛及各种类型的皮肤炎症为特征。本病在我国广泛存在，多发于冬季和秋末春初及管理、卫生差的环境中。本病具有高度的传染性，往往在短期内可引起羊群严重感染，危害十分严重。

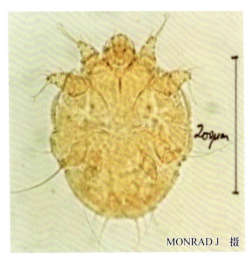

图2-129　疥螨

图2-130　痒螨

【流行病学】

（1）**传染源**　病羊、被螨虫和虫卵污染的羊舍、用具及活动场所。

（2）**传播途径**　主要通过接触感染，包括与病羊、被螨虫和虫卵污染的环境接触而感染。

（3）**易感动物**　各年龄段的绵羊、山羊均易感，羔羊、体质瘦弱和抵抗力差的羊多发且病情严重。

（4）**流行特点**　主要发生于光照不足、羊绒毛增生和被毛增厚的季节，如秋末、冬季和初春，但在潮湿、阴暗及拥挤和卫生条件差的环境下极易造成羊螨病的严重流行。夏季由于绒毛大量脱落，皮肤受阳光照射充足而保持干燥，不利于螨的生存和繁殖而少发。

【症状与病变】　剧痒是整个疾病过程最具特征性也最明显的表现，由于持续剧烈的痒感，致使病羊烦躁不安，用力到处摩擦或用嘴啃咬患处，造成被毛脱落（图2-131），皮肤破溃、结痂、增厚（图2-132），严重影响正常采食和休息，日渐消瘦，最终可能会衰竭死亡。由于螨的种类和羊种类的差异，症状上也有一些不同。疥螨病多发生于山羊皮肤薄、被毛短而稀少的地方，如鼻梁、眼眶、耳根部、耳朵（图2-133）、角根部（图2-134）、前胸、腹下、腋窝、大腿内侧和尾根等处，然后蔓延至全身。痒螨病多发生于绵羊颈前、背部（图2-135）、臀部等被毛长而稠密之处，以后逐渐扩散到体侧及全身（图2-136和图2-137）。病初患部皮肤生成针头至粟粒大的结节，继而形成水疱和脓疱,患部渗出液增多,皮肤表面湿润,最后结成浅黄色脂肪样的痂皮,有些患部皮肤肥厚变硬,形成龟裂。

图 2-131 山羊螨病导致羊体表被毛脱落

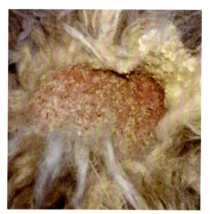

图 2-132 皮肤破溃、结痂、增厚

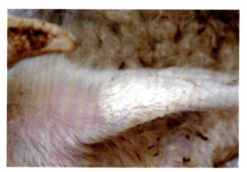

图 2-133 山羊耳朵的疥螨病

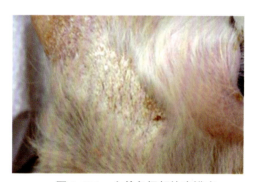

图 2-134 山羊角根部的疥螨病

图 2-135 绵羊背部皮肤痒螨病病变

图 2-136 绵羊感染痒螨后,患部大片被毛脱落

图 2-137　绵羊背部和臀部严重脱毛

【鉴别诊断】　根据流行病学、临床症状与皮肤病变，结合发病季节可对本病做出初步诊断，进一步确诊需要进行病原分离鉴定。病料需要在病羊的病变皮肤、健康皮肤交界处采集。用经过火焰消毒的手术刀垂直于皮肤刮取痂皮，直到稍稍出血为止，刮取病料后皮肤用碘酒消毒。将病料置于培养皿中，在酒精灯上加热至37~40℃，将培养皿放在黑色背景（黑布、黑纸）上，用放大镜或低倍显微镜检查，可见白色虫体在黑色背景上移动。为了提高检出率，可将上述病料置于试管中，加入10%氢氧化钠（或氢氧化钾）溶液，煮沸数分钟，待大部分痂皮等固体物溶解后，以每分钟2000转的速度离心沉淀5分钟，在管底吸取沉渣滴于载玻片上，用低倍显微镜检查，检出虫体即可确诊（图2-138和图2-139）。羊疥螨病与羊痒螨病的鉴别见表2-6。

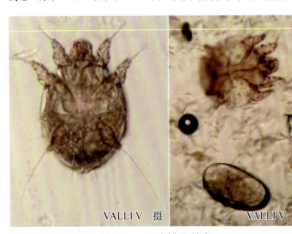

图 2-138　疥螨及其卵

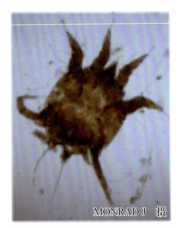

图 2-139　痒螨

表 2-6　羊疥螨病与羊痒螨病的鉴别

鉴别要点	羊疥螨病	羊痒螨病
易感动物	山羊	绵羊
病原形态	长0.2~0.5毫米，呈圆形，有4对粗短的足，足末端可见钟形的吸盘和不分节的吸盘柄。虫卵长约0.15毫米，呈椭圆形、浅黄色（图2-138）	长0.5~0.8毫米，呈椭圆形，有4对细长的足，足末端可见喇叭状的吸盘和分3节的吸盘柄（图2-138）

鉴别要点	羊疥螨病	羊痒螨病
发病部位	多发生于皮肤薄、被毛短而稀少的地方，如鼻梁、眼眶、耳根部、前胸、腹下、腋窝、大腿内侧和尾根等处，然后蔓延至全身	多发生于绵羊颈前、背部、臀部等被毛长而稠密之处，以后逐渐扩散到体侧及全身
病变	患处渗出物少，皮肤增厚严重，皱褶明显，甚至龟裂	患处渗出物多，皮肤皱褶不明显，更易引起脱毛

【预防】 羊螨病重在预防，发病后想要彻底清除本病则非常麻烦和被动，而且会造成很大的损失。有效的预防可以很大程度上减少本病的发生和降低养殖成本。因此，螨病的预防应认真做好以下工作：

（1）**搞好环境卫生** 羊舍、运动场要保持干燥、通风、透光，定期清扫、消毒。羊体表保持清洁、干燥。饲养人员、工具器械要定期除螨消毒。

（2）**做好羊群管理** 羊群密度不宜过大，避免拥挤造成接触和摩擦。引入羊时要认真检查，隔离除螨后再合群。经常观察羊群，发现啃咬、摩擦、掉毛的羊及时检查，疑似患病羊及时隔离和治疗。

（3）**定期除螨** 发病季节（秋末、冬季和初春）要定期对羊舍、运动场和羊群进行除螨。易感染羊群定期检测和除螨，绵羊应坚持剪毛后 7 天进行药浴，山羊在抓绒后进行。药浴时要注意天气、羊精神状态、药液温度、防止产生应激；大批羊药浴前，选择不同品种和年龄、不同体质和病情的少数羊进行小范围安全性试验，无问题再大批进行。每只羊的药浴时间大约为 1 分钟。药浴后，使羊体上的药液自然晾干，防止感冒。

【治疗】

（1）**治疗原则** 杀虫止痒，抗菌消炎，防止中毒。

（2）**治疗方案** 治疗羊螨病的方法有很多种，包括全身药浴和喷淋、局部涂擦及皮下注射等。

① 药浴方法：药浴是预防和治疗羊螨病的主要方法之一，适用于羊养殖数量较多的养殖户。药浴一般在剪毛后 1~2 周进行，药浴前要喂水，以防羊群误饮药液。根据情况，可采用水泥药浴池或机械化药浴池；应选在气温较高、晴朗无风的天气；水温应维持在 35~38℃，以防羊群受凉；成批羊药浴时，要及时补充药液；药浴时间为 1 分钟左右；注意浸泡头部（图 2-140）；药浴后将羊放在阴凉处，注意观察，等药干以后再去放牧（图 2-141），并加强护理。常用药浴药物及次数：0.1%~0.5% 敌百虫溶液，间隔 2~5 天药浴 1 次，连用 3 次；或 0.05% 辛硫磷浇泼溶液，隔 5 天 1 次，连用 3 次；或 0.025% 林丹乳油溶液，每次 1 分钟，隔 5 天药浴 1 次，连用 2~3 次；或二嗪农（螨净）与水按 1:1000 的比例配制进行药浴或喷淋，螨病较重的病羊可隔 1 周再进行 1 次。

图 2-140　药浴时注意浸泡头部

图 2-141　药浴后将羊放在阴凉处，注意观察，等药干以后再去放牧

②局部喷洒或涂擦用药及方法：发病羊数量少、患病部位面积小或者是天气寒冷不便于进行药浴的冬季适宜采取该法进行治疗。治疗前，要将病羊患处及其周围健康处的被毛剪去，接着将存在于患处表面的泥垢、鳞屑及痂皮用 3%~5% 的温肥皂水清洗干净，然后在患处涂擦药物，如果发生广泛感染则要分区、分次进行喷洒或涂药。常用喷洒的药物及方法：溴氰菊酯，每千克体重 50~100 毫克，喷洒 2 次，中间间隔 10 天；或二嗪农乳液，每千克体重 250~750 毫克，喷淋 2 次，中间间隔 7~10 天。常用涂抹的药物及方法：5% 敌百虫溶液涂擦患部，每天 1 次，涂抹面积不超过 30%，注意敌百虫涂擦后不可用碱性水洗刷或者加热溶解敌百虫晶体，否则易引起羊群中毒；或 0.05% 双甲脒溶液，一次性用药，涂擦患部，休药期为 21 天，产奶期禁用；或中药"乳矾散"，乳香 25 克、枯矾 100 克，混合磨成细面，制成"乳矾散"，用时以 1 份乳矾散加入 2 份植物油混合加热后涂擦患处，连涂数日即可治愈；或用烟草水，取烟草末或烟叶一份，加水 20 份，浸泡 1 天，再煮沸 1 小时后，捞出烟叶，用溶液擦洗病羊患部。

③口服或注射用药及方法：注射疗法主要适用于不适合药浴的秋冬季，是最常用的治疗羊螨病的方法。伊维菌素或阿维菌素类药物，一次剂量按每千克体重 0.3 毫克，皮下注射。间隔 7~10 天重复用药 1 次，根据病羊病情的严重程度来决定注射次数。国内生产的类似药物有多种商品名称，剂型有粉剂、片剂（口服）和针剂（皮下注射）等。

需要注意的是：间隔一定时间后重复用药，以杀死新孵出的虫体；在治疗病羊的同时，应用杀螨药物彻底消毒羊舍和用具，治疗后非病羊应置于消毒过的羊舍内饲养；隔离治疗过程中，饲养管理人员要时刻注意消毒，避免通过手、衣服和用具散布病原。

二、羊鼻蝇蛆病

羊鼻蝇蛆病又称为羊狂蝇蛆病，是由羊鼻蝇（又称为羊狂蝇）的幼虫寄生于羊的鼻腔及附近腔窦内所引起的一种寄生虫性疾病（图 2-142~图 2-146）。本病在我国西北、东北、华北等广大地区较为常见，感染率高达 80%；主要为害绵羊，对山羊危害较轻，人的眼、鼻也有被侵袭的报道。病羊主要以慢性鼻炎症状为主，有时因幼虫进入颅腔损伤脑膜或因鼻窦发炎而波及脑膜引起运动失调、旋转运动、食欲废绝，最终因极度衰竭而死亡。

图 2-142　羊鼻蝇的成蝇

图 2-143　羊鼻蝇的幼虫　　　　图 2-144　第 3 期幼虫

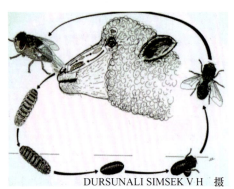

DURSUNALI SIMSEK V H 摄

图 2-145　羊头鼻腔纵切面，大量羊鼻蝇蛆寄生　　　图 2-146　羊鼻蝇生活史

【流行病学】　温暖地区一年可繁殖两代，寒冷地区每年繁殖一代。

【症状与病变】　成蝇在产幼虫时，疯狂侵袭骚扰羊群，影响羊的正常采食和休息。羊表现为精神不安，体质消瘦从而发育不良。幼虫进入羊鼻腔、额窦及鼻窦后，在其移行过程中，由于体表小刺和口前钩损伤黏膜引起鼻炎，出现大量黏液性和脓性鼻液，有时混有血液；当鼻液干涸在鼻周围形成硬痂时（图 2-147 和图 2-148），羊发生呼吸困难。此外，可见病羊表现不安，打喷嚏、时常摇头、摩鼻、眼睑浮肿、流泪（图 2-149），食欲减退，日渐消瘦。这些症状持续数月后逐渐减轻，等到鼻腔内幼虫发育至第 3 期时，虫体增大、变硬并逐渐向鼻孔处移行，症状又再次加剧。有时，当个别幼虫进入颅腔损伤脑膜或因鼻窦发炎而波及脑膜时，可引起神经症状，即所谓"假旋回症"，病羊表现为运动失调，旋转动动，头弯向一侧或发生麻痹；最后病羊食欲废绝，因极度衰竭而死亡。

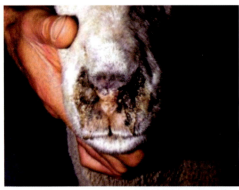

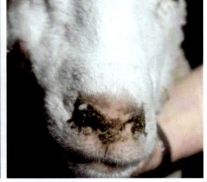

图 2-147　病羊鼻孔流出大量脓性鼻液，鼻孔周围有结痂形成

【鉴别诊断】　根据临床症状、流行病学和剖检变化，可对本病做出诊断。要进行早期诊断，可用药液喷射鼻腔，对鼻腔排出物进行检查，发现死亡幼虫则可确诊。死后诊断，剖检时在鼻腔、鼻窦或额窦内发现羊鼻蝇幼虫，即可确诊。出现神经症状时，应注意与羊脑多头蚴病和羊莫尼茨绦虫病相区别（表 2-7）。

图2-148 病羊鼻窦、鼻黏膜发炎、肿胀，浆液性和脓性渗出物增加

图2-149 病羊表现不安，打喷嚏、摩鼻、眼睑浮肿、流泪

表2-7 羊鼻蝇蛆病与羊脑多头蚴病和羊莫尼茨绦虫病的鉴别

鉴别要点	羊脑多头蚴病	羊莫尼茨绦虫病	羊鼻蝇蛆病
病原及寄生部位	脑多头蚴寄生于羊的脑部	莫尼茨绦虫寄生于羊小肠，产生毒素作用	羊鼻蝇幼虫（L_1、L_2、L_3）寄生于羊鼻腔及附近额窦，偶尔进入颅腔
粪检	无虫卵可检	有形状不规则、内含梨形器的莫尼茨绦虫卵	无虫卵可检
流行情况	当地宰羊后，丢弃或给犬喂食羊头，小羊和成年羊都可发生回旋症状	主要为害1.5~7月龄的羔羊	具有明显季节性，主要在7~9月炎热天气感染，秋季发病，其后症状缓解，第二年春季又出现鼻炎、分泌脓性鼻液、打喷嚏等症状
症状及其他	脑部病变区骨质变薄、松软，甚至穿孔，致使皮肤隆起	卡他性肠炎，腹泻，消瘦。粪便中可发现节片	夏末秋初发生急性鼻炎，冬季缓解。第二年春季，又出现慢性鼻炎症状，同时有L_3幼虫喷出落地
药物	吡喹酮、阿苯达唑	氯硝柳胺、阿苯达唑、吡喹酮	伊维菌素

【防治】 根据羊鼻蝇的发育过程，防治本病最有效的方式就是减少成蝇滋生，防止雌蝇与羊接触。重点以消灭第1期幼虫为主，等幼虫发育到第3期后就不会收到较为理想的防治效果。可根据当地不同气候条件和羊鼻蝇的发育情况，确定防治的时间，一般以每年11月进行为宜，以口服和注射联合用药方案效果更好。要做到早防早治，才能实现本病的有效防治。可选用下列药物：

（1）**注射用药** 阿维菌素或伊维菌素类药物是目前治疗羊鼻蝇蛆病最理想的药物，按每千克体重0.2毫克配成1%溶液，皮下注射；或氯氰碘柳胺钠，按每千克体重2.5毫克，皮下注射，对羊鼻蝇第1~3期的幼虫均有效。

（2）**口服用药** 碘醚柳胺，按每千克体重 60 毫克，口服；或敌百虫，按每千克体重 120 毫克配成 2% 溶液，灌服，对羊鼻蝇第 1 期的幼虫有效；或氯氰碘柳胺钠，按每千克体重 5 毫克，口服。

（3）**涂抹用药** 可用 1% 敌百虫软膏，在成蝇飞翔季节，涂在羊鼻孔周围，每 5 天 1 次，有驱避成蝇和杀死幼虫的作用。

三、羊蜱病

羊蜱病是由蛛形纲蜱螨目硬蜱科的多种蜱（图 2-150）寄生于羊体表吸食血液而引起的一种体外寄生虫病。蜱种类众多，分布广泛，不仅会导致宿主动物蜱瘫和蜱中毒，而且多种蜱虫可以携带各种病原，是传播人和动物病毒病、细菌病、寄生虫病等疾病的主要虫媒昆虫之一。

张艳 摄   张艳 摄

图 2-150 革蜱雄蜱的背腹观

【流行病学】 蜱的发育经卵、幼蜱、若蜱阶段最终发育为成蜱，在发育过程中它们需要寄生于 1 个或多个宿主进行吸血。蜱完成生活史所需时间的长短，随蜱的种类和环境条件而异，如微小牛蜱完成 1 个世代所需的时间仅为 50 天，而青海血蜱则需要 3 年。蜱在各发育阶段不仅对温度、湿度等环境变化有不同程度的适应能力，而且具有较强的耐饥能力，成蜱阶段的寿命最长，曾有报道微小牛蜱成蜱在试管内耐饥达 5 年，幼蜱耐饥达 9 个月。蜱因气候、土壤、植被和宿主分布等外界环境的不同而存在种类分布差异，有的种类分布于森林，有的种类分布于草原，有的种类分布于荒漠，也有的种类分布于农耕地区。蜱的活动有明显的季节性，在季节变化分明的地区，蜱通常都在一年中的温暖季节活动。硬蜱的越冬场所因种类而异，有的在栖息场所越冬，有的则叮附在宿主上越冬。

【临床症状】 蜱叮咬羊吸血时（图 2-151~图 2-156），可损伤其皮肤，造成叮咬部位痛痒，使羊骚动不安，摩擦甚至啃咬。损伤处

图 2-151 蜱寄生在羊颈部

皮肤引发继发感染，引起皮炎和伤口蛆症等。当大量蜱寄生时，可引起羊贫血、消瘦、发育不良、皮毛的质量低劣及产奶量下降。若大量寄生于头、前肢或颈部，蜱所分泌的毒素可引起羊全身麻痹或后肢麻痹，常称为蜱瘫痪症。此外，硬蜱也是病毒病、细菌病、寄生虫病等多种疫病的传播媒介。因此，对羊蜱病的有效防控也是预防羊多种传染病的重要措施之一。

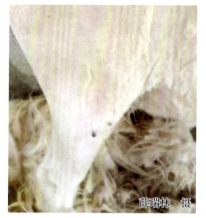

图 2-152　蜱寄生在羊前肢

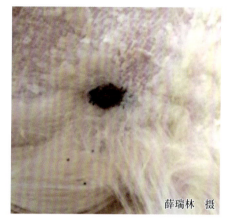

图 2-153　蜱寄生在羊腹部

图 2-154　蜱寄生在羊耳朵

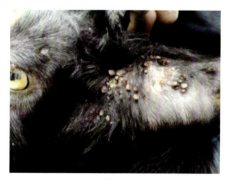

图 2-155　蜱寄生在羊头部

图 2-156　蜱寄生在羊腹部

【病理变化】 蜱叮咬吸血时，造成羊局部皮肤的出血性损伤，继发感染时，引发局部皮肤的炎症（图2-157）。继发性感染引起梨形虫病，病羊尸体消瘦、贫血，血液稀薄如水。皮下组织、肌间结缔组织、脂肪均呈黄色胶样状水肿。各脏器被膜均黄染，皱胃和肠黏膜潮红并有点状出血。脾脏肿大，脾髓软化呈暗红色，白髓肿大呈颗粒状。肝脏肿大，呈黄褐色，切面呈豆蔻状花纹（图2-158）。胆囊扩张，充满浓稠胆汁（图2-159）。肾脏肿大，呈浅红黄色，有点状出血。膀胱膨大，存有大量红色尿液，黏膜有出血点。肺瘀血、水肿。心肌柔软，呈黄红色；心内膜和心外膜有出血斑。

图 2-157　蜱叮咬吸血造成羊局部皮肤的出血性损伤，继发感染时引发局部皮肤的炎症

图 2-158　肝脏肿大，呈黄褐色，
切面呈豆蔻状花纹

图 2-159　胆囊扩张，
充满浓稠胆汁

【鉴别诊断】 在发病季节，检查病羊体表发现有蜱寄生即可确诊。根据临床表现，可初步诊断，注意羊蜱病与其他羊体表寄生虫病（羊螨病和羊虱病）的鉴别（表2-8）。

【防治】

（1）杀灭羊体上的蜱

1）机械法。即用手捉除蜱。除蜱时应避免假头被拔断而留置于羊体，所以应使蜱与羊的皮肤呈垂直状向上拔出（图2-160）。除蜱时，需要将羊加以保定，从而预防羊脚踢、角顶或嘴咬。除下的蜱应立即杀死。这种方法仅用于蜱寄生数量较少时或用作辅助方法。

表2-8　羊蜱病与羊螨病和羊虱病的鉴别

鉴别要点	羊蜱病	羊螨病	羊虱病
主要症状	叮咬部位瘙痒	剧痒，痒的程度与皮肤的温度有关，常蹭墙或栏杆	瘙痒，用羊角或蹄部挠痒
体表	可在寄生部位看到几毫米到1厘米的深色或斑纹状的病原体	局部多有脱毛的现象	可见到3毫米左右的灰白色或黑灰色的病原体

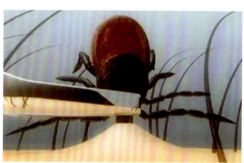

图2-160　正确拔出蜱虫的方法

2）药物灭蜱。以0.0025%~0.0050%溴氰菊酯、0.0025%二嗪农等外用杀螨药物进行药浴、喷洒、涂擦或洗刷羊体；还可采用伊维菌素（剂量为每千克体重0.2~0.3毫克）等药物口服或注射防治。

（2）杀灭羊舍内的蜱　用黄泥、石灰、水泥等堵塞羊生活环境中的所有缝隙；定期用杀蜱药物处理羊舍；用杀蜱药物定期洗刷柱子、地板、墙壁、墙缝等。必要时也可隔离停用羊舍10个月或更长时间，使蜱自然死亡。

（3）杀灭外界环境中的蜱

1）改变蜱的滋生环境。例如，结合人工造林，清除杂草、灌木丛；翻耕土壤，栽种牧草和农作物等改变蜱的滋生环境而降低蜱的数量。

2）药物防控。环境中的蜱要注意清除。可采用1%阿维菌素，用4000倍水稀释后喷洒；6%复方氯菊酯溶液用500倍水稀释后，用电动喷雾器喷洒。也可用0.05%敌敌畏溶液，喷洒羊舍周围的走道、水沟及道路场地。对蜱密度很高的草场用杀蜱药物（如毒死蜱和马拉硫磷等）进行超低容量喷雾灭蜱。

（4）加强检疫　对引进的或输出的羊均要进行检查和灭蜱工作。

（5）免疫预防　国外已有商业化的微小扇头蜱重组亚单位疫苗应用于羊蜱病的免疫预防。

四、羊虱病

羊虱病是由羊虱（图 2-161 和图 2-162）寄生在羊的体表引起的一种永久寄生的体外寄生虫病，是一种慢性皮肤病。本病传染性强、发病率高，对羊养殖业有很大的威胁，造成羊生长缓慢、瘦弱、被毛粗乱，饲养效率低，经济损失大。

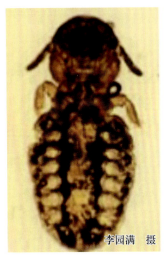

图 2-161　羊毛虱

图 2-162　羊颚虱

【流行病学】　羊虱病的发生与流行主要通过病羊与健康羊之间接触感染。羊虱是一类永久性的体外寄生虫，整个发育和生活过程均在羊体表完成。雌虱、雄虱交配后，雄虱死亡，2~3 天后雌虱产卵，雌虱排卵分泌胶质，使卵牢牢黏着在被毛上。卵孵化为若虫，然后发育为成虫。发病时间多在冬春季节，且流行发病时间长，发病严重的时间为每年 10 月至第二年 6 月，如果不采取合理的防治措施，羊可全年携带病原。本病传播速度快，一旦羊群中有几只羊发病，不到一个月时间就能扩散到全群，感染率为100%，且感染强度大。若在母羊产羔时发生羊虱病，则羔羊 100% 感染，均为羊毛虱及绵羊、山羊的羊颚虱混合感染，山羊比绵羊易感染。若每年按操作规程对羊进行药浴或药物驱虫，那么羊群虱病发生的时间则会推后。

【临床症状】　羊虱主要寄生于角、耳根基部（图 2-163）、颈部、腹下及四肢内侧（图 2-164）。虱在采食时可分泌有毒的唾液，刺激皮肤的神经末梢，从而引起皮肤瘙痒。扒开病羊被毛，可发现毛内羊虱和虱卵稠密，有的羊每平方厘米皮肤上可见 8~10 只羊虱。患病羊体质瘦弱，皮毛粗乱无光，精神烦躁不安，常嘴咬或蹄踢患部，或在羊舍的木柱、墙壁、食槽、围栏等处摩擦止痒，从而损伤皮肤。大量羊虱聚集时，可使皮肤发生炎症，脱皮或脱毛。羔羊感染时毛色不亮泽，毛不顺，生长发育不良，且经常舔吮患部和食入舍内的羊毛，可发生毛球病。本病病程较长，长期患病并严重感染的病羊皮肤变得粗糙起皮屑，且患部羊毛粗乱易脱落；久而久之，导致羊食欲及睡眠均不佳、贫血、日渐消瘦、发育不良并使其产毛、产绒、产肉、产奶等生产性能降低；抵抗力下降造成羊混感其他疾病，严重者可导致死亡。

图 2-163　寄生于羊耳根基部的羊虱

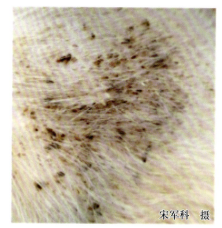

图 2-164　寄生于羊体表皮毛处的羊虱

【鉴别诊断】　在发病季节，检查病羊体表发现羊虱结合瘙痒的临床症状即可确诊。根据临床表现，可初步诊断，注意羊虱病与其他体表寄生虫病（羊蜱病和羊螨病）的鉴别（表 2-9）。

表 2-9　羊虱病与羊蜱病和羊螨病的鉴别

鉴别要点	羊虱病	羊蜱病	羊螨病
主要症状	瘙痒，用羊角或蹄部挠痒	叮咬部位瘙痒	剧痒，痒的程度与皮肤的温度有关，常蹭墙或栏杆
体表	可见到 2 毫米左右的浅色病原体	可在寄生部位看到几毫米到 1 厘米的深色或斑纹状的病原体	局部多有脱毛的现象

【预防】

（1）**加强羊舍卫生管理**　羊舍要经常打扫、消毒，保持通风、干燥；垫草要定期清理、更换，改善羊舍卫生环境条件；饲养、护理工具也要定期消毒、勤晒，一般用开水或热氢氧化钠溶液烫洗，以杀死虱卵。

（2）**加强饲养管理**　保持羊舍内合理的羊密度，定羊定舍，防止交叉感染；给予营养丰富的饲料，以增强羊体的抵抗力；对新引进的羊应加以检查；定期检查羊舍，发现体表有虱的羊立即隔离、治疗，以防蔓延。

（3）**药物预防**

① 药浴。每年 5 月和 10 月分别对羊群用 0.5% 敌百虫溶液，池浴、喷雾 1 次，完全能够预防羊的虱病、螨病及其他体表寄生虫病。

② 撒粉。把灭虱粉均匀地撒在羊体上，剂量为每只羊 10 克，能达到羊体和羊舍同时杀虫的效果。

【治疗】 羊虱病的治疗宗旨即为灭虱，羊体灭虱方法很多，应根据环境温度的不同，选用不同的方法，如温暖天气可采用喷洒、洗刷或药浴法；温度较低时可采用撒粉法。

（1）注射治疗 采用伊维菌素对病羊（只适用 3 月龄以上的羊）进行皮下注射，用量为每千克体重 0.01~0.02 毫升。

（2）口服治疗 阿苯达唑伊维菌素预混剂，按每千克体重 0.2 毫克的剂量口服。

（3）涂擦治疗 灭虱粉，个体治疗可把药粉全身涂擦，适用于治疗羔羊虱病；或辛硫磷浇泼溶液，全身涂擦，可将木棍前端缠上纱布，蘸取辛硫磷浇泼溶液原液，分部位在羊体上从后向前擦 10 余次，每只羊用药为 12 毫升左右。

（4）药浴 将市售农用 2.5% 溴氰菊酯乳油，按每毫升兑水 3 千克，配制成一定浓度的药液进行药浴。

第三章 羊营养代谢病和中毒病的 鉴别诊断与防治

第一节 羊营养代谢病

一、绵羊妊娠毒血症

绵羊妊娠毒血症又名双羔病。本病与生产瘫痪相似，是妊娠末期由母羊体内碳水化合物及挥发性脂肪酸代谢异常而引起且以酮血、酮尿、低血糖和肝糖原降低为特征的一类营养代谢性疾病。本病发生于妊娠母羊，尤其是怀双羔或三羔的羊。5~6岁的绵羊比较多见，通常发现于妊娠的最后一个月内，致死率高。

【病因】 主要是因糖代谢异常，引起肝脏营养不良，使肝机能发生障碍，不能有效生成优先满足羔羊发育所需的葡萄糖，导致低血糖和酮血症及血浆皮质醇的水平升高，病羊出现严重的代谢性酸中毒及尿毒症。病因较为复杂，下列因素在本病的发生中起重要作用。

1）妊娠后期母羊特别是怀双羔、三羔的母羊营养缺乏。在妊娠后期，胎儿的主要组织和器官发育非常迅速，需要消耗大量的营养，单胎母羊需要摄取空怀母羊2倍的食物，怀双羔的母羊则需要空怀母羊3倍的食物才能满足自身和胎儿发育的需要。由于饲养管理的原因，要完全满足母羊在这一阶段的营养需求并不容易，所以最容易出现营养缺乏。

2）日粮中营养不平衡和供给不足。饲料供应过少、品质低劣、种类单一、维生素和矿物质缺乏；日粮不平衡，饲喂低蛋白、低脂肪和低碳水化合物的饲料，导致机体的生糖物质缺乏，都容易发生本病。

3）妊娠早期过度肥胖的母羊，在妊娠末期突然降低营养水平。从饲养管理的角度来看，肥胖母羊在妊娠最后6周要限制饲喂，如果这一阶段供给的饲料质量较差，会容易发生本病。

4）肝功能异常的母羊也容易发生本病。这与其肝脏不能有效进行糖原异生作用有关。

5）天气寒冷和严重的蠕虫感染能引起葡萄糖大量消耗，也能增加本病发生的风险。

6）幼龄母羊配种过早，而在妊娠后期营养水平不足也容易引起本病的发生。

7）年老、体弱、多病、妊娠早期过于肥胖，也是导致发病的重要原因。

8）本病以绵羊较为高发，山羊次之，其中本地羊较少发病，而外来羊发病率相对较高。

【临床症状】 由于血糖降低，病羊表现脑抑制状态，很像乳热病的症状。病羊病初见离群孤立，当放牧或运动时常落于群后；之后精神委顿，磨牙，头颈颤动，呼吸加快，气息带有甜臭的酮味；表现出神经症状，特别迟钝或易于兴奋。病羊不愿走动，当被强迫行动时，步态蹒跚，无一定方向，类似失明。食欲消失，饮水减少，迅速消瘦，以至卧地不起。粪粒小而硬，常包有黏液，甚至带血，尿频。经过数小时到1~2天，病羊变得虚脱，静卧，胸部靠地，头向前伸直（图3-1）或后视腹部甚至倒卧（图3-2），最后昏迷而死。濒死母羊可发生流产、共济失调、惊厥及昏迷等症状；血液学检查非蛋白氮升高、钙减少、磷增加；丙酮试验呈阳性。若不治疗，除在发病的早期可生下小羊以外，大部分胎儿均会死亡。病羊所产的小羊均极度衰弱，很难发育良好，而且大多数会在早期死亡。

图3-1 病羊静卧，胸部靠地，头向前伸直

图3-2 病羊倒卧

【病理变化】 病羊机体消瘦、脱水及贫血；可视黏膜黄染或苍白，肌肉轻度至中度萎缩；肺部水肿、瘀血、色变及坏死；肝脏肿胀、质脆易裂、黄染，表面有散在出血点（图3-3）；肾脏肿胀及出血，常伴有脂肪变性（图3-4）；脾脏有出血点；肠道广泛性出血等。

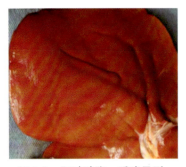
图3-3 肝脏肿胀、质脆易裂、黄染，表面有散在出血点

图3-4 肾脏肿胀及出血，伴有脂肪变性

【鉴别诊断】 根据临床症状、妊娠期饲养管理方式及血液、尿液检验结果，可做

出诊断。注意与生产瘫痪相区别：绵羊妊娠毒血症主要发生于产前 10~20 天，呈现无热的神经症状；生产瘫痪发生于产前数天及产后泌乳期，肌肉震颤更明显，病情更急剧，常于 6~12 小时死亡，剖检一般无特殊病变，静脉注射葡萄糖酸钙有疗效。

【预防】

1）优化品种。自繁自养的羊场尽量选择综合遗传性能和繁殖生产性能优秀的良种品种及商品羊，环境适应性和抗病性强的羊较少发病；养殖过程中及时淘汰群内老弱病残、劣质遗传基因表现的羊，有利于减少发病。

2）均衡日粮营养。对于妊娠期的母羊采取科学化的短期优饲管理，精准控制日粮营养供量和母羊膘情，保持 8~9 成适宜膘情，防止胎儿过度发育。

3）加强良性环境控制。尽量消除源于养殖环境中的噪声、污染、高温高湿、阴冷潮湿、通风利湿不畅、采光不足、粉尘及有害气体超标等不良因素，长期保持羊舍干燥、清洁、通风、采光良好的适宜环境条件。

4）科学化管理。重点加强妊娠后期母羊的日常饲养管理，适量增加运动与光照；产前 1~2 个月对妊娠母羊定期进行血脂及酮尿等检验，争取早发现早治疗。

5）空怀羊应定期驱虫。内服阿苯达唑 5~20 毫克/千克体重，或者肌内注射吡喹酮或伊维菌素等（不论口服或肌内注射，均应在单次用药后半个月左右进行第二次用药），防止羊妊娠期寄生虫病的发生，引起妊娠母羊营养失衡。

【治疗】 治疗原则为补糖、保肝、解毒。目前最为有效的治疗处方推荐为：

1）氢化可的松 100~150 毫克、20% 葡萄糖注射液 500 毫升缓慢静脉滴注或静脉注射，每天 1~2 次，连用 3 天；采取手术引产治疗的，可肌内注射 1~2 剂常规抗炎针，常用处方有鱼腥草注射液（0.1 毫升/千克体重）、安乃近注射液 5~10 毫升、青霉素 2~5 克、地塞米松 25 毫克，混合肌内注射。

2）为提高疗效和治愈率宜采取支持疗法。保肝、降血酮，采用优能钙口服液，每次 1 瓶，每天 2 次；促利尿排毒，缓慢静脉滴注或静脉注射 10% 氯化钠注射液；防治酸中毒，首次注射时一次性静脉注射 5% 碳酸氢钠 100 毫升，每天 1 次，连用 3 天。

3）保证肝脏的机能和供给机体所需要的糖原，用 10% 葡萄糖注射液 500 毫升加入维生素 C 1000 毫克、维生素 B_1 750 毫克、维生素 B_6 200 毫克，混合静脉滴注。为纠正酸中毒，同时静脉注射 5% 碳酸氢钠注射液 30~50 毫升，并配以抗生素注射液（头孢类、氨基糖苷类、大环内酯类等均可），以防继发感染。一般应用上述方法治疗，可有明显效果，失明的妊娠母羊，视力逐渐恢复，开始反刍，食欲恢复，对外界反应明显增强。若上述治疗不见疗效，可肌内注射 20 毫克地塞米松进行引产，母羊常于注射地塞米松 72 小时内产出羔羊，症状也随之减轻，若引产不成也可施行剖宫产手术。但是卧地不起的病羊，即使引产，仍会预后不良。对症治疗，水肿严重时给予利尿药（氢氯噻嗪，按 0.1~0.2 毫升/千克体重肌内注射或静脉注射），腹痛不安时给予镇痛药（30% 安乃近注射液，按每只羊 10 毫升肌内注射，或者 10% 安痛定注射液，按每只羊 10 毫升肌内注射），心跳快而节律不齐时给予强心药（也称氧化樟脑注射液强尔心，每支 2 毫升，按每只羊 1~2 支肌内注射）。

二、羔羊白肌病

羔羊白肌病也称为僵羔病、肌肉营养不良症，是由于硒和维生素 E 缺乏或不足，导致羊骨骼肌、心肌及肝脏等组织发生以变性、坏死为特征的一种营养代谢病。本病是区域性常发病，通常是几周龄至 2 月龄的羔羊容易发生。本病一般在天气突变的秋冬、冬春季且缺少青绿饲料时发生，病羔羊主要特征是弓背、四肢无力、走动困难，往往卧地不起等。

【病因】 羔羊白肌病的出现大多是由于母羊在妊娠期间或泌乳期间饲料中缺乏硒元素和维生素 E。硒是构成谷胱甘肽过氧化物酶的一种重要成分，这种酶主要用于清除羊体内存在的脂质过氧自由基中间产物，避免生物膜发生脂质过氧化，促使细胞膜维持正常的结构和功能。维生素 E 作为一种天然的抗氧化剂，可以有效保护机体内细胞的正常运转与活动，从而使机体内各组织免受过氧化物的损害。维生素 E 在青草和鲜干草中含量很高，但在青贮和发酵饲料长期贮藏过程中因氧化破坏而降低，导致母羊乳汁营养匮乏，羔羊长时间汲取缺乏营养的乳汁，体内严重缺乏维生素 E 与硒元素，这在无形中增加了羔羊体内的过氧化物成分，并使其体内生理性脂肪的过氧化程度较高，从而引发各组织出现坏死性蜕变，严重时可能引发钙化现象，甚至直接导致羔羊死亡。

【临床症状】 部分患病羔羊产出后就表现为全身衰弱，肌肉弛缓无力，走动不便，甚至无法自行站起（图 3-5），共济失调；症状严重者心音模糊，有时只能听到 1 个心音，心脏搏动加速，心率能够超过 120 次 / 分钟；肠音基本正常，有时发生腹泻，有时也发生便秘；可视黏膜苍白（图 3-6），有时发生结膜炎，角膜变得混浊；被毛容易发生脱落，皮肤苍白；呼吸浅且快，达到 80~90 次 / 分钟，部分出现双重性吸气；体温有所升高，通常达到约 39.4℃，并存在异食。根据病程经过，可分为 4 个类型，即急性型、亚急性型、慢性型及隐性型。急性型主要表现出心肌营养不良，有时可能没有表现出任何明显症状就突然出现休克或者直接猝死。亚急性型通常介于急性型、慢性型之间，主要表现出骨骼肌营养不良。慢性型一般表现出明显的心功能缺失及运动障碍，严重影响机体生长发育，且伴发顽固性腹泻。隐性型主要在没有表现出明显或者典型症状时出现，表现为机体日渐瘦弱，且存在不明原因的持续性腹泻，但当其受到强烈的外界刺激时，如剧烈运动、过度驱赶、捕捉挣扎、骚扰惊恐等，就会促使本病暴发。

图 3-5 肌肉弛缓无力，无法自行站起

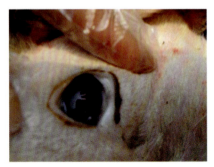

图 3-6 可视黏膜苍白

【病理变化】病变主要侵害骨骼肌和心肌。常见于运动剧烈的肌肉群，如背最长肌、臀肌及四肢肌肉。骨骼肌色浅，出现局限性的发白或发灰的变性区，呈鱼肉状（图3-7）或煮熟肉样，双侧对称，以肩胛部、胸背部、腰部及臀部肌肉变化最明显，在肌束间形成白色小点或条纹（图3-8）。心肌局部颜色变浅，心内膜个别有出血点，有的病羊心外膜上有灰白色区域（图3-9），心肌扩张变薄，心内膜和心外膜下有黄白色的条纹斑（图3-10）。下颌、胸部等处皮下形成胶冻样病变。肝脏肿大、硬而脆，表面存

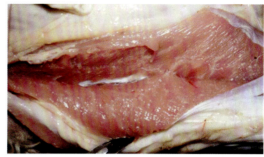

图3-7 骨骼肌色浅，出现局限性的发白或发灰的变性区，呈鱼肉状

在紫红色与土黄色相互交错的斑块，呈针尖至拇指大小（图3-11）；肾脏也发生肿胀，质地变软。脾脏发生萎缩，真胃出血呈斑状，肠道变化不明显。

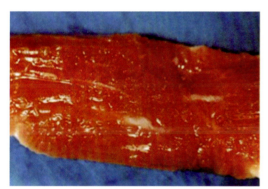

图3-8 骨骼肌肌束间形成白色条纹

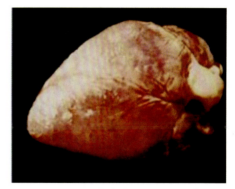

图3-9 心肌局部颜色变浅，心外膜有灰白色区域

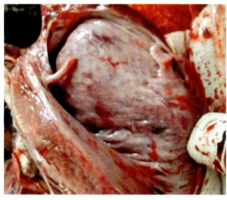

图3-10 心肌扩张变薄，心内膜和心外膜下有黄白色的条纹斑

图3-11 肝脏表面存在紫红色与土黄色相互交错呈针尖大小的斑块

【鉴别诊断】　根据临床症状和心肌、骨骼肌的典型病变，一般可做出初步诊断，必要时可对组织器官、饲料和土壤的硒含量进行测定。病羔的血清中谷草转氨酶超过200单位/毫升，尿中含有大量肌酸，也可作为诊断依据之一。

【预防】　加强饲养管理。本病的预防重点是加强羔羊、妊娠母羊，以及哺乳母羊的饲养管理。对于缺硒地区，特别是冬春季节及采取舍饲而严重缺乏青绿饲料时，在新生羔羊大约10日龄时可先皮下或者肌内注射1毫升0.2%亚硒酸钠维生素E注射液，间隔20天后再重复注射1次，注意最迟不能在25日龄之后开始注射。母羊要加强饲养管理，饲喂豆科牧草，尤其是在妊娠母羊的饲料中可添加一定量的含有硒和维生素E的预混料，且在妊娠后期即分娩前2~3个月注射5毫升0.1%亚硒酸钠维生素E注射液，经过4~6周再注射1次，可有效避免后代羔羊发病。在使用硒制剂的同时，还要注意补充适量的全价精饲料，确保各种粗饲料合理搭配，并补充多种维生素添加剂及多种微量元素、矿物质。此外，缺硒地区要通过多种形式来宣传普及有关于羔羊白肌病预防和治疗的知识，以便养羊户了解和掌握一定的羊补硒方法。

【治疗】　要将患病羔羊转移到温暖、宽敞、通风良好的羊舍内，并限制其活动。如果羔羊无法站立，则采取人工辅助哺乳，同时补喂一定量的按适当比例稀释的乳粉。及时补硒，病羊可每只肌内注射2毫升0.1%亚硒酸钠维生素E注射液，2~3天后再注射1次，同时在饲料中添加适量的亚硒酸钠，确保每千克日粮中含有0.1毫克以上的硒。为补充维生素E，可在精饲料或者饮水中添加适量的维生素E。一般来说，羔羊小于40日龄时每吨饲料宜添加12.5万国际单位，40~80日龄宜添加8万国际单位。维生素E主要是抑制体内形成过氧化氢，以避免敏感的膜脂质发生氧化而造成损伤。

三、羔羊低血糖症

羔羊低糖血症俗称为羔羊发抖症，是新生羔羊的常见多发病，多见于出生7日龄内的羔羊，尤以出生后3~5日龄的细毛羔羊发生最多。临床病羔羊表现以流涎、寒战、惊厥为主要特征。本病发病急、病程短，如果不及时急救，病羔羊很快昏迷死亡。

【病因】　病因有两个，一是母源性，妊娠母羊饲养管理不善，饲料中营养搭配不全，尤其是饲料中蛋白质、矿物质和维生素缺乏，从而导致母羊代谢紊乱、营养不良，胎儿不能从母体得到充足的营养，致使所产羔羊发育不良、体重小、体质差、生命力弱、抵抗疾病能力低下；同时由于母羊营养状况差，产后泌乳量减少甚至无乳，使哺乳期羔羊营养供应减少或没能吃到初乳，获取糖原不足而发生低血糖症，导致羔羊先天不足（图3-12）。二是分娩时间过长、难产等，使羔羊元气大伤，先天性虚弱，生活能力低下，适应外界环境的能力弱，若遇寒流侵袭，羔羊最易受寒而发生低血糖症（图3-13）。还有其他的因素如气温过低、护理不善等。

图 3-12　母羊营养状况差，导致
羔羊先天不足

图 3-13　母羊难产造成羔羊先天性虚弱，
易发生低血糖症

【临床症状】　发病初期，病羔羊全身发抖、拱背、盲目走动，步态僵硬（图 3-14，视频 3-1）；继而步态不稳，突然卧地不起，反应迟钝（图 3-15，视频 3-2）。常发生惊厥，四肢呈游泳状（视频 3-3），瞳孔散大，经 15~30 分钟自行终止，也可能维持较长时间而不能恢复。早期轻症者，体温降至 37℃ 左右，呼吸迫促，心跳加快；严重者身体发软，口腔、耳尖、鼻端和四肢下部发凉，排尿失禁，最后昏迷死亡。病程为 2~5 小时，也有拖至 24 小时死亡者。若不及时救治，死亡率达 100%。

🎬 视频 3-1

🎬 视频 3-2

图 3-14　病羔羊全身发抖、拱背，
步态僵硬

🎬 视频 3-3

图 3-15　病羔羊卧地不起，反应迟钝

【鉴别诊断】 根据天气寒冷、羔羊受冻和吃乳不足情况，结合病羔羊临床表现流涎、寒战、体温过低、阵发性惊厥等典型症状，可做出初步诊断。用 25%~50% 葡萄糖注射液 20 毫升，缓慢静脉注射或腹腔内注射，若病羔羊临床症状迅速缓解和消失，可做出确诊。或进行实验室诊断，新生羔羊血糖正常值为 50~70 毫克 /100 毫升，若病羔羊血糖低于 30 毫克 /100 毫升，即可做出确诊。

【防治】 加强护理，将病羔羊放到温暖的羊舍，注意保暖，用热毛巾摩擦羔羊全身。有条件的羊舍，可设置保温箱，箱内安装电灯泡和散热风扇。羔羊苏醒后，应立即用胃管投服 38~40℃ 的热乳，做到定时、定量、定温。为防止消化不良，可用胃蛋白酶 0.3 克、乳酶生 0.3 克、胰酶 0.3 克，混合后一次口服，每天 1 次。

轻度病羔羊补糖可用温 5% 葡萄糖注射液 30 毫升，一次灌服，每天 2 次；也可用葡萄糖粉 10~25 克，加温水 50~80 毫升，分 2 次灌服。对重症昏迷羔羊，可用 25%~50% 葡萄糖注射液 20 毫升，缓慢静脉注射，然后继续注射葡萄糖氯化钠注射液 20~30 毫升，以维持其血糖含量。

四、黄膘病

黄膘病又称为黄脂病或营养性脂膜炎，是指以脂肪组织呈现黄色为特征的一种色素沉积性疾病。育肥的肉羊有时出现少量脂肪和肌肉黄染，俗称黄羊，给养殖户造成一定的经济损失。

【病因】 黄膘病主要病变是脂肪组织明显发炎，"蜡样"色素沉积到脂肪细胞中。脂肪组织中的不饱和脂肪酸易被氧化成蜡样质，不溶于脂肪溶剂，在抗酸性染色中呈很深的复红色，这种抗酸色素才是脂肪组织变黄的根本原因。而维生素 E 这种抗氧化剂只能阻止或延缓不饱和脂肪酸的自身氧化作用，促使脂肪细胞把不饱和脂肪酸转变为贮存脂肪，当摄入过量的不饱和脂肪酸和维生素 E 缺乏两种情况同时存在时，机体中抗氧化剂不足，不饱和脂肪酸氧化增强，蜡样质在脂肪组织中沉积加快，脂肪组织发生炎症反应导致脂肪变黄成为黄膘肉。而黄疸病则是由于羊机体发生大量的溶血性疾病、某些中毒和传染病，导致胆汁排泄发生障碍，致使大量胆红素进入血液、组织液，将全身各组织染成为黄色的结果。另外，给羊投喂感染黄曲霉毒素的饲料，或饲料中含有色素含量高的原料或药物，在体内代谢不全也会引起黄染。

【临床症状与病理变化】 本病的临床症状不明显，大多数病羊食欲不振、精神沉郁、衰弱、被毛粗糙、增重缓慢、结膜色浅，有时发生跛行，眼有分泌物；黄膘病严重的羊血红蛋白水平降低，有低色素性贫血的倾向，个别突然死亡。剖检可见体脂、大网膜等呈柠檬黄色（图 3-16 和图 3-17），骨骼肌和心肌呈灰白色，横断面髓质呈浅绿色；淋巴结水肿，有出血点，胃肠黏膜充血。

【鉴别诊断】

1）黄膘肉。黄膘肉脂肪为棕色和黄色，将其悬挂 24 小时后，黄色变浅或消失；内脏正常，无变化、无异味，一般认为是饲料引起，可以使用。

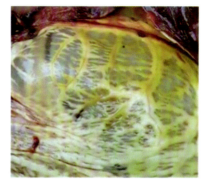

图 3-16　黄膘病病羊的体脂呈柠檬黄色　　　　图 3-17　黄膘病病羊的大网膜呈柠檬黄色

2）黄疸肉与黄膘肉不同。遇到黄染的肉，首先要看皮肤是否发黄（发生黄疸病的皮肤发黄），其次是查看关节滑液囊及肌腱，如果也是黄色则基本判定为黄疸肉。将有疑问的肉放置一边，几小时后再观察，若颜色变浅或消失则为黄膘肉。反之，黄色变深，必是黄疸肉。观察肝脏和胆管的病理变化，也可确定是否是黄疸肉，绝大多数（90% 以上）发生黄疸病的肝脏和胆管都有病变，如肝脏的囊肿、硬化、变性，胆管阻塞等。黄疸肉不但脂肪发黄，皮肤、黏膜、关节囊液、组织液、血管内膜、浆膜、肌腱等都显示黄疸病病变，内脏也显示病理变化，实质器官均呈现不同程度的黄色。尤其由肝片吸虫病引起的黄疸在皮肤、关节滑液囊、血管内膜和肌腱的黄染比较明显。

【防治】 做好饲料的合理搭配，增加饲料中维生素 E 的含量，并减少不饱和脂肪酸含量过高的高油脂成分，如油糠、米糠等，可用沸石粉来代替部分糠麸类原料；定期对原料的质量进行监测，脂肪含量高的原料要定期检查其氧化程度，避免使用氧化酸败的原料来生产饲料。另外，进行羊的品种优化，选育没有出现黄膘病的后代。尽量创造良好的饲养环境、定期驱虫，并适当配合一些保肝利胆方面的药物，如龙胆泻肝散，以及按时免疫接种和消毒等方面的工作，避免黄膘病发生。

五、维生素 A 缺乏症

维生素 A 缺乏症是由于维生素 A 或胡萝卜素供应不足，或消化道吸收障碍所引起的羊体内维生素 A 或胡萝卜素缺乏的一种营养代谢病。其病理变化主要以脑脊髓液压升高、上皮组织角质化、骨骼形成缺陷和胚胎发育障碍为主；临床上以夜盲、眼球干燥、鳞状皮肤、蹄甲缺损、繁殖机能丧失、瘫痪、惊厥、生长受阻、消瘦、体重下降等为特征。

【病因】 本病的发生是由于羊的饲料中缺乏胡萝卜素或维生素 A。饲料调制加工不当，使其中的脂肪酸腐败变质，加速饲料中维生素 A 类物质的氧化分解，导致维生素 A 缺乏。羊处于蛋白质缺乏的状态下，便不能合成足够的视黄醛，并结合蛋白质运送维生素 A。脂肪不足会影响维生素 A 类物质在肠中的溶解和吸收。因此，当蛋白质和脂肪不足时，即使在维生素 A 足够的情况下，也可发生功能性的维生素 A 缺乏症。

对维生素 A 的需要量增多，可引起维生素 A 相对缺乏，如妊娠和哺乳母羊及生长发育快速的羔羊，对维生素 A 的需要量增加。消耗增多，如患有慢性肠道疾病和肝脏疾病的羊，最易继发维生素 A 缺乏症。此外，饲养管理不良，羊舍污秽不洁、寒冷、潮湿、通风不良，过度拥挤，缺乏运动及阳光照射不足等因素，都可诱发本病。

【临床症状】 动物在发生维生素 A 缺乏症时，有相似的综合症状呈现，但由于不同的组织器官对维生素 A 缺乏的反应有异，所以表现出一些不同的症状变化。呈现出的共同临床症状如下：

（1）**夜盲** 病羊表现出的最早的临床症状之一就是夜盲。夜盲是一个重要的临床诊断指标。病羊在黎明、黄昏或月光等暗光下表现视力障碍，盲目前进，行动迟缓（图 3-18）或碰撞障碍物，看不清物体。

（2）**眼球干燥** 可见从眼中流出稀薄的浆液性或黏液性分泌物，随后出现角膜角质化、增厚、云雾状，晦暗不清（图 3-19），甚至出现溃疡和畏光。

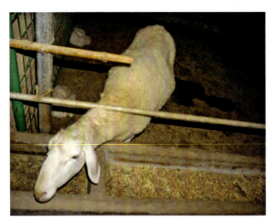

图 3-18 病羊在月光等暗光下表现视力障碍，行动迟缓

图 3-19 病羊角膜角质化、增厚、云雾状，晦暗不清

（3）**皮肤病变** 发生维生素 A 缺乏症时，随处可见皮肤上大量沉积的糠麸样皮垢（图 3-20），皮肤病变的另一表现是有大量干燥的纵向裂纹的鳞状蹄。被毛粗糙、干燥、蓬松、杂乱，也可观察到因维生素 A 缺乏所致的脂溢性皮炎，但脂溢性皮炎并不是维生素 A 缺乏症所特有的症状。

（4）**繁殖性能下降** 维生素 A 缺乏是繁殖性能降低的主要原因之一，公羊、母羊均可发生。公羊虽可保持性欲，但生精小管的生精上皮细胞变性退化，正常的有活力的精子生成量减少；小公羊睾丸明显小于正常范围。母羊受精、妊娠通常不受干扰，但胎盘退化导致流产、产死胎或弱仔、胎儿畸形，易发生胎衣滞留。

（5）**神经症状** 神经系统损伤所表现的临床症状包括：由于外周神经损伤而导致的骨骼肌麻痹或瘫痪、由于颅内压增加所致的惊厥或痉挛和由于视神经管受压所致的失明。这些症状在任何年龄段的羊中均可出现，但青年或生长期羊发生最普遍。

① 瘫痪。瘫痪是由于虚弱和共济失调所导致的步法异常引起的，往往是后肢首先发生，其次才是前肢发生。

② 惊厥或痉挛。脑病与脑脊髓液压升高有关，表现症状为惊厥或痉挛，在发生痉挛时，病羊或许死亡或许幸存，在下一次痉挛发作之前，会躺下安静几分钟，好似麻痹一样。

③ 失明。表现的临床症状是白天两眼失明，两个瞳孔扩大并固定不动，对光无反应，无恐惧感，但有眼睑、角膜反射；某些病羊出现眼球突出和过度流泪的症状（图 3-21）。如果病羊熟悉环境，采食和饮水也在固定的地方，则表现出的失明症状就不明显，容易被养殖户忽视。

图 3-20　病羊皮肤上大量沉积的糠麸样皮垢

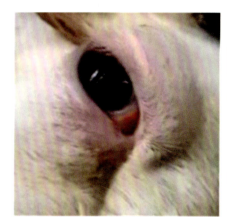

图 3-21　病羊眼球突出和过度流泪

（6）体重下降　在自然条件下，单一的维生素 A 缺乏是不可能导致病羊体重下降的，而由蛋白质和能量严重缺乏导致维生素 A 的相对缺乏时，病羊才表现瘦弱、体重下降。尽管严重的实验性维生素 A 缺乏表现出食欲不振、虚弱、生长受阻和瘦弱，但在自然暴发的病羊中，维生素 A 缺乏的明显临床症状常常是在体质较好的病羊中呈现的。实验表明，绵羊在维生素 A 严重缺乏和血浆维生素 A 水平非常低的情况下可维持其体重。

（7）抗病力下降　维生素 A 缺乏的程度常常决定着传染病的易感性，维生素 A 缺乏越严重，传染病的易感性越高。维生素 A 缺乏导致黏膜上皮的完整性受损、腺体萎缩，极易发生鼻炎、支气管炎、肺炎和胃肠炎等疾病。

【病理变化】大体剖解病羊很少观察到全身的病理变化，局部剖解可见颅骨顶部和椎骨变小，脑脊髓神经尤其是视神经受压、损伤。在自然暴发的羊维生素 A 缺乏症中，夜盲是原发性临床症状，视网膜的感光层萎缩是明显的组织学变化。腮腺的小叶间导管发生鳞片状组织变化，是羔羊维生素 A 缺乏的明显标志。但这种变化是暂时的，添加维生素 A 2~4 周后会消失。这种显微变化在大腮腺管的口腔端首先发生，非常明显。异常的上皮细胞分化的组织学变化在其他部位诸如气管、食道和瘤胃黏膜，以及包皮内层、胰腺管和尿道上皮细胞也可观察到。

【鉴别诊断】 通常根据饲养管理情况、病史和临床症状可做出初步诊断。当维生素 A 缺乏的特征性临床症状出现时，就应该怀疑是否是未提供青绿饲料或维生素 A 添加剂所致的维生素缺乏。视神经盘水肿和夜盲症的检查是早期诊断反刍动物维生素 A 缺乏最容易的方法。实验室确诊是依靠检测血浆和肝脏维生素 A 含量，肝脏含量检测是最可靠的方法。确诊须进行尸体剖解、组织学检查腮腺和化验肝脏维生素 A 水平，结合脊髓液压力检测、眼底检查、结膜涂片检查。

【预防】 加强饲料的管理，防止饲料发热、发霉和氧化，以保证维生素 A 不被破坏。冬季的饲料中要有青贮饲料或胡萝卜，秋季贮收的干草要绿；长期饲喂枯黄干草时应适当加入鱼肝油。

【治疗】 给病羔羊口服鱼肝油，每次 20~30 毫升；肌内注射维生素 A、维生素 D 注射液，每次 2~4 毫升，每天 1 次；在日粮中加入青绿饲料及鱼肝油，可迅速治愈。

六、维生素 B 族缺乏症

维生素 B 族是指多种水溶性的维生素，包括维生素 B_1、维生素 B_2、维生素 B_6、维生素 B_{12}、叶酸、泛酸、生物素及肌醇、胆碱等。维生素 B 族普遍存在于植物中，植物种子中的含量较丰富。但维生素 B 族易被破坏，经过煮沸或遇破坏性环境更易损失，而在干燥的情况下及在水中或微酸环境中保存得比较好。水溶性维生素在体内贮藏量不大，当体内贮藏饱和后，多余部分易从尿中排出。反刍动物的体内能够合成多种维生素 B，所以在一般饲养条件下，不易发生严重的维生素 B 缺乏症。几种主要维生素 B 缺乏症简单介绍如下：

1. 维生素 B_1 缺乏症

维生素 B_1 缺乏症是由于饲料中硫胺素不足或饲料中存在硫胺素的拮抗物质而引起的一种营养缺乏病，主要发生于羔羊。

【病因】 本病的发生主要是由于长期饲喂缺乏维生素 B_1 的饲料，羊体内硫胺素合成障碍或某些因素影响其吸收和利用。初生羔羊瘤胃还不具备合成维生素 B_1 的能力，仍需从母乳或饲料中摄取。日粮中含有抗维生素 B_1 物质，如羊采食羊齿类植物（蕨菜、问荆或木贼）过多，因其中含有大量硫胺酶，可使硫胺素受到破坏。长期大量应用抗生素等，可抑制体内细菌合成维生素 B_1。

【临床症状】 成年羊无明显症状，体温、呼吸正常，心跳缓慢，体重减轻，腹泻和排干粪球交替发生，粪球表面有一层黏液，常呈串珠状。病羔羊有明显的神经症状，主要表现为共济失调，步态不稳，有时转圈、无目的地乱撞，行走时摇摆，常发生强直性痉挛和惊厥（视频 3-4）。

视频 3-4

【病理变化】 剖检可见尸体消瘦、脱水，头向后仰（图 3-22）；肝脏出现土黄色条纹，胆囊肿大、充盈，胆汁浓稠（图 3-23）；胸腔中有大量浅绿色渗出液；肠黏膜脱落，肠壁薄，有出血现象；心肌松软，心冠有出血点（图 3-24），右心室扩张，心包积液；脑灰质软化，有出血点及坏死灶（图 3-25）。

图 3-22　尸体消瘦、脱水，头向后仰

图 3-23　肝脏出现土黄色条纹，胆囊肿大、充盈，胆汁浓稠

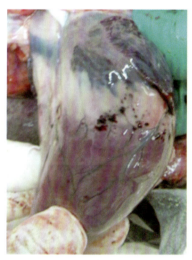

图 3-24　心肌松软，心冠有出血点

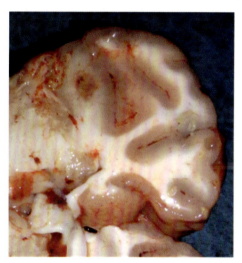

图 3-25　脑灰质软化，有出血点及坏死灶

【鉴别诊断】　取肝脏、脾脏、组织及血液涂片镜检，未发现可疑致病菌。根据发病情况、临床症状及剖检变化，初步诊断为绵羊维生素 B_1 缺乏症。给予足够量的维生素 B_1 后，见到明显的疗效，有助于诊断的建立。测定血液中硫胺素的浓度有助于确诊。

【预防】　预防本病的主要措施是：加强饲料管理，提供富含维生素 B_1 的全价日粮；控制抗生素等药物的用量及时间；防止饲料中含有分解维生素 B_1 的酶，根据机体的需要及时补充维生素 B_1。

【治疗】　一般采用盐酸硫胺素注射液，按每千克体重 0.25~0.5 毫克的剂量皮下或肌内注射；因维生素 B_1 代谢较快，应每 3 小时注射 1 次，连用 3~4 天。也可以口服维生素 B_1。

2. 维生素 B_2 缺乏症

维生素 B_2 缺乏症是指由于羊体内核黄素缺乏或不足所引起的黄素酶形成减少、生物氧化机能障碍，以生长缓慢、皮炎、胃肠道及眼损伤为主要临床特征的一种营养代谢病，又称核黄素缺乏症。

【病因】 由于植物性饲料和动物性蛋白质中富含维生素 B_2，且羊消化道内的微生物都能合成核黄素，因此，一般不会发生维生素 B_2 缺乏症。但是，如果长期饲喂维生素 B_2 缺乏的日粮（如禾谷类饲料）；饲料发生霉变，或经热、碱、重金属、紫外线的作用；长期大量使用广谱抗生素；羊患有胃肠疾病；饲喂高脂肪、低蛋白质饲料；存在某些遗传因素；在生长发育、妊娠、泌乳、高产育肥期，环境温度或高或低等特定条件下，则易导致大量维生素 B_2 被破坏，或吸收、转化、利用发生障碍，或需要量增加。

【临床症状】 缺乏时羊表现生长缓慢、食欲不振、易于疲劳、皮炎、脱毛、腹泻、贫血、眼炎、蹄壳易于龟裂变形。

【鉴别诊断】 根据饲养管理情况、发病经过、临床症状可做出初步诊断。测定血液和尿液中维生素 B_2 含量有助于确诊。如果全血中维生素 B_2 含量低于 0.0399 微摩尔 / 升，红细胞内维生素 B_2 含量下降等有助于确诊。

【预防】 应控制抗生素的剂量和使用时间；不宜将饲料过度蒸煮，以免破坏维生素 B_2；饲料中应配以维生素 B_2 含量较高的蔬菜、酵母粉、鱼粉、肉粉等，必要时可补充复合维生素 B 制剂。

【治疗】 调整日粮配方，增加富含维生素 B_2 的饲料，或补给复合维生素 B 制剂。发病后，可将维生素 B_2 混于饲料中，维生素 B_2 注射液的用量为 0.1~0.2 毫克 / 千克体重，皮下或肌内注射，7~10 天为 1 个疗程。复合维生素 B 制剂，每只羊为 2~6 毫升，每天 1 次，口服，连用 1~2 周。

3. 维生素 B_3 缺乏症

维生素 B_3 缺乏症是由于羊体内泛酸缺乏或不足所致的辅酶 A 合成减少，糖、脂肪、蛋白质代谢障碍，以生长缓慢、皮炎、神经症状、消化功能障碍、被毛发育不全和脱落为主要临床特征的一种营养代谢病，又称泛酸缺乏症。

【病因】 泛酸又称为维生素 B_3，广泛存在于动物性和植物性饲料中，但玉米和蚕豆中含量较少，在羊的胃肠道中可以合成。如果给羊长期饲喂泛酸含量低的饲料如玉米 - 豆粕型日粮，或在过热、过酸或过碱的条件下加工饲料则会发生泛酸缺乏。

【临床症状】 缺乏时羊表现脱毛、皮炎、腹泻、肾上腺皮质变性和因神经变性而出现的运动障碍。

【病理变化】 口腔内有脓样物质，肝脏肿大，脾脏轻微萎缩，肾脏稍肿。沿脊髓向下至荐部各节段脊髓神经和髓磷脂纤维呈髓磷脂变性。

【鉴别诊断】 根据病史、日粮分析、临床症状，以及病理变化即可做出诊断。

【预防】 可在饲料中添加适量的泛酸进行预防，以保证日粮中含足够的泛酸。

【治疗】 添加富含泛酸的饲料，如酵母、魏皮、米糠、青绿饲料及动物肝脏等。

发病轻者，在饲料中添加 10~20 毫克 / 千克体重泛酸钙，即可康复。病情严重者，肌内注射泛酸钙的同时再补给维生素 B_3，效果更好。

4. 维生素 B_6 缺乏症

维生素 B_6 缺乏症是指由于羊体内吡哆醇、吡哆醛或吡哆胺缺乏或不足所引起的转氨酶和脱氢酶合成受阻、蛋白质代谢障碍，幼龄羊多发，但单纯性维生素 B_6 缺乏症很少发生。

【病因】 在各种动物性和植物性饲料中广泛存在吡哆醇、吡哆醛和吡哆胺，一般情况下，羊胃肠道的微生物可合成维生素 B_6，所以羊一般不会发生维生素 B_6 缺乏症。但是，当饲料中维生素 B_6 被破坏，如加工、精炼、蒸煮或低温贮藏、碱性或中性溶液、紫外线照射等均能破坏维生素 B_6；或饲料中含有维生素 B_6 拮抗剂影响维生素 B_6 的吸收和利用；或对维生素 B_6 的需要量增加，如日粮中蛋白质水平升高、氨基酸不平衡、高产、生长、应激等因素，均能导致维生素 B_6 缺乏症的发生。

【临床症状】 缺乏时羊表现生长不良、皮炎、癫痫样抽搐、贫血、骨短粗病等。

【鉴别诊断】 根据病史、临床症状，结合测定血浆中吡哆醛、磷酸吡哆醛、总维生素 B_6 或尿液中 4-吡哆酸含量可以做出初步诊断，必要时可以进行色氨酸负荷试验、蛋氨酸负荷试验和红细胞转氨酶活性测定。

【防治】 病情轻微者，应调整饲料中的蛋白质含量，在日粮中添加糠麸、酵母等含丰富维生素 B_6 的饲料，或口服或在饲料中添加维生素 B_6。病情严重者，则需肌内注射维生素 B_6。急性病羊，可以肌内或皮下注射维生素 B_6 或复合维生素 B 注射液；慢性病羊，可以在日粮中补充维生素 B_6 单体或复合维生素 B 添加剂。在各种动物性饲料中适量添加吡哆醇。

5. 维生素 B_{12} 缺乏症

维生素 B_{12} 缺乏症是指由于羊体内维生素 B_{12} 缺乏或不足所引起的核酸合成受阻、物质代谢紊乱、造血机能及繁殖机能障碍，以巨幼红细胞性贫血为主要临床特征的一种营养代谢性疾病。本病多为地区性流行，钴缺乏地区多发。

【病因】 动物性蛋白质饲料中维生素 B_{12} 含量丰富，而植物性饲料中几乎不含有维生素 B_{12}。如果长期饲喂维生素 B_{12} 含量较低的植物性饲料，或钴、蛋氨酸缺乏或不足的饲料；或羊患有胃肠道、肝脏疾病；或长期使用广谱抗生素导致胃肠道微生物区系受到抑制或破坏；或因品种、年龄、饲料中过量的蛋白质等导致机体对维生素 B_{12} 的需要量增加，均可导致维生素 B_{12} 的缺乏。

【临床症状】 缺乏时，引起羊机体组织代谢紊乱，表现恶性贫血、虚弱、皮炎、生长发育迟缓、食欲减退、虚弱等全身症状。

【鉴别诊断】 根据病史、饲养管理状况、临床症状可以做出初步诊断，确诊需检测血液和肝脏中钴、维生素 B_{12} 含量和尿液中甲基丙二酸浓度，血液检查出现巨幼红细胞性贫血。本病应与钴、泛酸、叶酸缺乏相区别。

【预防】 应保证日粮中含有足量的维生素 B_{12} 和微量元素钴，对缺钴地区的牧地，应适当施用钴肥。

【治疗】 供给富含维生素 B_{12} 的饲料，如全乳、鱼粉、肉屑、肝粉和酵母等，同时喂给氯化钴。治疗患病羊可用维生素 B_{12} 注射液，每只 0.3~0.4 毫克，每天或隔天肌内注射 1 次，也可使用氰钴胺或羟钴胺。维生素 B_{12} 严重缺乏者，除补充维生素以外，还可应用葡萄糖铁钴注射液、叶酸和维生素 C 等制剂。

6. 叶酸缺乏症

叶酸缺乏症是指由于羊体内叶酸缺乏或不足引起的核酸和核蛋白代谢障碍，又称为维生素 B_{11} 缺乏症，幼龄羊多发。

【病因】 叶酸属于抗贫血因子，因其广泛存在于植物绿叶中而得名。除此之外，叶酸还存在于豆类及动物产品中。如果长期饲喂绿叶植物含量低的饲料或以叶酸含量较低的谷物性饲料为主；长期饲喂低蛋白质饲料（蛋氨酸、赖氨酸缺乏）或过度煮熟的饲料；长期使用磺胺类药物或广谱抗生素；长期患有消化道疾病；处于生长、妊娠、哺乳和高产育肥期，机体对叶酸的需要量增加；维生素 B_6 的需要量增加等，均可引起羊发生叶酸缺乏症。

【临床症状】 以生长缓慢、皮肤病变、巨幼红细胞性贫血、繁殖功能降低为主要临床特征。

【鉴别诊断】 根据病史、饲养管理状况、血液学检查（巨幼红细胞贫血、白细胞减少）结合治疗性试验进行诊断。

【预防】 在饲料中应搭配一定量的黄豆饼、啤酒酵母、亚麻仁饼或肝粉，防止单一用玉米作为饲料。

【治疗】 增加富含叶酸的饲料，如酵母、青绿饲料、豆谷、苜蓿。病轻者，可在饲料中添加 5 毫克 / 千克体重叶酸。病重者，可用纯叶酸制剂。

7. 胆碱缺乏症

胆碱缺乏症是指由于羊体内胆碱缺乏或不足所引起的脂肪代谢障碍。

【病因】 胆碱，又称为抗脂肪肝因子，广泛存在于自然界，动物性饲料（鱼粉、肉粉、骨粉等）、青绿植物及饼粕是良好来源。但是，如果饲料中胆碱不足或合成胆碱所必需的蛋氨酸、丝氨酸缺乏；饲料中烟酸含量过多，微量元素锰缺乏；饲料中叶酸、维生素 B_{12}、维生素 C 缺乏；饲料中维生素 B_1 和胱氨酸含量过多；幼龄羊合成胆碱的速度不能满足机体的需要；长期应用抗生素和磺胺类药物抑制胆碱在体内的合成等，均可导致胆碱缺乏。

【临床症状】 以脂肪肝或脂肪肝综合征、生长缓慢、消化不良、运动障碍、腿骨短粗等为主要临床特征。

【鉴别诊断】 根据病史、临床症状、剖检变化（脂肪肝、胫骨、跖骨发育不全等）及饲料中胆碱的测定等可进行诊断。应注意与营养性肝营养不良和锰缺乏进行区别。

【防治】 供给胆碱丰富的全价日粮，并供给充足的蛋氨酸、丝氨酸、维生素 B_{12} 等。通常应用氯化胆碱拌料混饲，一般每吨饲料添加 1~1.5 千克。针对病因采取有力措施可以预防本病的发生。

第二节 羊中毒病

一、硝酸盐和亚硝酸盐中毒

硝酸盐和亚硝酸盐中毒是羊摄入过量含有硝酸盐或亚硝酸盐的植物或水，引起的高铁血红蛋白血症。临床特征是呼吸困难，黏膜发绀，肌肉震颤，痉挛。

【病因】 硝酸盐还原菌可迅速将植物性饲料中的硝酸盐还原为亚硝酸盐。因此，亚硝酸盐的产生，主要取决于饲料中硝酸盐的含量和硝酸盐还原菌的活力。各种鲜嫩青草、作物秧苗，以及叶菜类等均富含硝酸盐。在重施氮肥或农药的情况下，如果大量施用硝酸铵、硝酸钠、除草剂、植物生长调节剂，可使植物叶中的硝酸盐含量增加。硝酸盐还原菌广泛分布于自然界，在环境温度为20~40℃、相对湿度为80%以上时活力最强。青绿多汁饲料经日晒雨淋或堆垛存放而腐烂发热，以及用温水浸泡、文火焖煮，但未及时搅拌，均可使硝酸盐还原菌活跃，产生大量亚硝酸盐而导致羊中毒。羊的瘤胃微生物也可将硝酸盐转变成亚硝酸盐，引起亚硝酸盐中毒。

【临床症状】 一次摄入大量的硝酸盐，可直接刺激消化道黏膜引起急性胃肠炎，病羊表现为流涎（图3-26）、呕吐、腹泻及腹痛。亚硝酸盐中毒多为急性，中毒的严重程度、死亡率与饲料中的硝酸盐或亚硝酸盐的含量及采食量的多少有关。

羊一般在采食后5~6小时发病，有的甚至延迟1周左右。病羊流涎，躺卧不起，瘤胃臌胀（图3-27），腹泻，呕吐，呼吸困难，肌肉震颤，步态蹒跚，严重者全身痉挛。羊慢性中毒表现为流产，分娩无力，虚弱，受胎率低，腹泻，抗病力降低，维生素A缺乏，甲状腺肿大，前胃弛缓，乳羊泌乳量减少。

图3-26 硝酸盐中毒羊流涎

图3-27 亚硝酸盐中毒羊躺卧不起、瘤胃臌胀

【病理变化】 齿龈及口腔黏膜严重发绀（图3-28），腹部膨胀。血液呈酱油色、凝固不良（图3-29），在空气中长时间暴露也难转变成红色。肺部充血、出血、水肿，

气管和支气管内充满白色泡沫（图 3-30）。肾脏瘀血。胃肠明显臌胀，内容物有硝酸样气味，皱胃壁血管暴凸呈褐色（图 3-31），胃肠黏膜充血、出血，胃黏膜易脱落（图 3-32，视频 3-5）；心外膜、心肌呈点状出血（图 3-33）。病羊以瓣胃黏膜脱落最明显，胃肠黏膜下组织呈浅红色或暗红色，小肠黏膜有出血性炎症。

视频 3-5

图 3-28　亚硝酸盐中毒羊齿龈及
口腔黏膜严重发绀

图 3-29　血液呈酱油色、凝固不良

图 3-30　气管和支气管内充满白色泡沫

图 3-31　亚硝酸盐中毒羊剖检可见
皱胃壁血管暴凸呈褐色

图 3-32 瘤胃黏膜充血、出血，
胃黏膜易脱落

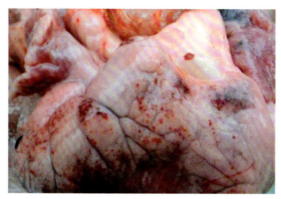

图 3-33 心外膜、心肌呈点状出血

【鉴别诊断】 根据病史、临床症状，结合亚硝酸盐检测，即可诊断。诊断依据：①采食硝酸盐、亚硝酸盐含量高的饲草或饮水。②表现为黏膜发绀、呼吸困难、痉挛等临床症状。③血液高铁血红蛋白含量升高。④病理剖检可见血液呈酱油色，消化道黏膜充血、出血，黏膜脱落，肺部充血、出血、水肿。⑤本病应与氢氰酸中毒、肺气肿、过敏反应和蓝藻类中毒等进行鉴别。

【预防】 应避免羊在硝酸盐含量超过 1.0%（干物质）的草场上放牧。切实注意青饲料的采收、运输与堆放，无论生、熟青饲料，均摊开敞放。对可疑饲料和饮水，应经检验无毒后再饲喂。接近采收的青饲料，不能再施用硝酸盐或 2,4-D 等化肥农药，以避免使硝酸盐或亚硝酸盐的含量升高。羊在硝酸盐含量较高的草地放牧，可采取逐步增加的方式使其适应，饲料中应有充足的碳水化合物。

【治疗】 特效解毒药为亚甲蓝和甲苯胺蓝。亚甲蓝剂量为 1~2 毫克 / 千克体重，配成 1% 溶液，静脉注射；甲苯胺蓝剂量为 5 毫克 / 千克体重，配成 5% 溶液，静脉注射或肌内注射，必要时 2 小时后可重复用药。同时配合使用维生素 C 和高渗葡萄糖注射液，疗效更好。

亚甲蓝是一种氧化还原剂，小剂量具有还原作用，进入体内后，在还原型辅酶 I 的作用下转变为白色亚甲蓝（还原型亚甲蓝），后者迅速将高铁血红蛋白还原成氧合血红蛋白，其本身又被还原为亚甲蓝。但在高浓度、大剂量时，还原型辅酶 I 不足以使之变为白色亚甲蓝，于是过多的亚甲蓝发生氧化作用，使氧合血红蛋白变为高铁血红蛋白，从而加剧高铁血红蛋白血症。所以在用药抢救时，应特别注意用量。

在使用解毒剂的同时，可用 0.1% 高锰酸钾溶液洗胃或灌服，对重症的病羊应及时输液、强心，以提高疗效。

二、氢氰酸中毒

氢氰酸中毒是羊采食大量含氰苷的植物或青饲料，经胃内酶的水解和胃液盐酸的作用，产生氢氰酸所致的中毒性疾病。临床特征是呼吸困难，黏膜鲜红，流涎，肌肉震颤，惊厥。

【病因】　主要是羊采食富含氰苷的植物或饲料所致，如常见的高粱属植物（高粱）、亚麻（亚麻叶、亚麻籽和亚麻籽饼）、木薯、豆类、蔷薇科植物（桃、李、梅、杏、枇杷和樱桃等）、牧草（白车轴草）、芸薹属植物等。

【临床症状】　急性中毒发病迅速，大多数在采食后 10~15 分钟即可发病。初期表现烦躁不安、呼吸急促、呻吟、肌肉震颤、腹痛、呕吐，伴发瘤胃臌气。随后呼吸极度困难，心率加快，流涎，流泪，站立不稳，张口伸颈，结膜鲜红（图 3-34），口流白色泡沫状唾液（图 3-35，视频 3-6），呼出气体有苦杏仁味。后期精神沉郁，行走摇摆，全身极度衰弱无力，倒地不起，体温下降，后肢麻痹，肌肉痉挛，甚至全身抽搐，瞳孔散大，反射机能减弱或消失，心动徐缓，呼吸浅表，脉搏弱，终因心力衰竭和呼吸麻痹而死亡。急性型病程，一般不超过 2 小时，最快者 3~5 分钟死亡。

视频 3-6

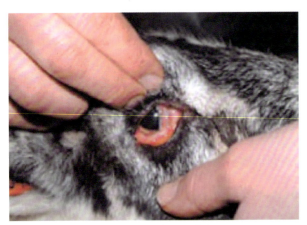

图 3-34　氢氰酸中毒羊结膜鲜红

图 3-35　氢氰酸中毒羊张口伸颈，
口流白色泡沫状唾液

【病理变化】　剖检可见血液呈鲜红色、凝固不良（图 3-36），胸腔和心包腔内有浆液性渗出物，心外膜及各组织器官的浆膜和黏膜有斑点状出血（图 3-37 和图 3-38），实质性器官变性。口、鼻流出泡沫状的液体（图 3-39），气管和支气管内充满大量浅红色泡沫状液体（图 3-40），支气管黏膜和肺部充血、出血（图 3-41）。切开瘤胃可闻到苦杏仁味，胃内容物呈碱性，皱胃和小肠有出血点。

图 3-36　血液呈鲜红色、凝固不良

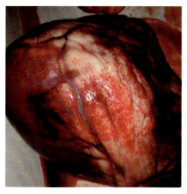

图 3-37 心外膜有斑点状出血

图 3-38 瘤胃的浆膜有斑点状出血

图 3-39 口、鼻流出泡沫状的液体

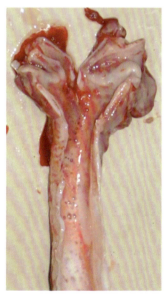

图 3-40 气管内充满大量
浅红色泡沫状液体

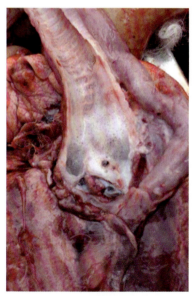

图 3-41 支气管黏膜和肺部
充血、出血

【鉴别诊断】 根据病史、临床症状，结合饲料和体内氢氰酸含量分析，即可诊断。诊断依据：①采食含氰苷的植物。②表现为呼吸困难、黏膜鲜红、流涎、肌肉震颤、惊厥等临床症状。③氢氰酸含量，植物中大于 220 毫克 / 千克、瘤胃内容物超过 10.0 毫克 / 千克。④剖检可见血液呈鲜红色、凝固不良，气管、支气管充满大量泡沫状液体，瘤胃内容物有苦杏仁味，实质性器官出血、变性。⑤本病应与亚硝酸盐中毒、一氧化碳中毒、尿素中毒、急性肺水肿等进行鉴别。

【预防】 尽量限用或不用氰苷含量高的植物饲喂羊。严禁在生长含氰苷植物的地方放牧。以亚麻籽饼作为饲料时，应经去毒处理（高温、盐酸处理）后再饲喂羊。

【治疗】 尽早应用特效解毒药 5% 亚硝酸钠溶液，剂量为每千克体重 10 毫克，静脉注射；随后再静脉注射 20% 硫代硫酸钠溶液，剂量为每千克体重 500 毫克。还可口服硫代硫酸钠，以解除残留在瘤胃中的氢氰酸。输氧有助于治疗。

三、疯草中毒

疯草中毒是指动物采食豆科棘豆属和黄芪属有毒植物后，引起神经功能和运动功能障碍的中毒性疾病。临床特征是反应迟钝，头部水平震颤，步态蹒跚，后肢麻痹。发病动物主要是山羊、绵羊和马，牛少见。

【病因】 疯草不是植物分类上的名词术语。毒理学家发现，棘豆属和黄芪属植物对动物有着几乎相同的毒害作用，动物采食后可引起以神经功能紊乱为主的慢性中毒，便将这类有毒植物统称为疯草。疯草是世界范围内危害草原畜牧业最为严重的毒草，已明确的有毒植物超过 2000 余种。在国外，疯草主要分布于美国、加拿大、墨西哥、俄罗斯、西班牙、冰岛、摩洛哥和埃及等国家，其中以美国西部天然草原受害最为严重。我国的疯草主要分布于西藏、新疆、青海、甘肃、内蒙古、四川、宁夏、陕西及山西等草原牧区。据统计我国疯草分布面积达 1100 万公顷，约占全国草原总面积的 2.8%，受害严重的牧区疯草覆盖率超过 60%。我国已确定的疯草类有毒植物有 40 多种，构成严重危害的有 12 种，主要是棘豆属的黄花棘豆（图 3-42）、甘肃棘豆（图 3-43）、小花棘豆、冰川棘豆、毛瓣棘豆、急弯棘豆、镰荚棘豆、宽苞棘豆和硬毛棘豆，黄芪属的茎直黄芪（图 3-44）、变异黄芪和哈密黄芪。每年包括羊在内的牲畜因疯草中毒死亡给我国西部草地畜牧业造成直接经济损失高达几十亿元以上。疯草成为长期以来困扰草地畜牧业发展的主要毒草，被称为我国天然草地主要毒害草之首。

图 3-42　黄花棘豆的植株与花序

图 3-43　甘肃棘豆

本病多因在生长棘豆属或黄芪属有毒植物的草地上放牧所致。在适度放牧的草地上因其他牧草丰盛，本地羊并不会主动采食疯草。但在过度放牧的情况下，草场退化、沙化，疯草群落的密度逐年增加，草场质量急剧下降，放牧羊因饥饿而被迫采食疯草，一旦采食便可成瘾，导致中毒发生。干旱年份，其他牧草特别是根系较浅的牧草，大多生长不良或枯死，而疯草根系发达，耐寒抗旱，生长相对旺盛，易被羊采食而导致发病。由外地引进的品种，对疯草缺乏识别能力，容易误食而发病。

图 3-44　西藏地区密生的茎直黄芪

本病一般在 11 月开始发病，第二年 2~3 月达到高峰，死亡率上升，5~6 月逐渐减少。采食疯草数量与发病程度有关，大量采食疯草的羊可在 10 余天内发生中毒；少量连续采食的羊，需要 1 个月到数月才能表现临床症状。

【临床症状】 羊疯草中毒初期精神沉郁，拱背呆立，站立时后肢弯曲外展（图 3-45），目光呆滞，放牧时落群，走路时头向上仰（图 3-46），喝水时头部颤动，食欲减退。由于后肢不灵活，行走时弯曲外展，步态蹒跚，驱赶时后躯常向一侧歪斜（图 3-47），往往欲快不能而倒地；严重病羊卧地，起立困难（图 3-48），在出现运动失调之前，头部即出现水平震颤或

图 3-45　中毒羊站立时后肢弯曲外展

摇动。最后卧地不起，不能采食和饮水，常因极度消瘦衰竭而死亡。绵羊中毒症状出现较晚，不如山羊明显，但在应激状态下，如用手提耳便立即出现摇头、突然倒地（图 3-49）等典型中毒症状。妊娠母羊易发生流产，产弱胎、死胎（图 3-50）或畸形胎儿。公羊性欲降低或无交配能力，失去种用价值。

图 3-46　走路时头向上仰

图 3-47　驱赶时后躯常向一侧歪斜

图 3-48　严重病羊卧地，起立困难

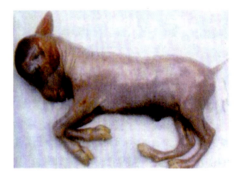

图 3-49　手提疯草中毒绵羊耳朵时突然倒地　　　图 3-50　妊娠母羊产出的死胎

【病理变化】　剖检无典型的眼观病变。一般中毒羊消瘦，血液稀薄，皮下脂肪匮乏，口腔及咽部溃疡，心脏扩张，心肌柔软，心内膜有出血点和出血斑（图 3-51），腹腔内有大量清亮的液体，肝脏呈土黄色，肾脏轻度水肿，脑膜充血。皮下结缔组织呈胶冻样浸润，甲状腺肿大。流产胎儿全身皮下水肿出血，尤以头部最明显；胎儿心脏肥大，右心室扩张，骨骼脆弱，腹腔积水；母体胎盘明显减小，子叶周围血液淤积，子宫血管供血不良。

镜检主要以组织细胞空泡变性，特别是神经细胞广泛空泡变性为特征。大脑软脑膜和小脑软脑膜轻度充血，神经细胞肿胀，虎斑小体溶解；小脑浦肯野细胞空泡变性（图 3-52），大脑胶质细胞出现大小不等的空泡（图 3-53）。神经胶质细胞增生，有"卫星化"或"噬神经"现象。脑毛细血管扩张充血，内皮细胞肿胀。脊髓运动神经细胞核大部分变性，有的细胞核溶解、消失。肝细胞肿胀，胞质出现空泡，有些肝细胞破裂，细胞核溶解或消失，间质结缔组织增生。肾小球肿大、充血，肾小管上皮细胞颗粒变性，有的上皮细胞空泡变性（图 3-54）。心脏纤维横纹消失，混浊肿胀，肌纤维细胞质有空泡变化。母羊胎盘形成延迟，胎盘胞质出现空泡，卵巢黄体细胞极度空泡化；公羊精囊、附睾和输精管数目显著减少，精原细胞和初级精母细胞空泡化，次级精母细胞和精细胞数减少，附睾的伪复层上皮肥大并有空泡，精囊分泌上皮因空泡变性而扩张。

图 3-51　心肌柔软，心内膜有出血点和出血斑

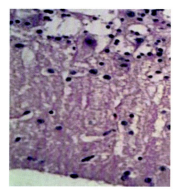

图 3-52　疯草中毒羊小脑浦肯野细胞空泡变性（HE×400）

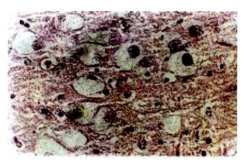

图 3-53　疯草中毒羊大脑胶质细胞空泡变性（HE×400）

图 3-54　疯草中毒羊肾小管上皮细胞空泡变性（HE×400）

【鉴别诊断】　根据病史、临床症状，结合血清 α- 甘露糖苷酶活性、病理学检查，即可诊断。诊断依据：①在生长疯草的草地放牧，或有饲喂疯草的病史。②临床表现为反应迟钝，头部水平震颤，步态蹒跚，后肢麻痹等症状；症状不明显时，可通过提耳反应出现摇头、突然倒地进行诊断。③血清 α- 甘露糖苷酶活性降低，尿液低聚糖含量增加，外周血液淋巴细胞胞质空泡化。④病理组织学检查，组织细胞空泡变性，特别是以神经细胞广泛空泡变性为特征。⑤有条件的可测定血清苦马豆素含量。⑥必要时可测定疯草中苦马豆素的含量，并进行羊试验。

【预防】　本病的关键在于预防。疯草在我国西部退化草地上的生长面积大、分布广，完全禁止在疯草生长的草场放牧不现实。只有通过加强草地牧场管理，本着利用和防除相结合的原则，才能有效预防羊及其他动物疯草中毒的发生。

1）建立围栏，合理轮牧。在生长疯草的草场上放牧 10 天，然后立即转移到无疯草的草场上放牧 10~12 天或更长时间，以利于毒素排泄和机体恢复。在疯草密度较高的草场上，也可实行高强度放牧，迫使羊采食疯草 10 天，然后再转移到安全草场放牧 15~20 天。这样放牧可使部分疯草被采食、踩踏，疯草逐渐减少，也不致引起中毒。

2）生态系统控制工程。利用现代毒理学和生态毒理学的原理，不将疯草看作是毒草，而是将其作为天然草原的组成部分加以合理利用。具体方法是将草场分为疯草高密度区（覆盖度大于 40%）、疯草低密度区（覆盖度为 20%~40%）和基本无疯草区（覆盖度小于 20%）。先在疯草高密度区放牧 10 天或在疯草低密度区放牧 15 天，在即将出现中毒症状时，转入基本无疯草区放牧 20 天，排出体内毒素，使羊恢复，如此循环，可有效地预防疯草中毒的发生。

3）脱毒利用。疯草虽然对羊有毒，但作为豆科植物营养丰富，粗蛋白质含量在 15% 左右，是一种可利用的潜在牧草资源。可在疯草生长茂盛的地区，选择盛花期收割，晒干后用清水或稀释的酸性溶液浸泡脱毒，或直接进行青贮脱毒利用。

4）药物预防。可用预防药物"棘防 E 号"散剂和缓释丸。散剂随精饲料添加，也可在饮水时将药物溶入水中让羊饮用。可在羊采食疯草季节前，将缓释丸投入胃内，使其在胃内缓慢释放，持续消除进入消化道的毒素。

5）防控技术。有人工挖除和化学灭除两种方法，其缺点是大面积防控致使草地退化，生态环境遭到严重破坏。①人工挖除：对于疯草分布面积不大，且密度较小的草地，在种子成熟之前进行人工挖除或拔除，补播优良牧草，既能灭除疯草，又能增加牧草产量。②化学防控：适用于重度危害和特大危害，且疯草分布面积大、密度较高的草地，常用的除草剂种类有"灭棘豆"、2,4-D 丁酯、使它隆、迈士通等。

【治疗】 目前尚无特效疗法。对轻度中毒病羊，只要及时转移到无疯草的安全牧场放牧，适当补给精饲料，供给充足饮水促进毒素排泄，一般可自行康复。严重中毒的病羊无恢复希望，应及时淘汰。

四、瘤胃酸中毒

瘤胃酸中毒是羊过量采食富含碳水化合物的饲料，饲料在瘤胃内发酵产生大量乳酸而引起的代谢性酸中毒，又称为乳酸中毒等。本病的临床特征是精神沉郁，瘤胃膨胀、内容物稀软，腹泻，严重脱水，共济失调，虚弱，卧地不起，乳酸血症。

【病因】 发生本病的主要原因是羊突然大量采食富含碳水化合物的饲料，如谷物饲料（玉米、大麦、燕麦、高粱、豆和稻谷等）、块根饲料（马铃薯、饲用甜菜）、酿造副产品（酒渣、豆腐渣和淀粉渣等）、面食品（生面团、面包屑等）、水果类（苹果、葡萄和梨等）、糖类及酸类化合物（淀粉、乳糖、果糖和乳酸等）。饲养管理不当是羊采食过量碳水化合物饲料的条件，如为了提高生产性能，突然增加精饲料，羊缺乏适应期；饲料加工调制不当，如谷物类饲料粉碎过细、青贮饲料酸度过大、玉米粒突然换成玉米压片（图 3-55）等；羊饥饿后自由采食；缺乏饲喂制度和饲喂标准，精饲料的饲喂量过于随意；霉败的粮食（如小麦、玉米和豆类等），人不能食用而大量饲喂羊。羊营养不良、处于应激状态（如围产期）等，也可诱发本病。

图 3-55　玉米粒（左图）与玉米压片（右图）

【临床症状】　本病通常呈急性经过，发病程度与饲料种类、性质、采食量有关。采食量越大，临床症状越严重。羊以急性型为主。

（1）急性型　病羊在大量采食碳水化合物饲料后 4~8 小时发病，精神高度沉郁，食欲废绝，反刍停止，腹痛，腹部膨胀，触诊瘤胃内容物柔软，后期瘤胃积液，瘤胃蠕动音消失。呼吸急促，心跳加快，脉搏细弱。严重脱水，眼球下陷，皮肤弹性降低，眼窝塌陷，结膜潮红、发绀（图 3-56），血液浓稠，尿量减少或无尿。肷窝凹陷、剧烈腹泻（图 3-57）。粪便稀软或呈水样（图 3-58），有酸臭味，粪便中混有未消化的饲料，有的病羊排便停止。有的病羊表现为兴奋不安，狂奔或转圈运动，视觉障碍。严重者极度虚弱，双目失明，瞳孔散大，卧地不起，角弓反张（图 3-59，视频 3-7），昏睡或昏迷，眼睑闭合、口角流涎（图 3-60 和图 3-61），终因休克和循环衰竭而死亡。

视频 3-7

图 3-56　瘤胃酸中毒羊眼窝塌陷、结膜潮红、发绀　图 3-57　瘤胃酸中毒羊肷窝凹陷、剧烈腹泻

（2）亚急性型　表现为食欲不振，体重下降，瘤胃运动减弱，产奶量降低，腹泻，蹄叶炎，全身症状轻微。

图 3-58　瘤胃酸中毒羊排出水样粪便

图 3-59　瘤胃酸中毒羊
卧地不起，角弓反张

图 3-60　瘤胃酸中毒羊口角流涎

图 3-61　瘤胃酸中毒羊眼睑闭合、口角流涎

【病理变化】剖检可见血液浓稠呈暗红色。瘤胃浆膜大面积瘀血、出血（图 3-62），瘤胃、瓣胃和皱胃的黏膜水肿、出血和坏死脱落（图 3-63 和图 3-64）；瘤胃和网胃内容

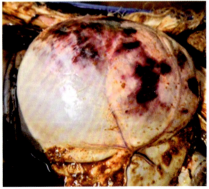

图 3-62　瘤胃浆膜大面积瘀血、出血

物充盈，混有大量尚未消化的玉米、大麦和高粱等饲料颗粒（图 3-65），有的稀薄如粥样（图 3-66），酸味扑鼻。十二指肠严重出血。肝脏肿大，表面布有出血点（图 3-67）。肾脏肿大，表面有散在出血点（图 3-68）。心内膜和心外膜出血（图 3-69）。

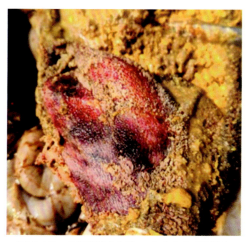

图 3-63　瘤胃黏膜水肿、出血和坏死脱落

图 3-64　皱胃黏膜水肿、出血和坏死脱落

图 3-65　瘤胃内容物充盈，混有大量尚未消化的玉米

图 3-66　瘤胃内容物稀薄如粥样

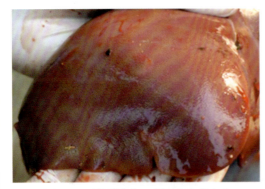

图 3-67　肝脏肿大，表面布有出血点

图 3-68　肾脏肿大，表面有散在出血点

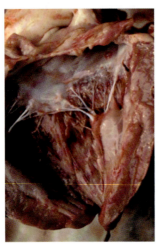
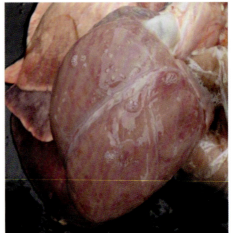

图 3-69　心内膜（左图）和心外膜（右图）出血

【鉴别诊断】根据病史、临床症状，结合瘤胃液 pH 测定，即可诊断。诊断依据：①有饲喂过量富含碳水化合物饲料的病史。②表现为瘤胃膨胀、内容物稀软，腹痛，腹泻，严重脱水，共济失调，虚弱等临床症状。③瘤胃液 pH 下降，急性瘤胃酸中毒可降至 5.0 以下，亚急性在 5.5~6.5 之间（图 3-70）；瘤胃液乳酸含量高达 50~150 毫摩尔 / 升。④瘤胃纤毛虫活力降低，数量显著减少，严重者纤毛虫完全消失。⑤血液学检查，白细胞数、中性粒细胞比例增加，淋巴细胞比例减少；红细胞压积容

图 3-70　瘤胃液 pH 下降，亚急性在 5.5~6.5 之间

量升高；血液乳酸含量升高。⑥本病应与瘤胃积食、生产瘫痪和其他原因引起的腹泻等疾病进行鉴别。

【预防】 预防本病的主要措施是控制碳水化合物饲料的采食量，不能随意加料或补料。在肉羊等生产中，由高粗饲料向高精饲料转变要逐渐进行，通常需要 2~4 周的过渡期，并逐步提高精饲料水平，使瘤胃能逐渐适应饲料的变化。精饲料饲喂比例高的羊，可中和瘤胃产生的部分有机酸，常在日粮中直接添加碳酸盐等缓冲剂和增加日粮中有效中性洗涤纤维的含量。还要防止羊闯入饲料房、仓库、晒谷场，暴食谷物、豆类及配合饲料。

【治疗】 治疗原则是迅速排出瘤胃内容物，纠正酸中毒和脱水，对症治疗。

（1）**排出瘤胃内容物** 尽量减少滞留和后送，清理胃肠，可防止酸中毒进一步发展。主要采取以下措施：①瘤胃冲洗：可用饱和氢氧化钙溶液或 5% 碳酸氢钠溶液洗胃，直至胃液接近中性为止。②洗胃后可口服泻剂、健胃剂，如液状石蜡、鱼石脂、陈皮酊、大黄酊。③瘤胃切开术：当瘤胃内容物很多，用胃管无法排出时，应及早采取瘤胃切开术。

（2）**纠正酸中毒和脱水** 纠正酸中毒可用 5% 碳酸氢钠溶液；补充体液，可用 5% 葡萄糖氯化钠注射液或复方氯化钠注射液，静脉注射。

（3）**对症治疗** 防止休克，可用地塞米松、肾上腺皮质激素等。发生神经症状时，可用镇静剂。恢复胃肠消化机能，可给予健胃药和前胃兴奋剂。控制和消除炎症，可注射抗生素，如青霉素、链霉素、四环素或庆大霉素等。

第四章 羊普通病的鉴别诊断与防治

第一节 羊内科疾病

一、口炎

口炎是口腔黏膜表层或深层组织的急性炎症，包括齿龈炎、腭炎和舌炎。按炎症性质可分为卡他性口炎、水疱性口炎、溃疡性口炎、脓疱性口炎、蜂窝织炎性口炎、中毒性口炎等数种，临床中以卡他性口炎、水疱性口炎、溃疡性口炎较为常见。羊口炎在发病初期基本具有卡他性口炎的病理现象，临床症状主要表现为采食、咀嚼困难，流涎。

【病因】 原发性口炎多因食用了粗糙或尖锐的饲料和异物，以及误食了高浓度的刺激性药物、有毒植物、霉败饲料或维生素缺乏等。继发性口炎多因发生某些传染病，如口蹄疫、羊痘、蓝舌病、羊口疮和霉菌感染等。

【临床症状】 原发性口炎病羊常食欲减退或废绝，口腔黏膜潮红、肿胀、疼痛、流涎（图 4-1），甚至糜烂（图 4-2）、出血和溃疡（图 4-3），口臭，全身变化不大。临

图 4-1　原发性口炎病羊流涎

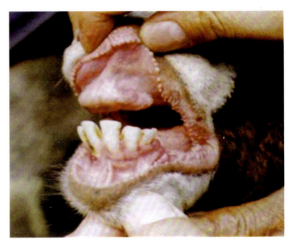

图 4-2　口腔黏膜糜烂

床上以卡他性（黏膜的表层）口炎较为多见。继发性口炎多见有体温升高等传染病固有的其他全身反应。例如，发生羊口疮时，口腔黏膜及上唇、下唇、口角处呈现疱疹（图4-4）和出血干痂样坏死（图4-5）；小反刍兽疫严重的病羊齿龈（图4-6）、腭、颊部及其乳头、舌等处的黏膜发生坏死性病灶；发生口蹄疫时，除口腔黏膜发生水疱及溃疡烂斑（图4-7）外，趾间及皮肤也有类似病变；发生蓝舌病时，病羊也会出现唇、齿龈（图4-8）、颊、舌黏膜糜烂，还有胃肠炎的症状；发生羊痘时，除口腔黏膜有典型的痘疹外，在乳房、眼角、头部、腹下皮肤处也有痘疹。

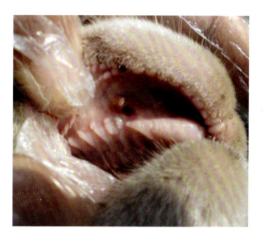

图4-3　口腔黏膜出血和溃疡

图4-4　口疮病羊的口腔黏膜及唇部出现疱疹

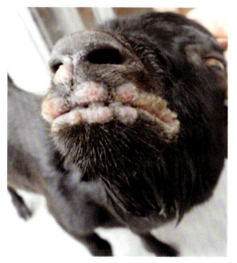

图4-5　口疮病羊的口角处有出血
干痂样坏死

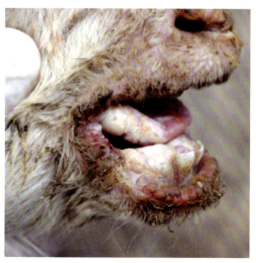

图4-6　小反刍兽疫严重的病羊齿龈处的黏膜
发生坏死性病灶

另外，霉菌性口炎常有采食发霉饲料的病史，除口腔黏膜发炎外，还表现腹泻、黄痘等病演过程。过敏反应性口炎，多与突然采食或接触某种过敏原有关，除口腔有炎症变化外，在鼻腔、乳房、肘部和股部内侧等处见有充血、渗出、溃烂、结痂等变化。

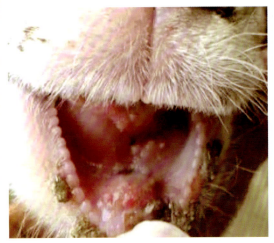

图 4-7 口蹄疫病羊下唇口腔黏膜的溃疡烂斑

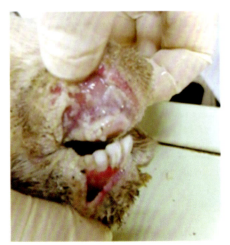

图 4-8 蓝舌病病羊的唇、齿龈黏膜糜烂

【鉴别诊断】 原发性口炎，根据口腔黏膜炎症表征，容易诊断。但唾液腺炎、咽炎、食管炎、有机磷农药中毒、亚硝酸盐中毒等疾病，也有流涎和采食障碍的症状，易与单纯的口炎相混淆，应注意鉴别诊断。

【预防】 预防羊口炎应加强饲养管理，合理调配饲料；防止饲草霉变，防止化学、机械及草料内异物对口腔的损伤；应饲喂青嫩柔软的干草，对幼龄羊适当增加富含维生素（维生素 B 或维生素 C）的饲料。

【治疗】 治疗原则为排除病因，针对羊口炎症状采取消炎、收敛、净化口腔的治疗措施。

1）排除病因，加强饲养管理。针对患病羊，应给予优质的青干草、营养丰富的青绿饲料。注意羊舍的卫生，防止受寒感冒和继发感染，可增进治疗效果。

2）轻度口炎可用 1% 氯化钠溶液或 2%~3% 硼酸溶液冲洗口腔，每天冲洗 3~4 次；若口腔有恶臭，可用 0.1% 高锰酸钾溶液冲洗；不断流涎时可用 1%~2% 明矾溶液冲洗。对于溃疡性口炎，可用碘甘油、甲紫溶液、磺胺软膏、四环素软膏等涂拭患部。病羊体温升高，继发细菌感染时，用青霉素 80 万~240 万国际单位、链霉素 100 万国际单位，肌内注射，每天 2 次，连用 2~3 天；也可服用或注射磺胺类药物。

3）中药可用青黛散（青黛 9 克、黄连 6 克、薄荷 3 克、桔梗 6 克、儿茶 6 克，研为细末）或冰硼散，装入长形布袋内口衔或直接散布于口腔，效果也很好。

4）对传染病合并口炎的病羊，宜隔离消毒。

二、前胃弛缓

前胃弛缓是由各种病因导致前胃神经兴奋性降低，肌肉收缩力减弱，瘤胃内容物运转缓慢，微生物区系失调，产生大量发酵和腐败的物质，引起羊食欲减退、反刍减少、前胃运动减弱或停止、消化障碍乃至全身机能紊乱的一种疾病。

【病因】

（1）**原发性前胃弛缓** 又称单纯性消化不良，病因主要是饲养与管理不当。

1）饲养不当。几乎所有能改变瘤胃环境的食物性因素均可引起单纯性消化不良。常见的有：①精饲料（如谷物）喂量过多，或突然摄入过量的适口性好的饲料（如青贮玉米）。②摄入过量不易消化的粗饲料，如统糠、秕壳、半干的甘薯藤、紫云英、豆秸等。③饲喂霉败变质的青草、青贮饲料、酒糟、豆渣、甘薯渣、豆饼、菜籽饼等饲料或冻结饲料。④饲料突然发生改变，日粮中突然加入不适量的尿素或使羊群转向茂盛的禾谷类草地。⑤误食塑料袋、化纤布或分娩后的母羊食入胎衣均可引起单纯性消化不良。⑥在严冬早春时节，水冷草枯，羊被迫食入大量的秸秆、垫草或灌木，或者日粮配合不当，矿物质和维生素缺乏，特别是缺钙时，血钙水平低，致使神经 - 体液调节机能紊乱，引起单纯性消化不良。

2）管理不当。伴有饲养不当时，更易促进单纯性消化不良的发生。常见的有：①由放牧迅速转变为舍饲或舍饲突然转为放牧。②使役与休闲不均，受寒，羊舍阴暗、潮湿。③经常更换饲养员和调换羊舍或羊床，都会破坏前胃正常消化反射，造成前胃机能紊乱，导致单纯性消化不良的发生。④由于严寒、酷暑、饥饿、疲劳、断乳、离群、恐惧、感染与中毒等因素或手术、创伤、剧烈疼痛的影响，引起应激反应，而发生单纯性消化不良。

（2）**继发性前胃弛缓** 又称症状性消化不良，常见于下列疾病或因素中。

1）消化系统疾病。口、舌、咽、食管等上部消化道疾病，肝脓肿等肝胆、腹膜疾病的经过中。

2）营养代谢病。例如，生产瘫痪、酮血症、骨软化症、运输搐搦、泌乳搐搦、青草搐搦、低磷酸盐血症性产后血红蛋白尿病、低钾血症、硫胺素缺乏症及锌、硒、铜、钴等微量元素缺乏症。

3）中毒性疾病。例如，霉稻草中毒、黄曲霉毒素中毒、棉籽饼中毒、亚硝酸盐中毒、酒糟中毒和生豆粕中毒等饲料中毒；有机氯等农药中毒。

4）传染性疾病。例如，流感、结核病、副结核病、羊传染性胸膜肺炎和布鲁氏菌病等。

5）寄生虫性疾病。例如，前后盘吸虫病、肝片吸虫病、细颈囊尾蚴病、泰勒焦虫病和锥虫病等。

6）医源性因素。在兽医临床上，由于用药不当，如长期大量服用抗生素或磺胺类等抗菌药物，使瘤胃内正常微生物区系受到破坏，而发生消化不良，造成医源性前胃弛缓。

【临床症状】 前胃弛缓按其病程，可分为急性型和慢性型两种类型。

（1）**急性型** 病羊食欲减退或废绝；精神沉郁（图4-9），反刍减少、短促、无力，时而嗳气并带有酸臭味；瘤胃收缩的力量弱、蠕动次数少，瓣胃蠕动音稀弱；瘤胃内容物充盈，触诊背囊感到黏硬如生面团样，腹囊则比较稀软如粥状；奶山羊泌乳量下降。原发性病羊，体温、脉搏、呼吸等生命体征多无明显异常，血液生化指标也无明显改变，经过2~3天，若饲养管理条件得到改善，给予一般的健胃促反刍处理即可康复。继发性病羊，除上述前胃弛缓的基本症状外，还表现相关原发病的症状，相应的血液生化指标也有明显改变，病情复杂而严重。

（2）**慢性型**　通常由急性型前胃弛缓转变而来。病羊食欲不定，有时减退或废绝；常常虚嚼、磨牙，发生异食现象，舔砖、吃土或采食被粪尿污染的褥草、污物；反刍不规则、短促、无力或停止；嗳气减少，嗳出的气体带有臭味。病情弛张，时而好转，时而恶化，日渐消瘦；被毛干枯、无光泽，皮肤干燥、弹性减退；精神不振，体质虚弱；瘤胃蠕动音减弱或消失，内容物黏硬或稀软，瘤胃轻度臌胀；多数病羊，网胃与瓣胃蠕动音微弱；腹部听诊，肠蠕动音微弱；病羊便秘，粪便干硬呈暗褐色，附着黏液；有时腹泻，粪便呈糊状、腥臭，或者腹泻与便秘相交替；病重时，呈现贫血、眼球下陷、卧地不起（图4-10）等衰竭体征，常发生死亡。

图4-9　病羊精神沉郁

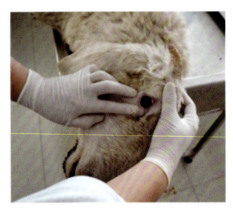

图4-10　病重羊贫血、眼球下陷、卧地不起

【病理变化】瘤胃胀满（图4-11），黏膜潮红，有出血斑（图4-12）。瓣胃容积增大甚至可达正常时的3倍；瓣叶间内容物干燥，形同胶合板状，其上覆盖脱落的黏膜（图4-13），有时还有瓣叶的坏死组织。有的病羊，瓣胃叶片组织坏死、溃疡和穿孔，发生局限性或弥漫性腹膜炎及全身败血症等变化。

【病程及预后】原发性病羊，经过2~3天，预后较好。继发性病羊，病情复杂而严重，病程为1周左右，预后不良。

图4-11　病死羊解剖可见胀满的瘤胃

图 4-12　瘤胃黏膜潮红，有出血斑

图 4-13　瓣叶间内容物干燥，形同胶合板状，其上覆盖脱落的黏膜

【鉴别诊断】 前胃弛缓的诊断可按以下程序进行。

（1）**临床症状**　主要表现为食欲减退、反刍障碍及前胃（主要是瘤胃和瓣胃）运动减弱、奶山羊泌乳量突然下降等。

（2）**原发性前胃弛缓与继发性前胃弛缓的鉴别**　主要依据是疾病经过和病羊全身状态。若仅表现前胃弛缓的基本症状，而病羊全身状态相对良好，体温、脉搏、呼吸等生命体征无明显的改变，且在改善饲养管理并给予一般健胃促反刍处理后48~72小时即趋向康复的，为原发性前胃弛缓；若在改善饲养管理并给予常规健胃促反刍处置数日后，病情仍继续恶化的，则为继发性前胃弛缓。再依据瘤胃液pH、总酸度、挥发性脂肪酸含量，以及纤毛虫数目、大小、活力和漂浮沉降时间等瘤胃液性状检验结果，确定是酸性前胃弛缓还是碱性前胃弛缓，有针对性地实施治疗。血液生化检验项目，主要包括酮体、钙、钾的定量检查，用以区分绵羊妊娠病所表现的酮体性前胃弛缓及低钙血症和低钾血症所造成的离子性前胃弛缓。

（3）**确定原发病性质**　主要依据流行病学和临床表现。单个零散发生，且主要表现消化病症的，要考虑各种消化系统疾病，如瘤胃食滞、瘤胃炎、创伤性网胃腹膜炎、瓣胃秘结、瓣胃炎、皱胃阻塞、皱胃变位、皱胃溃疡、皱胃炎、盲肠弛缓和扩张，以及肝脓肿、迷走神经性消化不良等，可进一步依据各自的典型症状、特征性检验结果，分层逐步地加以鉴别论证。群体成批发病的，要着重考虑各类群发性疾病，包括各种传染病、寄生虫病、中毒病和营养代谢病。可依据有无传染性、有无相关虫体大量寄生、有无相关毒物接触史，以及酮体、血钙、血钾等相关病原学和病理学检验结果，按类分层次、逐步加以鉴别论证。

【预防】 注意饲料的选择、保管，防止霉败变质；奶羊、肉羊应依据饲养标准合理配制日粮，不可随意增加饲料用量或突然变更饲料；严格饲喂制度；羊舍必须保持安静，避免寒流、酷暑、奇异声音、光照等不良应激性刺激；注意羊舍的卫生和通风、保暖，做好预防接种工作。

【治疗】

(1) 治疗原则 去除病因，加强护理，清理胃肠，改善瘤胃内环境，增强前胃机能，防止脱水和自体中毒。

(2) 治疗方案

方案 1：去除病因。改善饲养与管理，立即停止饲喂霉败变质的饲草、饲料。

方案 2：加强护理。病初在给予充足的清洁饮水的前提下禁食 1~2 天，再饲喂适量的易消化的青草或优质干草。轻症病羊可在 1~2 天内自愈。

方案 3：清理胃肠。为了促进胃肠内容物的运转与排出，可用适量硫酸钠（或硫酸镁）或用液状石蜡，一次内服。对于采食大量的精饲料而症状又比较重的病羊，可采用洗胃的方法，排出瘤胃内容物，洗胃后应向瘤胃内接种健康羊的瘤胃液。重症病羊应先强心、补液，后洗胃。

方案 4：改善瘤胃内环境。应用缓冲剂的目的是调节瘤胃内容物的 pH，改善瘤胃内环境，恢复正常微生物区系，增强前胃功能。在应用前，必须测定瘤胃内容物的 pH，然后再选用缓冲剂。当瘤胃内容物 pH 降低时，宜用碳酸盐缓冲剂，每天 1 次，可连用数次；也可选择氢氧化镁（或氢氧化铝）联合碳酸氢钠使用。当瘤胃内容物 pH 升高时，宜用醋酸盐缓冲剂，每天 1 次，可连用数次；也可应用稀醋酸或食醋，加常水适量，一次内服。必要时，给病羊投服从健康羊口中取得的反刍食团或灌服健康羊瘤胃液若干，进行接种。

方案 5：增强前胃机能。应用促反刍液（5% 葡萄糖氯化钠注射液 500~1000 毫升、10% 氯化钠注射液 100~200 毫升、5% 氯化钙注射液 200~300 毫升、20% 安钠咖注射液 10 毫升），一次静脉注射，并肌内注射维生素 B_1。因过敏性因素或应激反应所致的前胃弛缓，在应用促反刍液的同时，肌内注射 2% 盐酸苯海拉明注射液 10 毫升。对洗胃后的病羊可静脉注射 10% 氯化钠注射液、20% 安钠咖注射液，每天 1~2 次。此外，还可皮下注射新斯的明或毛果芸香碱，但对于病情严重、心脏衰弱的病羊、老龄羊和妊娠母羊则禁止应用，以防虚脱和流产。

方案 6：防止脱水和自体中毒。当病羊呈现轻度脱水和自体中毒时，应用 25% 葡萄糖注射液、40% 乌洛托品注射液、20% 安钠咖注射液，静脉注射，并用胰岛素 100~200 国际单位，皮下注射；此外，还可用樟脑磺酸钠注射液，静脉注射。治疗时，应配合应用抗生素药物。

对于继发性前胃弛缓，应着重治疗原发病，并配合上述前胃弛缓的相关治疗方案，以促进病情好转。例如，伴发臌胀的病羊，可灌服鱼石脂、松节油等制酵剂；伴发瓣胃阻塞时，应向瓣胃内注射液状石蜡或 10% 硫酸钠，必要时可采取瓣胃冲洗疗法，即施行瘤胃切开术，将胃管插入网瓣孔，冲洗瓣胃。

三、瘤胃积食

瘤胃积食，又称急性瘤胃扩张，中兽医叫蓿草不转或瘤胃食滞。本病是羊采食了大量难以消化的粗硬饲料或易引起臌胀的饲料后在瘤胃内堆积，使瘤胃体积增大，产生后送障碍，胃壁扩张，发生瘤胃运动和消化机能障碍，形成脱水和毒血症的一种疾病。

绵羊、山羊均可发病，其中以老龄体弱的舍饲羊多见，发病率占前胃疾病的 12%~18%。

【病因】

（1）原发性瘤胃积食　多因贪食，致使瘤胃接纳过多所致。贪食了大量适口性好且易于引起臌胀的青草、苜蓿、紫云英、甘薯、胡萝卜、马铃薯等青绿饲料或块茎、块根类饲料；由放牧突然变为舍饲，特别是饥饿时采食过量的谷草、稻草、豆秸、花生藤、甘薯藤、羊草乃至棉花秸秆等含粗纤维多的饲料，缺乏饮水，难以消化而引起积食；过量食用豆饼、花生饼、棉籽饼及酒糟、豆渣等糟粕类饲料；采食过量谷物饲料如玉米、小麦、燕麦、大麦、豌豆等，大量饮水后饲料膨胀而引起积食；长期舍饲的羊，运动不足，神经反应性降低，一旦变化饲料，易贪食致病。

（2）继发性瘤胃积食　多因胃肠疾病等引起的瘤胃内容物后送障碍所致，如前胃弛缓、皱胃及瓣胃疾病、迷走神经性消化不良等；还包括其他疾病或因素，如瘤胃酸中毒，受到饲养管理过程中各种不利因素的刺激而产生应激反应等也能引起瘤胃积食。

【临床症状】　常在采食后数小时内发病，病羊初期神情不安，目光呆滞，拱背站立、回头顾腹（图 4-14）或后肢踢腹，间或不断起卧，常有呻吟；食欲废绝，反刍停止，空嚼，磨牙，摆尾，流涎，嗳气，有时作呕或呕吐，时而努责。开始时排便次数增加，但粪便量并不多，以后排便次数减少，粪便变干，后期粪便坚硬呈饼状，有些病羊排浅灰色带有恶臭的软便。瘤胃早期听诊时蠕动次数增加，但随着病程的延长，蠕动音减弱或消失；触诊瘤胃，病羊不安，有的内容物坚实或黏硬，有的内容物柔软呈粥状；腹部膨胀，肷窝部稍显突出（图 4-15），瘤胃穿刺时可排出少量气体或带有腐败酸臭气味混有泡沫的液体；腹部听诊，肠音微弱或沉衰。后期病羊，病情恶化，奶山羊泌乳量明显减少或停止；腹部胀满，瘤胃积液，呼吸促迫，心动亢进，脉搏疾速，皮温不整，四肢下部、角根和耳冰凉，全身肌颤，眼球下陷，鼻镜干燥（图 4-16），黏膜发绀，运动失调乃至卧地不起，陷入昏迷，最后因脱水和自体中毒而死亡。

图 4-14　病羊回头顾腹

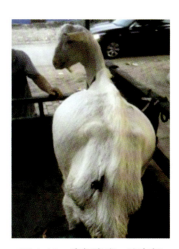

图 4-15　腹部膨胀，肷窝部
稍显突出

图 4-16　眼球下陷，鼻镜干燥

【病理变化】 瘤胃极度扩张（图 4-17），含有气体和大量腐败内容物（图 4-18），黏膜潮红，有散在出血点（图 4-19）；瓣胃叶片坏死；各实质器官瘀血。

【病程及预后】 病程的发展取决于积滞内容物的性质和数量。轻症病羊，由应激因素引起的，常于短时间内康复；一般病羊，及时治疗 3~5 天后也可痊愈；继发性瘤胃食滞，病程较长，持续 7 天以上的，瘤胃高度弛缓，陷入弛缓性麻痹状态，往往预后不良。

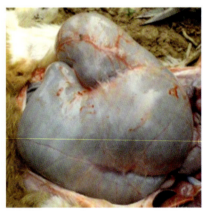

图 4-17　病死羊的瘤胃极度扩张

图 4-18　瘤胃内含有大量腐败内容物

图 4-19　瘤胃黏膜潮红，有散在出血点

【鉴别诊断】 依据腹围增大、肷窝部瘤胃内容物黏硬或柔软、呼吸困难、黏膜发

绀、腹痛等症状可做出初步诊断。依据过食或其他胃肠疾病的病史，可确定其为原发性或继发性瘤胃积食。依据瘤胃内容物 pH 的测定，可确定其为酸过多性或碱过多性瘤胃积食。此外，应与前胃弛缓、急性瘤胃臌气、皱胃阻塞进行鉴别诊断。

（1）前胃弛缓　虽有食欲减退、反刍减少、触诊瘤胃内容物呈面团样或粥状表现，但无腹痛表现，全身症状轻微或无症状。

（2）急性瘤胃臌气　腹部臌胀，肷窝突出，且病情发展急剧，呼吸高度困难，伴有窒息现象，触诊瘤胃壁紧张而有弹性，叩诊呈鼓音或金属性鼓音，泡沫性瘤胃臌气表现更明显。

（3）皱胃阻塞　瘤胃积液，下腹部膨隆，而肷窝不平满，直肠检查或右下腹部皱胃区冲击式触诊，感到有黏硬的皱胃内容物，病羊表现疼痛。

【预防】　加强饲养管理，防止突然变换饲料或过食；奶山羊和肉羊按日粮标准饲喂；避免外界各种不良因素的影响和刺激。

【治疗】

（1）治疗原则　增强瘤胃蠕动功能，消食化积，制止发酵，调整与改善瘤胃内生物学环境，防止脱水与自体中毒。

（2）治疗方案

方案 1：增强瘤胃蠕动功能。病初禁食 1~2 天，然后施行瘤胃按摩，每次 5~10 分钟，每隔 0.5 小时按摩 1 次；或先灌服大量温水，然后按摩。在瘤胃内容物软化后，神曲、干酵母用量减半，为防止发酵过盛、产酸过多，可服用适量的人工盐（或内服土霉素，间隔 12 小时投药 1 次）。

方案 2：清肠消导。可口服硫酸镁（或硫酸钠）、液状石蜡（或植物油）等。随后，用毛果芸香碱或新斯的明等拟胆碱类药物皮下注射，同时配合用 1% 盐酸普鲁卡因注射液，分注于双侧胸膜外封闭穴位，以阻断胸腰段交感神经干的兴奋传导，每天 1~2 次，以兴奋前胃神经，促进瘤胃内容物运化；或先用 1% 氯化钠溶液冲洗瘤胃，再静脉注射促反刍液，以改善胃肠蠕动，促进反刍。若治疗不见效，应进行瘤胃切开术，取出其中的内容物。

方案 3：调整与改善瘤胃内生物学环境。碳酸盐缓冲合剂灌服，适用于酸过多性瘤胃积食；醋酸盐缓冲合剂灌服，适用于碱过多性瘤胃积食。反复洗涤瘤胃后，应接种健康羊的瘤胃液。

方案 4：防止脱水与自体中毒。及时用 5% 葡萄糖氯化钠注射液、20% 安钠咖注射液、5% 维生素 C 注射液，静脉注射，每天 2 次，以纠正脱水。用 5% 硫胺素注射液静脉注射，以促进丙酮酸氧化脱羧，缓解酸血症。

方案 5：中兽医疗法。治疗以健脾开胃，消食行气，泻下为主。用加味大承气汤，服用 1~3 剂。也可在瘤胃内容物已排空而食欲尚未恢复时，用大蒜酊、马钱子酊、龙胆末等健胃剂。

继发性瘤胃积食，应及时治疗原发病。

四、瘤胃臌气

瘤胃臌气也叫瘤胃臌胀，是因支配前胃神经的反应性降低，收缩力减弱，羊采食了过量容易发酵的饲料，在瘤胃微生物的作用下迅速发酵，产生大量的气体，引起瘤胃和网胃急剧膨胀，呈气体与瘤胃内容物混合的泡沫性和呈气体与食物分开的非泡沫性（游离气体性）的一种疾病。临床上以呼吸极度困难，反刍、嗳气障碍和腹围急剧增大为特征。本病多发生于绵羊，山羊少见，夏季放牧的羊可能成群发生，病死率可达30%。

【病因】

（1）原发性瘤胃臌气 常常是羊直接饱食容易发酵的饲草、饲料后而引起。

1）泡沫性瘤胃臌气。由于羊采食了大量含蛋白质、皂苷、果胶等物质的豆科牧草，如新鲜的苜蓿、豌豆藤、红车轴草、落花生叶、草木樨、紫云英等生成稳定的泡沫所致；或者饲喂较多的磨细的谷物性饲料如玉米粉、小麦粉等，也能引起泡沫性臌气。

2）非泡沫性瘤胃臌气。又称为游离气体性瘤胃臌气，主要是采食了产生一般性气体的牧草，如幼嫩多汁的青草、沼泽地区的水草、湖滩的芦苗等；或采食了带有露水、雨水或堆积发热的青草，腐败变质的草料，冻坏的马铃薯、萝卜，品质不良的青贮饲料，酒糟，有毒植物（如毒芹、毛茛科有毒植物）或桃、李、杏、梅等富含苷类毒物的幼枝嫩叶等，均能在短时间内迅速发酵产生大量的气体而引起发病。

（2）继发性瘤胃臌气 见于由食管阻塞和麻痹，瓣胃阻塞，皱胃阻塞、变位、溃疡，创伤性网胃炎，纵隔淋巴结肿大（结核病）、肿瘤、结石、毛球病、食管痉挛、迷走神经胸支或腹支受损等引起的瘤胃机能减弱，嗳气机能障碍，瘤胃内气体排出障碍所致。

【临床症状】

（1）原发性瘤胃臌气 发病快且急，可在采食易发酵饲料过程中或采食后15分钟内产生臌气，病羊初期表现兴奋不安、回头顾腹、呻吟等特有症状；左肷部凸起（图4-20），严重时腹围明显增大，左肷部可突出脊背（图4-21），按压时腹壁紧张而有弹性，叩诊呈鼓音，下部触诊，内容物不硬，腹痛明显，后肢踢腹，频频起卧，甚至打滚；食欲废绝，反刍、嗳气停止，起初瘤胃蠕动增强，但很快就减弱甚至消失；泡沫性瘤胃臌气的病羊常有泡沫状唾液从口腔逆出（图4-22）或喷出，瘤胃穿刺时只能断断续续地排出少量气体，同时瘤胃液随着胃壁收缩向上涌出，放气困难；呼吸高度困难，严重时张口呼吸，舌伸出，流涎和头颈伸展（图4-23），眼球震颤、突出（视频4-1）；呼吸加快达68~80次/分钟，脉搏增数达100~120次/分钟，而体温一般正常；结膜先充血后发绀，颈静脉及浅表静脉怒张。病羊后期精神沉郁、耳根、肷部、肘后有明显出汗，不断排尿；病至末期，病羊运动失调，行走摇摆，站立不稳，倒卧不起，不断呻吟，最终因窒息和心脏停搏而死亡（视频4-2）。

视频4-1

视频4-2

图 4-20　左肷部凸起

图 4-21　严重瘤胃臌气病羊腹围
明显增大，左肷部突出脊背

图 4-22　泡沫性瘤胃臌气的病羊有泡沫状
唾液从口腔逆出

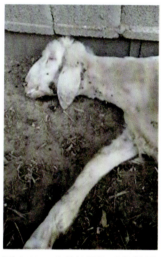

图 4-23　病羊流涎和头颈伸展

（2）**继发性瘤胃臌气**　大多数发病缓慢，病羊食欲减退，左腹部臌胀，触诊腹部紧张但较原发性低；臌气通常呈周期性，经一定时间而反复发作，有时呈现不规则的间歇，发作时呼吸困难，间歇时呼吸又转为平静；瘤胃蠕动一般均减弱，反刍、嗳气减少，轻症时可能正常，重症时则完全停止；病程可达几周甚至数月，发生便秘或腹泻，逐渐消瘦、衰弱。但继发于食管阻塞或食管痉挛的病羊，则发病快而急。

【病理变化】死后立即剖检的病羊，瘤胃壁过度紧张，充满大量的气体及含有泡沫的内容物（图 4-24 和图 4-25）；死后数小时剖检的病羊，瘤胃内容物泡沫消失，有的皮下出现气肿，偶见有的病羊瘤胃或膈肌破裂。瘤胃腹囊黏膜有出血斑，角化上皮脱落（图 4-26）；头颈部淋巴结、心外膜（图 4-27）充血和出血；肺部充血（图 4-28），颈部气管充血和出血（图 4-29）；肝脏和脾脏呈贫血状，浆膜下出血等，很像窒息病变。

图 4-24　臌气的瘤胃

图 4-25　瘤胃内充满大量的含有泡沫的内容物

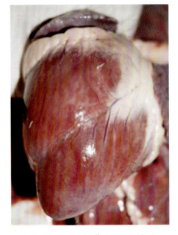

图 4-26　瘤胃腹囊黏膜有出血斑，角化上皮脱落

图 4-27　心外膜充血和出血

图 4-28　肺部充血

图 4-29　颈部气管充血和出血

【病程及预后】 急性瘤胃臌气病程急促，若不及时抢救，可在数小时内窒息死亡。轻症病羊，若治疗及时可迅速痊愈。但有的病羊，经过治疗消胀后又复发，则预后不良。慢性瘤胃臌气，病程可持续数周至数月，由于原发病不同，预后不一，若继发于前胃弛缓者，原发病治愈后，慢性臌气也随之消失；若继发于创伤性网胃腹膜炎、腹腔脏器粘连、肿瘤等疾病者，则久治不愈，预后不良。

【鉴别诊断】 原发性瘤胃臌气，根据采食大量易发酵性饲料的病史，病情急剧，腹部臌胀，左肷窝突出，叩诊呈鼓音，血液循环障碍，呼吸极度困难，结膜发绀等不难做出初步诊断；继发性瘤胃臌气，特征为周期性的或间隔时间不规则的反复臌气，所以也不难诊断，但病因不容易确定，必须进行详细的临床检查、分析才可做出诊断。

插入胃管是区别泡沫性瘤胃臌气与非泡沫性瘤胃臌气的有效方法，瘤胃穿刺也可作为鉴别的方法。瘤胃穿刺时只能断断续续从导管针内排出少量气体，针孔常被堵塞，排气困难的为泡沫性瘤胃臌气；若非泡沫性瘤胃臌气，则排气顺畅，臌胀明显减轻。

此外，还应与炭疽、中暑、食管阻塞、单纯性消化不良、创伤性网胃心包炎、某些毒草、蛇毒中毒等疾病进行鉴别诊断。

【预防】 应着重做好饲养管理。由舍饲转为放牧时，最初几天在出牧前先喂一些干草，并且还应限制放牧时间及采食量；在饲喂易发酵的青绿饲料时，应先饲喂干草，然后再饲喂青绿饲料；尽量少喂堆积发酵或被雨露浸湿的青草；管理好羊群，不让羊进入苕子地、苜蓿地暴食幼嫩多汁的豆科植物；不到雨后或有露水、下霜的草地上放牧。舍饲育肥羊，全价日粮中应至少含有 10%~15% 的铡短的粗料（长度大于 2.5 厘米），粗料最好是禾谷类稿秆或青干草。此外，应注意采食后不要立即饮水，也可在放牧中备用一些预防器械，如套管针等，以便及早处理病情。

【治疗】

（1）**治疗原则** 及时排出气体，理气消胀，健胃消导，强心补液，中兽医疗法。

（2）**治疗方案**

方案 1：及时排出气体。轻症病羊，使病羊立于斜坡上，保持前高后低姿势，不断牵引其舌或在木棒上涂煤油或菜油后让病羊衔在口内（图 4-30），同时按摩瘤胃，促进气体排出。若通过上述处理，效果不显著时，可用胡麻油（或清油）、芳香氨醑、松节油、樟脑醑，常水适量，一次灌服。严重病羊，当有窒息危险时，应实行胃管放气或用套管针进行瘤胃穿刺放气（图 4-31）。首先在左侧肷部剪毛，用 5% 碘酊消毒，然后以细套管针或兽用 16 号针头刺破皮肤，向前右侧肘部方向插入瘤胃内进行放气。在放气过程中要压紧腹壁，使之与瘤胃壁紧贴，边放气边用力下压，以防胃内容物流入腹腔造成腹膜炎。

方案 2：理气消胀。泡沫性瘤胃臌气，以灭沫消胀为目的，宜内服表面活性药物，如二甲硅油、消胀片。也可用松节油、液状石蜡，常水适量，一次内服；或者用菜籽油、温水适量制成油乳剂，一次内服。当药物治疗效果不显著时，应立即施行瘤胃切开术，取出其内容物。

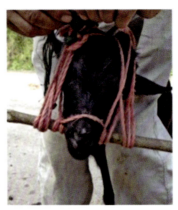

图 4-30　将涂有油的木棒衔在病羊口内

方案 3：健胃消导。调节瘤胃内容物 pH，可用 2%~3% 碳酸氢钠溶液洗胃或灌服。排出胃内容物，可用盐类或油类泻剂如硫酸镁、硫酸钠，或用液状石蜡内服。兴奋副交感神经、促进瘤胃蠕动，有利于反刍和嗳气，必要时可用毛果芸香碱或新斯的明皮下注射。

方案 4：强心补液。在治疗过程中，应注意全身机能状态，及时强心补液，提高治疗效果。

方案 5：中兽医疗法。治疗以行气消胀、通便止痛为主。可用消胀散，加适量清油、大蒜（捣碎），用水冲服。

继发性瘤胃臌气，除应用上述疗法缓解臌胀症状外，还必须治疗原发病。

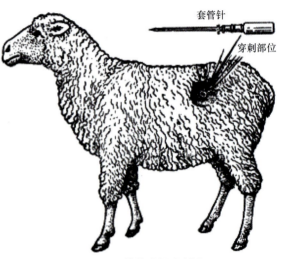

图 4-31　绵羊瘤胃穿刺术

五、尿结石

尿结石又称尿石病，是指尿路中盐类结晶凝结成大小不均、数量不等的凝结物（图 4-32），刺激尿路黏膜而引起的出血性炎症和尿路阻塞性疾病。临床上以腹痛、排尿障碍和血尿为特征。尿结石过去一般多发于公羔羊，近年来随着羊舍饲的普及及对舍饲育肥羊强度

图 4-32　大小不均、数量不等的尿结石

催肥技术的推广，舍饲羊的尿结石发病率较高，且呈增加之势。过去公羔羊常发的尿结石，现在青年羊也常发。

【病因】

（1）性别差异 性别差异相当悬殊。公羊和母羊的尿道在解剖上有很大差别。例如，公羊及阉羊的尿道是位于阴茎中间的一条很细长的管子，长度是母羊的几倍乃至十倍，而且有"S"状弯曲及尿道突，尿结石很容易停留在细长的尿道中，尤其是更容易被阻挡在"S"状弯曲部或尿道突内。母羊的尿道很短，膀胱中的结石很容易通过尿道排出体外。所以结石多发生于公羊。

（2）饲料因素 导致尿结石形成的主要因素就是饲料、饲草中的钙、磷比例失调。如果饲喂的草料中含白车轴草、苜蓿较多，那么草料中钙的含量就高，并且其中草酸的含量也多，在消化的过程中，钙和草酸很容易形成草酸钙，而不能被吸收利用，积累时间久了，就会形成草酸钙结石。还有谷类籽实饲料中钙、磷的含量也较高，饲喂的精饲料过多，也会形成磷酸盐结石。饲料中蛋白质的含量较高，会使尿液中黏蛋白浓度增大，也极易形成结石。饲料中的钙、磷比例保持在 2:1 比较合适，过高或过低都会引起钙或磷的吸收障碍，导致结石形成。维生素 A 缺乏时，特别是长期饲喂未经加工处理的棉籽饼粕，易导致结石形成。

（3）饮水因素 尿结石的形成和饮水的关系也非常密切，水的硬度大或者没有供给充足的饮水，都会导致尿液中的矿物质含量高，这些矿物质很容易在尿道中沉积形成结石。

（4）运动不足 在养殖生产中，如果羊运动时间短、运动量小，也非常容易导致尿路中有微小的异物沉积，如果时间久了，异物就会增多，导致疾病的发生。

（5）疾病因素 当羊群出现泌尿系统疾病如肾炎、膀胱炎、尿道炎等的时候，病菌和脱落的上皮细胞也会导致结石的发生。采用磺胺类药物治疗疾病的时候，如果没有给予足够的饮水，也会成为促使尿结石形成的诱因。

【分类与临床症状】 尿结石的种类很多，按其成分可分为磷酸盐或碳酸盐结石、尿酸铵结石、胱氨酸结石、草酸钙结石、硅酸盐结石；按其结石的所致位置可分为肾结石（肾杯结石、肾盂结石）、输尿管结石、膀胱结石、尿道结石（图4-33）。本病以尿道结石多见，其次有膀胱结石、肾结石，而输尿管结石较少见。

尿结石形成后对相应器官的破坏程度不同，在临床上的表现也会有所差异。

（1）尿道结石 尿道结石通常发

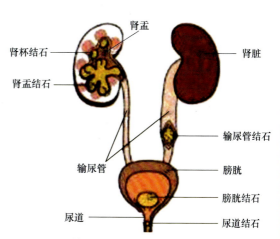

图 4-33 按结石的所致位置进行的尿结石分类

生于公羊。公羊的尿道长而弯曲，且狭窄。临床表现为排尿困难、不顺畅，常见为流量变小，甚至是变成滴水状，造成病羊的会阴部和腹下水肿（图4-34和图4-35）。当结石逐渐变大后，就可能完全堵塞尿道，造成尿液不能排出，时间过长会导致膀胱充盈过度（图4-36）而破裂，引起尿毒症。

（2）**膀胱结石** 病初由于对排尿没有影响，不易被发现。当结石变大时，病羊就会出现排尿困难和频尿。有时候可以出现血尿症状。触诊膀胱敏感、膀胱内充盈着尿液，当病羊排尿后，在膀胱区域进行按压，病羊会有疼痛感。

（3）**肾结石** 病羊表现为血尿，尤其是在进行剧烈运动过后，血尿更为明显。对肾区进行按压时，病羊有明显的疼痛感，有躲避情况。

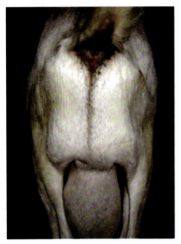
图 4-34　尿道结石病羊的
会阴部水肿

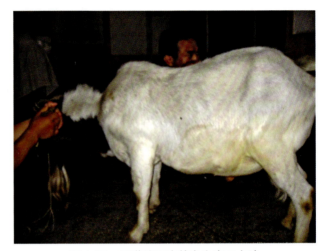
图 4-35　尿道结石病羊发生腹下水肿

图 4-36　病羊膀胱高度膨胀、尿液充盈

【病理变化】 可在肾盂、输尿管、膀胱或尿道内发现结石，其大小不一、数量不等，有时附着在黏膜上（图4-37和图4-38）。阻塞部黏膜见有损伤、炎症、出血乃至溃疡。当尿道破裂时，其周围组织出血和坏死，并且皮下组织被尿液浸润。膀胱破裂的

病羊腹腔中流出大量尿液，还可发现出血块（图4-39）。

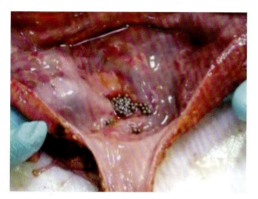

图 4-37　膀胱中的钢珠状结石颗粒

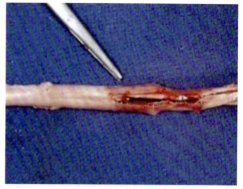

图 4-38　尿道中的结石颗粒

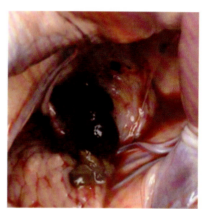

图 4-39　膀胱破裂的病羊腹腔中流出的大量尿液（左图）、破裂的膀胱及出血块（右图）

【鉴别诊断】　根据尿频、排尿障碍、血尿等症状可做出初步诊断。确诊要进行X射线检查，用导尿管进行尿道探诊，进行必要的尿液常规（尤其是尿沉渣、尿路上皮及感染菌的检查）和血液常规的检查。非完全阻塞性尿结石易与肾盂肾炎或膀胱炎混淆，可通过触诊和探诊进行鉴别。尿道探诊不仅可以确定是否有结石，还可判明结石部位。还应注重饲料成分的调查，综合判断做出确诊。

【预防】

（1）在饲料方面，严格控制饲料、饲草中的钙磷比例，控制蛋白质含量　饲料中的蛋白质含量超标是引起羊尿结石的重要原因之一，这就要求饲养员在饲喂时注意营养均衡，减少高蛋白质的饲料，特别是苜蓿、白车轴草等，可适当饲喂一些粗饲料。

（2）在饮水方面，增加饮水量　要供给羊群清洁的饮水，有条件的可饮磁化水。羊场内多设立饮水点，在饮水中添加适量的食盐，增加羊群的饮水量。还可以在饲料中增加食盐的含量，促使羊群多饮水，但是要注意食盐的添加量不能过多，以免影响食欲和体液平衡。

（3）**在运动方面，适当增加羊的运动量** 适当增加运动时间，促使尿液中的小结石排出。

（4）**在去势方面，避免过早去势** 据调查结果显示，尿结石更容易出现在公羊身上，过早去势会使性激素缺乏，从而影响尿道和阴茎的发育，因此，要尽量在羊出生3~4个月以后进行去势，减少因去势过早而带来的各种风险。

【治疗】

（1）**治疗原则** 排出结石，控制感染，对症治疗。

（2）**治疗方案**

方案1：药物治疗。如果病羊发生轻微的尿结石，且结石没有完全堵塞尿路，可按体重使用0.03~0.1毫克/千克乙酰丙嗪，并按体重配合使用1~2毫克/千克氟尼辛葡甲胺，混合均匀后静脉注射，能够缓解尿道平滑肌痉挛及松弛阴茎肌的收缩，避免尿道膨胀和发炎；然后用消毒的、涂擦润滑剂的导尿管，缓慢插入尿道或膀胱，注入消毒液，反复冲洗。同时还要按体重使用300毫克/千克氯化铵，与糖浆混合后口服，使尿液酸化，从而溶解结石。还可用中药治疗，用桃仁、归尾、香附子、滑石、萹蓄各12克，红花、鸡内金各6克，赤芍、广香各9克，海金沙15克，金钱草30克，木通18克，将以上各药碾细，共分3次，开水冲灌。每次用药时加水500毫升左右，以增加排尿。

方案2：手术治疗。如果病羊的尿道被结石彻底堵塞，需要通过手术清除结石。要先限制病羊饮水，接着穿刺膀胱，以使尿液尽快排出，减小膀胱的压力。如果结石位于尿道突，术者可用手对阴茎及睾丸轻柔抚摸，让阴茎勃起，使尿道突导出，此时即可挤出结石或者将尿道突切掉，从而排出结石。如果结石位于"S"状弯曲部，术者要在睾丸后侧采取常规手术切开，将阴茎取出后查找结石，接着将尿管切开取出结石，最后依次对尿管、皮肤进行缝合。病羊术后要注射适量的利尿和抗菌消炎药物，连续使用1周。

方案3：对症疗法。发现羊可能患有尿结石或通过手术将结石取出后，都要尽快使用利尿剂，如肌内注射呋塞米（1毫克/千克体重），每天1~2次，连续使用3~5天，同时供给大量的清洁饮水，用于形成足够的稀释尿，使尿液晶体浓度下降，抑制析出、沉淀，还可通过冲洗尿路促使细小体积的晶体结石经由尿液排出。如果发现羊泌尿器官发生炎症，要尽快使用抗菌消炎药物。

第二节　羊外产科疾病

一、蹄叶炎

蹄叶炎又称为蹄真皮炎，是角质蹄壁下层和蹄底肉样血管组织的一种急性或慢性炎症，多发生于奶山羊，发病率可达10%以上。病羊四肢角质蹄壁下层和蹄底肉样血管组织发生急性或慢性炎症，被强迫起立和行走时，表现极度痛苦。当病情加重时，角质蹄发生脱落，局部流血流脓，严重跛行，因而病羊逐渐消瘦，产奶量大为降低，妊妊娠母羊流产率上升，产羔率也下降，严重影响养羊业发展。

【病因】　羊蹄叶炎的发病原因十分复杂，大多因羊体内存在大量组织胺物质，以致其血管运动神经调节出现问题，血液循环出现障碍，导致血管通透性变大，真皮微血管发生栓塞问题，从而引发蹄叶炎的发生。

（1）**过食精饲料**　过多的给予精饲料和育肥用配合饲料、饲料突变或偷吃精饲料等引起瘤胃酸中毒的时候，瘤胃内容物异常发酵产生大量的乳酸和组织胺。这些乳酸和组织胺作用于分布在蹄组织上的毛细血管，引起瘀血和炎症，刺激局部的神经而产生剧烈的疼痛。春季的草中蛋白质含量高，也可能成为病因之一。

（2）**继发于感染性疾病**　多发生于分娩后，伴发羊肠毒血症、肺炎、乳腺炎、子宫炎等。由于炎症引起蛋白质异常分解，产生的组织胺等炎症产物被吸收，引起上述同样的病变。

（3）**过敏性蹄叶炎**　由于预防注射，患全身性的光照过敏症及多发性关节炎等而引起。

【流行病学】　冬春季节发病率高于夏秋季节。冬季由于寒冷，蹄部动静脉吻合支长期扩张，血液循环受阻，渗出物增多；春季雨水多，羊舍排水系统不完善，造成地面泥泞、粪便淤积，卫生条件较差，羊蹄长期浸渍在污物中，使蹄角质软化，抵抗力降低，易发生蹄叶炎。

【临床症状】

（1）**急性蹄叶炎**　病羊四肢角质蹄壁下层和蹄底肉样血管组织发生急性炎症，红肿，甚至溃烂；病羊蹄部温度显著升高，被强迫起立和行走时，表现极度痛苦，触摸羊蹄有热感。当病情加重时，蹄角质发生脱落，局部流血、流脓（图4-40，视频4-3），严重跛行（图4-41），因而病羊逐渐消瘦，奶山羊产奶量大为降低，妊娠母羊流产率上升，产羔率也下降，严重影响养羊业的经济效益。

视频 4-3

图 4-40　蹄叶炎病羊的蹄角质发生脱落，
局部流脓

图 4-41　蹄叶炎病羊严重跛行

（2）**慢性蹄叶炎**　慢性蹄叶炎的症状轻于急性蹄叶炎，病羊表现为不愿意行走或者羊蹄发育不正常，蹄尖着地，不愿负重（图4-42，视频4-4）。羊蹄底部角质化加重，明显增厚，羊蹄无法平整着地。病羊蹄骨尖会向下移动，背侧缘与地面之间的角度增大，蹄骨会明显压迫蹄部真皮，甚至会导致蹄部穿孔，最终引发化脓性的蹄叶炎。另外，患蹄叶炎的病羊前蹄非常疼痛，导致它们经常跪地休息或者跪地吃草（图4-43）。

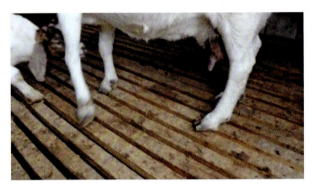

视频 4-4

图 4-42　病羊蹄尖着地，不愿负重

图 4-43　蹄叶炎病羊跪地休息（左图）或者跪地吃草（右图）

【病理变化】羊蹄角小叶边缘的细胞层次减少，很难见到上皮细胞内角母蛋白颗粒，棘细胞减少到一层，有的部位完全缺失，许多小叶内隔消失。真皮小叶顶端与角小叶有不同程度的分离。血管壁有炎性细胞浸润，许多血管内积聚大量红色团块状物质，这种情况在远轴侧面和蹄底真皮部尤为严重。蹄球和蹄底部血管数量增多，有许多处于分化状态的新生血管，血管内血栓机化和血管再通也常见；在许多部位，很多小动脉聚积在一起，大部分小动脉的管腔非常狭窄。在血管周围往往有较多的细胞浸润，但很少见到肥大细胞。

【鉴别诊断】注意与多发性关节炎和蹄骨骨折等进行鉴别。多发性关节炎，关节囊发生扩张，外观可见肿胀，呈波动状，关节和滑膜面出现轻度充血，往往是由轻微外伤导致。蹄骨骨折，骨折处发生局部肿胀、变形，伴有明显疼痛，明显跛行，活动时可听到骨端发出"噼啪"音。

【预防】

1）定期对羊蹄进行修剪，保证羊蹄的平稳性，从而使羊可以正常负荷行走，这样就可以适当增加它们的运动量，避免前胸变窄、食欲不振现象的发生。

2）加强饲养管理。调整好饲料配方，营养搭配合理，不能经常更换饲料，也不能让羊过量采食。

3）在春夏季节放牧时，要远离湿度较大的区域。

4）把羊舍建在背风向阳的地方，加强通风，勤打扫，保持羊舍的干燥及洁净。

5）加强羊舍内消毒，经常在舍内撒少许干燥剂，如石灰粉。

6）定期接种肠毒血症菌苗，因为羊蹄叶炎常伴随肠毒血症发生，因此及时进行肠毒血症菌苗接种，可有效防止蹄叶炎的发生。

【治疗】

（1）**治疗原则** 除去病因，清洗消毒，抗菌消炎。

（2）**治疗方案** 一旦患上急性蹄叶炎会非常难以治愈，因此需要把握时间，进行综合治疗。

方案1：用醋炒麸皮、热酒糟对羊蹄进行温包处理，其中醋炒麸皮的温度以40~50℃为宜，一天需要温包1~2次，每次温包的时间不应低于2小时，需要连续对羊进行温包处理5~7天。

方案2：彻底清理蹄部，充分暴露病变部位，清除坏死组织，然后用10%碘酊涂布，用消炎粉和硫酸铜适量压于伤口，再用鱼石脂外敷，用绷带包扎蹄部即可。

方案3：每天用0.9%氯化钠溶液（或1%高锰酸钾溶液）对患病部位进行擦洗1~2次，然后用四环素或土霉素软膏加上少许消炎粉，拌匀后均匀地涂抹于患病部位。

方案4：若患蹄化脓，应在彻底排脓后，用3%过氧化氢溶液冲洗干净。若有较大的瘘管，则应做引流术。同时，每天换1次药，5天左右即可治愈。

方案5：对有严重蹄部病变的，应配合全身症状用抗生素药物治疗，同时可以应用抗组织胺制剂、可的松类药物等。

二、羊结膜角膜炎

羊结膜角膜炎是在羊有机械性损伤或感染某些病原（病毒、细菌、某些寄生虫）的情况下，致使眼结膜、角膜、眼睑内发生炎性反应的一系列症候的总称。一般不会单纯性发生眼结膜炎、眼角膜炎或眼睑炎，多会互相影响、产生连带反应，所以临床上统称为羊结膜角膜炎。其中，最常见的是羊传染性角膜炎，俗称为红眼病，是一种羊群常见的接触性传染病。红眼病的病原主要包括李氏杆菌、奈氏球菌、立克次氏体、嗜血杆菌等，羊群中的羔羊与成年羊均可感染，具有较强的传染性，多发于夏秋两季，其发病特点呈地方性流行和散发性。若治疗不及时将会导致病羊失明，给养殖户带来一定的经济损失。

【病因】 羊结膜角膜炎的致病因素很多，主要有物理性损伤、病原感染、不良环境因素和营养性因素等。

（1）**物理性损伤** 主要是由于眼睑、眼结膜和角膜被外力作用下侵入的风沙等异物损伤，创口继发感染所致；羊群过于拥挤发生打斗、擦剐等导致眼部损伤；散牧羊被灌木丛刮伤眼部；高强度阳光持续照射刺激羊的眼结膜、角膜致其发炎；粉尘及强刺激性有害气体超标，其他强刺激性化学物质等误入羊眼内引起发炎等。

（2）**病原感染** 临床上可致羊产生结膜角膜炎的病原包括病毒（痘病毒、感冒病毒等）、细菌（衣原体、立克次氏体、支原体、奈氏球菌和李氏杆菌等）、某些寄生虫（螨虫、囊虫和弓形体）等，当这些病原大量寄居于羊结膜囊中，就会引发眼部组织的一系列炎性病变。羊罹患某些常见病，如羊链球菌病、羊支原体肺炎、羊传染性胸膜肺炎、病毒性感冒、寄生虫病和羊痘病等，均可能继发感染引起羊结膜角膜炎。

（3）**不良环境因素** 主要是夏季养殖环境的温湿度偏高、羊舍通风排潮不良等；带羊消毒时对消毒剂的选择与使用不当，强刺激性消毒物质误入羊眼内引起发炎；羊舍内粪尿及被污染垫料清理不及时，经久堆积产生氨气、一氧化碳、二氧化硫和一氧化氮等有害气体，强刺激性致使羊的眼部组织发炎。

（4）**营养性因素** 主要是在现代全舍饲、封闭式、规模化养殖模式下，羊群处于高度应激状态，对各种重要营养物质的需求量较高，日粮中相关微量元素长期缺乏或配比不当，就容易引发羊眼疾。例如，羊机体必需的矿物质钙、磷、锌和维生素 A、维生素 E、维生素 B、维生素 D 等长期缺乏，就是引发羊眼疾的重要原因之一。

【流行病学】 羊传染性结膜角膜炎常发生在气温高、蚊和蝇多的夏秋两季，同时也可在氨气浓度高、空气不畅通等环境中发病。不同年龄、性别的羊均可发病，其中最常发生于小于 24 月龄及新进羊群的羊。本病的发生传播速度较快，若病羊不能得到及时、有效的防治措施或措施不当，可造成本病在地方的广泛流行。一旦发生本病，病羊眼部受到炎性刺激，可引起视觉障碍，严重者可造成失明，进而导致病羊觅食困难，逐渐消瘦，抵抗力降低，进而诱发多种疾病。

【临床症状】

1）典型症状主要有眼和鼻分泌物增多、眼结膜和角膜充血红肿（图 4-44）、眼睑肿胀充血（图 4-45）、上下眼睑粘连闭合、眼角泪斑（图 4-46）和角膜混浊（图 4-47）等。

2）若治疗不及时，可发生角膜增厚、溃疡或角膜瘢痕、角膜白斑（图 4-48）、角膜薄翳等；严重者可波及整个眼球组织，进而造成角膜破裂、晶状体脱落、永久性失明（图 4-49，视频 4-5）等。病羊由于双目失明造成行动不便、觅食困难，易出现滚坡摔伤或摔死。

3）传染性结膜角膜炎常突然发病（视频 4-6），病初表现为眼结膜潮红、肿胀（图 4-50），畏光、流泪（图 4-51），眼房内充满渗出液（图 4-52），眼睑肿胀、疼痛，虹膜血管充血（图 4-53）等。多数病羊在发病初期

视频 4-5

视频 4-6

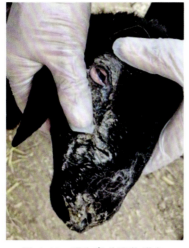

图 4-44　眼和鼻分泌物增多、
眼结膜和角膜充血红肿

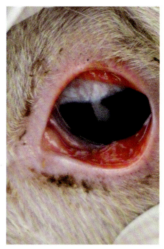

图 4-45　眼睑肿胀充血

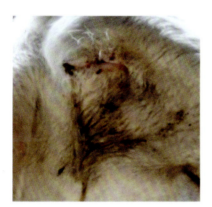

图 4-46　上下眼睑粘连闭合、眼角泪斑

图 4-47　角膜混浊

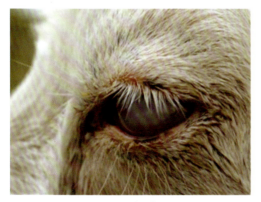

图 4-48　角膜白斑

图 4-49　角膜破裂、晶状体脱落、
永久性失明

可见一侧眼睛患病，后期双眼均受到感染。潜伏期一般为 3~7 天，病程为 20~30 天。病羊多无明显的发热等全身症状，发病初期可有眼睑肿胀、流泪、疼痛等症状，随着病程发展，病羊逐渐表现为瞬膜及结膜红肿（图 4-54）、角膜周围血管充血及扩张、角膜凸起等症状，当病羊眼球化脓（图 4-55）、体温升高时，会有精神沉郁、食欲减退等表现。

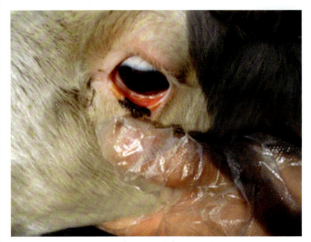

图 4-50　眼结膜潮红、肿胀

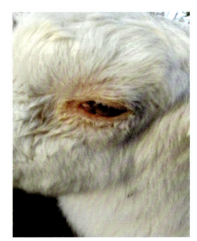

图 4-51　畏光、流泪

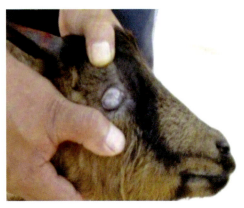

图 4-52　眼房内充满渗出液

图 4-53　虹膜血管充血

【预防】

1）避免从疫区引进病羊，引进过程中应严格检疫，新引进的羊后应隔离观察 30 天，确定羊健康后方可进行羊群混群饲养。

2）控制良性养殖环境，抓好羊舍内粪污治理和消毒灭源工作，将养殖环境中病原的含量控制在最低值，以降低内源性、外源性感染概率，减少发病。养殖过程注意合理限制羊群密度，避免过于拥挤导致打斗、擦剐伤、通风散热不良等；羊场（舍、栏）

消毒宜选用刺激性较小、安全高效的消毒剂，带羊消毒时注意采取防护措施，避免强刺激而引起发病；晚春、夏秋季注意加强羊舍内通风排湿、防暑降温管理，定期开展体内外寄生虫驱除工作，消除蚊、蝇、鼠类等中间传播媒介的威胁。

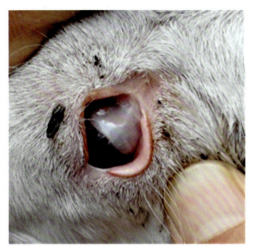

图 4-54　瞬膜及结膜红肿

图 4-55　病羊眼球化脓流出脓性分泌物

3）严格饲养管理制度，遵守兽医卫生制度。避免在强光照射或强风、扬尘下放牧。

4）一旦发现病羊，应立即隔离治疗。可将病羊置于黑暗处，使其免受光照刺激，让病羊得到充足的休息。同时对病羊已经污染的饲草、饲料、羊舍及其周围环境进行严格消毒。

【治疗】

（1）**治疗原则**　清洗消毒，控制感染，对症治疗。

（2）**治疗方案**

方案 1：使用 2%~5% 硼酸或 0.9% 氯化钠溶液冲洗患眼，然后给予利福平眼药水或普鲁卡因油剂青霉素滴眼。

方案 2：重症病羊，肌内注射青霉素、链霉素等抗生素，每天 2 次，直至病愈。

方案 3：薄荷 10 克、山栀 15 克、青葙子 15 克、生地黄 30 克、密蒙花 15 克、龙胆 15 克、草决明 15 克、菊花 20 克、黄连 10 克、黄芩 10 克、防风 10 克、甘草 10 克，以水煎煮 2 次，取药汁 1000 毫升，每只灌服 250 毫升，早晚各 1 次。

三、流产

流产是胎儿或母体的生理过程发生紊乱，或它们之间的正常关系受到破坏而发生的妊娠中断。可发生在羊妊娠的各个阶段，但以妊娠早期、中期较为多见。

【病因】　流产的原因有很多，概括起来可分为三类，即传染性流产、寄生虫性流产和普通性流产。传染性流产者多见于布鲁氏菌病、弯曲杆菌病、支原体病、衣原体病等；寄生虫性流产主要见于弓形体病、新孢子虫病等；普通性流产可见于子宫畸形、胎盘胎膜炎、羊水增多症等。严重的内科病、外科病、中毒病等也能引起流产的发生；长途运输过于拥挤，水草供给不均，饲喂冷冻发霉饲料也均可导致流产。药物使用不当，如使用大量的泻剂、利尿剂、麻醉剂和其他可引起子宫收缩的药品等，也可引起流产。

【临床症状】 根据流产的症状不同，可分为隐性流产、小产、早产及延期流产。

(1) **隐性流产** 也称为早期胚胎丢失，临床上看不到任何表现，只是母羊屡配不孕或产羔数减少。胚胎移植资料表明，山羊早期胚胎丢失可达 50% 左右。

(2) **小产** 是排出死亡而未经变化的胎儿，临床上最为常见。胎儿死后，引起子宫收缩反应，羊于数天之内将死胎及胎膜排出（图 4-56）。临床上可见母羊有明显的努责症状，死胎及胎膜、羊水排出，但妊娠早期胎儿及胎膜较小，流产不易被发现。

(3) **早产** 是排出不足月的活胎儿。这类流产的临床表现与正常分娩相似，但母羊的产前预兆不如正常分娩预兆明显，在排出胎儿前 2~3 天乳腺突然膨大、阴唇稍微肿胀、乳头内可挤出清亮的液体、阴门有清亮的黏液排出（图 4-57）。产出的胎儿是活的，但未足月，生活力低下，如果早产的胎儿有吮乳反射，必须尽力挽救，辅助早产胎儿吮食母乳或人工哺乳，并注意保暖。

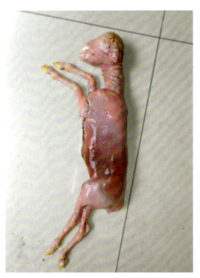

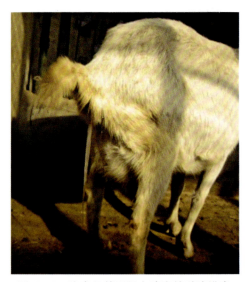

图 4-56 羊流产产出死亡的胎儿　　　　图 4-57 流产母羊阴门有清亮的黏液排出

(4) **延期流产** 也称为死胎停滞。胎儿死后因子宫阵缩微弱，子宫颈开张不全或不开张，长期滞留于子宫内称为延期流产。根据子宫颈是否开放，可分为胎儿干尸化和胎儿浸溶。

1）胎儿干尸化。胎儿死亡后因子宫颈不开张未排出，组织中的水分及羊水被吸收，体积缩小，变为棕黑色如干尸一样。病羊表现正常的妊娠现象不再发展，腹围甚至比以前缩小，妊娠期满数日或数周仍不分娩，腹部触诊已无羊水和胎动。干尸化胎儿（图4-58），有时伴随发情被排出。

2）胎儿浸溶。妊娠中断后，死亡胎儿因子宫颈开张不全，不能将胎儿排出，同时外界腐败菌进入子宫内，死亡胎儿的软组织腐败分解，变为液体流出，而骨骼留在子宫内，称为胎儿浸溶。患本病时，常因细菌感染而引起子宫炎，甚至出现败血症。病羊精神沉郁、体温升高、食欲减退、常有腹

图4-58 流产羊排出的干尸化胎儿

泻、经常努责，排出红褐色或棕褐色恶臭的黏稠液体，其中含有小的骨片，最后则只排出脓液，液体沾染尾巴和后腿，干后成为黑痂（图4-59和图4-60）。胎儿浸溶对于母羊来说，会预后不良，因为胎儿浸溶会造成母体腹膜炎、败血症或脓毒败血症而死亡。即便母羊经过治疗存活下来，其繁殖能力会因严重的慢性子宫内膜炎和子宫粘连而受影响。

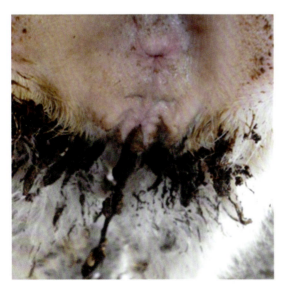

图4-59 流产排出的黏液干后在阴门结成的黑痂

图4-60 自阴门取出的腐烂组织，一头干痂

【预防】 引起流产的原因有很多，各种流产的症状也有所不同。除了少数病羊在刚出现症状时可以试行安胎以外，大多数流产一旦发生往往无法阻止。尤其是繁殖羊场，流产常常是成批的，损失严重。因此对妊娠母羊要加强饲养管理，并有适量的运

动，以增强体质、预防流产。在发生流产时，除了采用适当治疗方法、保证母羊及其生殖道的健康以外，还应对整个羊群的情况进行详细调查分析，注意观察排出的胎儿及胎膜，必要时采样进行实验室检查，尽量做出确切的诊断，然后提出有效的具体预防措施。

调查应包括饲养条件及制度（确定是否为饲养性流产），管理情况（管理性流产），是否受过伤害、惊吓（损伤性流产），流产发生的季节及天气变化；母羊是否发生过普通病，羊群中是否出现过传染性、寄生虫性疾病及治疗情况如何；流产时的妊娠月数，母羊的流产是否带有习惯性等。

对排出的胎儿及胎膜要进行细致观察，注意有无病理变化及发育异常。在普通性流产中，自发性流产常表现有胎膜上的反常及胎儿畸形；霉菌中毒引起的流产，表现为羊膜和胎盘水肿、坏死；因饲养管理不当、损伤、母羊疾病、医疗事故等引起的流产，一般看不到胎儿有明显的变化；传染性及寄生虫性疾病引起的自发性流产，胎膜及（或）胎儿常有相应的病理变化，如布鲁氏菌病引起的流产，常表现为胎膜及胎盘上有棕黄色黏脓性分泌物，胎盘坏死、出血，羊膜水肿并有皮革样的坏死区，胎儿水肿且胸腔、腹腔内有浅红色的浆液等。

当疑似发生传染性流产时，应禁止解剖，以免污染，并将胎儿、胎膜及子宫或阴道分泌物送实验室诊断，有条件时应对母羊进行血清学检查，同时做好消毒、隔离措施。

【治疗】

（1）**治疗原则**　首先应确定是何种流产，妊娠能否继续进行，再确定治疗措施。

（2）**治疗方案**　先兆性流产以安胎、抑制子宫收缩为治疗原则，可取孕酮10~30毫克肌内注射，每天1次，连用数天。也可用1%硫酸阿托品1毫升，皮下注射，或使用溴制剂、氯丙嗪等进行辅助治疗。禁止阴道检查，适当加强运动，减轻和抑制努责。

流产无可挽回时，应尽快促使子宫排出内容物，以免胎儿死亡后腐败分解引起子宫内膜炎，影响以后受孕。可选用前列腺素和雌激素肌内注射，促进子宫颈开放，刺激子宫收缩。

对于胎儿干尸化可先注射雌激素5毫克，连用3天，第二天注射氯前列烯醇0.1毫克，第三天注射催产素20国际单位，视羊的反应情况，在产道及子宫内灌入润滑剂后进行助产。有时需要截胎、甚至剖宫产才能取出。

胎儿浸溶时，可分别注射雌激素和催产素，促进子宫颈开张和子宫收缩，子宫内灌注润滑剂后，可助产或使羊自行将残留的胎儿骨骼排出，之后用10%氯化钠溶液或0.1%高锰酸钾溶液冲洗子宫，并在子宫内放入抗生素。还要进行全身性对症治疗。

四、难产

分娩过程中胎儿排出受阻，母体不能将胎儿由产道顺利产出时称为难产。

【病因】　母羊身体发育不全，提早配种，骨盆和产道狭窄，加之胎儿过大，造成产道性难产；营养失调，运动不足，体质虚弱，老龄或患有全身性疾病的母羊引起子宫、腹壁收缩微弱及努责无力，造成产力性难产；胎向、胎位及胎势异常和胎儿过大，胎儿畸形或两个胎儿同时楔入产道等情况，造成胎儿性难产。还有羊膜破裂过早，使胎儿不能产出导致难产。

【临床症状】 妊娠羊发生阵缩，起卧不安，时有拱腰努责，回头顾腹（图 4-61），阴门肿胀，从阴门流出红黄色浆液，有时露出部分胎衣（图 4-62），有时可见胎儿蹄、四肢或头（图 4-63~ 图 4-65），但胎儿长时间不能产出。

图 4-61　难产妊娠羊发生阵缩，起卧不安，时有拱腰努责，回头顾腹

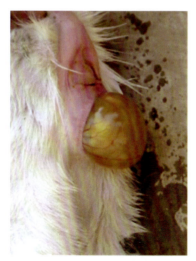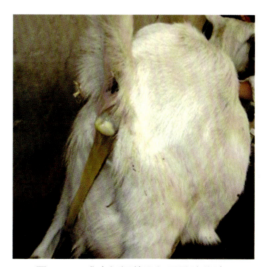

图 4-62　难产妊娠羊阴门　　　　图 4-63　难产妊娠羊阴门可见胎儿蹄
露出部分胎衣

【鉴别诊断】 当努责无力、子宫颈开张不全，胎儿通过产道比较缓慢；产期超过正常时限，努责强烈，胎膜露出，或羊水流失，胎儿久未排出，即可确诊。正生时，如果一侧或两侧前肢已经露出很长而不见唇部，或唇部已经露出而不见一侧或两侧蹄尖；倒生时只见一侧蹄或尾尖，表示发生胎势异常。

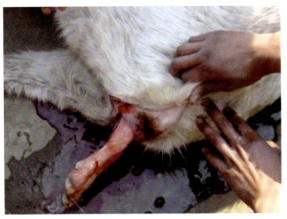
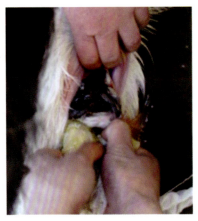

图 4-64　难产妊娠羊阴门可见胎儿前肢 　　　　图 4-65　难产妊娠羊阴门可见
胎儿头和前肢

【预防】

1）对于繁殖用的母羊，从小就要加强饲养管理，保证发育良好、体格健壮。后备母羊不要过早配种，否则也容易因骨盆狭窄而难产。

2）妊娠期间要按妊娠饲养标准喂养，保证胎儿生长发育的需要和母体的健康。妊娠羊要适当运动，一直到胎儿正常产出为止。因此应该分群饲养管理。

3）对于接近预产期的母羊，应再进行分群，特别多加照管。①准备好分娩场所，天气温暖时，可露天生产，但必须备有棚舍，以防天气突然变化时应用。在大型牧场，应备有较大的空气良好的产房或产圈或产棚，除了干燥及排水良好外，还应装置分娩栏。②应该有专人值班，特别注意接产，尤其注意清晨和傍晚的时候。

4）在分娩过程中，要尽量保持环境安静；接产人员不要高声喧哗，防止母羊受到惊扰。

5）对于分娩的异常现象，要做到尽早发现、及时处理。当发现分娩时间拉长时，即应进行胎儿和产道检查，根据反常情况进行助产。只要发现及时，母羊还有分娩力量，稍微加以帮助，即容易产出，可以防止发生严重的难产。

6）做好临产检查。临产时做好产道和胎儿的检查。羊的保定，助手用两腿夹住羊头颈，两手抓住膝前皱襞把母羊后躯提起；或采用站立保定，可将母羊置于前低后高的坡地上；或采用侧卧保定，要在后躯臀下垫以草束，胎儿反常姿势位于上方。洗涤消毒外阴部（图 4-66）和手臂；将消毒过的或戴

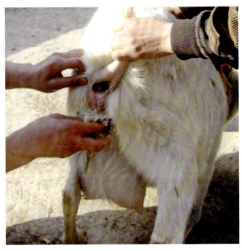

图 4-66　临产检查要洗涤消毒外阴部

上消毒长臂手套的手臂伸入产道，详细检查，确定难产的种类（图4-67），以便采取相应的助产措施。

① 产道检查。检查产道的松软及润滑程度，子宫颈的松软及开张程度，骨盆腔的大小及软产道有无异常等。

② 胎儿检查。正常正生胎儿的两前肢平直伸入骨盆，胎头伸直，唇向前置于两前肢之间，胎儿的背腹方向与母羊背腹方向一致；检查时可以摸到胎儿蹄掌向下、扁平的腕关节和置于两前肢间的唇部。正常倒生是两后肢平直伸入产道，臀部也进入产道；检查时可以摸到蹄掌向下或侧向和向下凸起的跗关节。若胎儿有吸吮动作、心跳，或四肢有收缩活动，表示胎儿仍存活。正常正生或正常倒生，产道正常的让其自然娩出；不正常的应立即矫正助产。

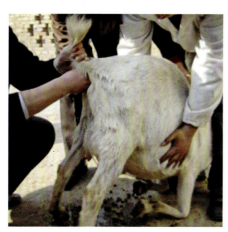
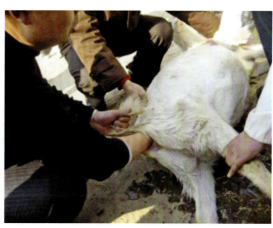

站立保定　　　　　　　　　　　　　　侧卧保定

图4-67　将消毒过的手臂伸入产道，详细检查，确定难产的种类

【治疗】 常见的难产及助产的方法如下：

1）首先进行临产检查，判定难产的原因，以便采取助产的方法。助产器械必须浸泡消毒，术者、助手的手及母羊的外阴处，均要彻底清洗消毒。

2）对于胎位正常且已进入分娩过程的母羊，若表现无努责或努责时间短而无力，迟迟不能将胎儿排出，可肌内或静脉注射催产素10~20国际单位，观察母羊分娩进程，待其自然娩出。但这种方法并不十分可靠。根据编者经验，可将外阴部和助产者的手臂消毒后伸入产道，正生时抓住胎儿的两前肢，护住胎儿的头部（图4-68），缓慢均匀地用力拉出胎儿（图4-69）。倒生时抓住胎儿的两后肢缓慢地牵引出来（视频4-7）。

3）对于胎向、胎位、胎势异常的难产，如胎儿横向、竖向，胎儿下位、侧位，头颈下弯、侧弯、仰弯，前肢腕关节屈曲，后肢跗关节屈曲等，术者手臂消毒后伸入产道，将异常的胎位、胎向、胎势进行

视频4-7

矫正，抓好胎儿的前肢或后肢把胎儿牵引拉出。

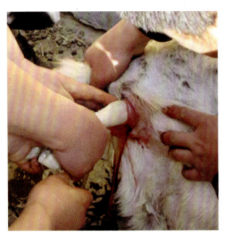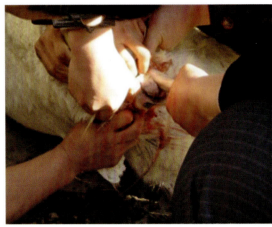

图 4-68　正生时抓住胎儿的两前肢（左图），护住胎儿的头部（右图）

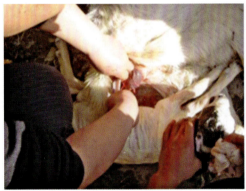

图 4-69　缓慢均匀地用力拉出胎儿

4）对于阴门狭窄或胎头过大的难产，往往是胎头的颅顶部卡在阴门口，母羊虽使劲努责，但仍然产不出胎儿。遇此情况可在阴门两侧上方，将阴唇剪开1~2厘米，术者两手在阴门上角处向上翻起阴门，同时压迫尾根基部，以使胎头产出而解除难产。

5）对于双羔同时楔入产道的难产母羊，术者手臂消毒后伸入产道将一个胎儿推回子宫内，把另一个胎儿拉出后，再拉出推回的胎儿。如果双羔各将一肢体伸入产道，形成交叉的情况，则应先辨明关系，可通过触诊腕关节和跗关节的方法区分开前后肢，再顺手触摸肢体与躯干的连接，分清肢体的所属，最后拉出胎儿解除难产。

6）对于子宫颈狭窄、扩张不能、骨盆狭窄的母羊，应果断地施行剖宫产手术，以挽救母羊和胎儿的生命。

五、乳腺炎

乳腺炎是乳腺、乳池、乳头局部的炎症，多见于泌乳期的绵羊、山羊。其临床特征为乳房发热、红肿、疼痛、泌乳减少。常见的有浆液性、卡他性、脓性和出血性乳腺炎。

【病因】 主要是擦伤、蹭伤、撞伤、顶伤、踏伤使乳房受到损伤或羔羊吮乳时咬伤乳头使乳房受到感染而发病，也可见于结核病、口蹄疫、羊痘、子宫炎、脓毒败血症等过程中；体内某些脏器疾病产生的毒素，病原产生的毒素，以及饲料、饮水或药物中的毒素也可影响乳房而引起炎症；还与遗传有关。另外，泌乳期饲喂精饲料过多而乳腺分泌机能过强，用激素治疗生殖器官疾病而引起的激素平衡失调，也是本病的诱因。

【临床症状】 轻者不显临床症状，仅乳汁有变化。急性时乳房局部肿胀、硬结、疼痛、乳量减少、乳汁变性，含有凝乳块、血液、脓汁等（图4-70~图4-75，视频4-8）。羔羊吃乳或挤奶时母羊抗拒或躲闪。由于乳房硬结，常丧失泌乳功能。脓性乳腺炎可形成脓肿、脓腔，甚至形成瘘管。乳房有损伤时，可见到伤口（图4-76）。

🎥 视频 4-8

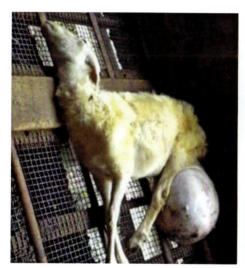

图 4-70　乳腺炎病羊乳房肿胀

【鉴别诊断】 根据其乳汁、乳腺组织和出现的全身反应，就可做出诊断。

【预防】 如果是奶用羊，应注意挤奶卫生，扫除羊舍污物。产羔季节应经常检查母羊乳房。为使乳房保持清洁，在泌乳期或哺乳期可用0.1%新洁尔灭经常擦洗乳头和乳房。消除引起乳腺炎的各种人为因素。

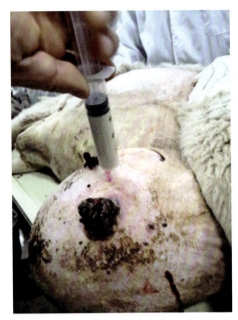

图 4-71　化脓性乳腺炎

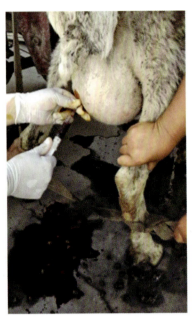

图 4-72　出血性乳腺炎

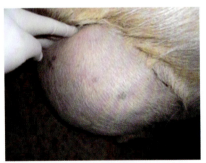

图 4-73　乳房局部硬肿、疼痛

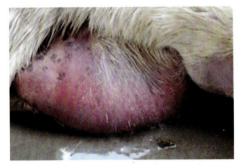

图 4-74　乳房皮肤出现红、肿、热痛

图 4-75　乳腺炎病羊乳区红、肿，乳汁有结块现象

图 4-76　乳房受到非开放性损伤时造成的坏疽性乳腺炎

【治疗】　病初可用青霉素 80 万国际单位、2% 普鲁卡因注射液 2 毫升、注射用水 4 毫升，混合后乳池内注射。同时取另一份药物进行乳房基底部封闭。肿胀严重时，用 25% 硫酸镁溶液加热后进行温敷，每次 30 分钟；或在肿硬处涂布鱼石脂软膏。对脓性乳腺炎及开口于乳池深部的脓肿，先切开排脓，再用 0.1% 乳酸依沙吖啶溶液清洗创腔，3% 过氧化氢溶液作用后再用生理盐水冲洗干净，涂布碘甘油或魏氏流膏并进行引流。隔天换药处理 1 次。

六、胎衣不下

母羊产后 4 小时（山羊较快，绵羊较慢）胎衣仍然不能排出者即发生了胎衣不下或胎衣滞留。

【病因】　引起胎衣不下的原因有很多，主要与胎盘结构、产后子宫收缩无力或弛缓及妊娠期间胎盘发生炎症有关。羊胎盘属于上皮绒毛膜与结缔组织绒毛膜混合型，胎儿胎盘与母体胎盘联系比较紧密，是胎衣不下发生较多的主要原因。产后子宫收缩无力或弛缓，是由于妊娠期间饲料单一、缺乏矿物质及微量元素和维生素，特别是缺乏钙盐与维生素 A，妊娠母羊消瘦、过肥、运动不足等，都可使子宫弛缓；怀多胎、羊水过多及胎儿过大，使子宫过度扩张，可继发产后子宫阵缩微弱而发生胎衣不下；流产、早产、难产等异常分娩后，造成产出时雌激素不足，或者子宫肌疲劳收缩无力而继发本病。另外，妊娠期间子宫受到某些细菌或病毒的感染，发生子宫内膜炎及胎盘炎，使胎儿胎盘和母体胎盘发生粘连，流产后或产后易发生胎衣不下。高温季节、产后子宫颈收缩过早，也可引起胎衣不下。还可能与遗传有关。

【临床症状与鉴别诊断】　胎衣不下分为全部不下及部分不下两种。胎衣全部不下，即整个胎衣未排出来，胎儿胎盘的大部分仍与母体胎盘连接，仅见一部分已分离的胎衣悬吊于阴门之外（视频 4-9）。羊脱露出的部分主要为尿囊绒毛膜，呈土红色，表面有许多大小不等的胎儿子叶（图 4-77）。初期病羊拱背，时常努责，阴门中流出污红色液体，其中夹杂有灰白色的胎衣碎片或脉管；有时阴门垂露的部分胎衣超过后肢跗关节（图 4-78）。经过 12 小时，滞留的胎衣就腐败分解（图 4-79），夏季腐败更快；从阴道内排出污红色恶臭液体，内含腐败的胎衣碎片，可发生急性子宫内膜炎，有的

视频 4-9

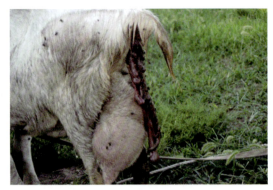

图 4-77　羊阴门脱露的尿囊绒毛膜，呈土红色，
表面有许多大小不等的胎儿子叶

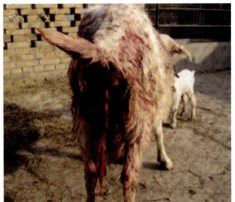

图 4-78　阴门垂露的部分胎衣超过后肢跗关节

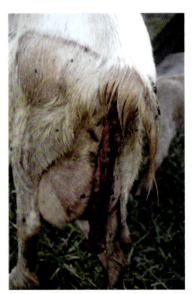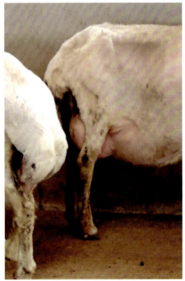

图 4-79　经过 12 小时，滞留的胎衣就腐败分解

出现全身症状，严重者卧地不起（图4-80）。病羊精神不振，拱背、常常努责，体温稍高，食欲减退、反刍略微减少；胃肠机能紊乱，有时发生腹泻、瘤胃弛缓、积食及臌气。胎衣部分不下，即胎衣大部分已经排出，只有一部分或个别胎儿胎盘残留在子宫内，从外部不易发现。诊断主要根据是恶露排出时间延长，有臭味，其中含有腐烂胎衣碎片。如果羊不死，一般在5~10天内全部胎衣发生腐烂而脱落。山羊对胎衣不下的敏感性比绵羊高。

图 4-80　因胎衣不下出现严重全身症状的病羊卧地不起

【预防】 预防本病主要是加强妊娠母羊的饲养管理。给妊娠母羊饲喂富含多种矿物质和维生素的饲料，以不使妊娠母羊过肥为原则；每天要有一定的运动时间；分娩后让母羊自己舔干羊羔身上的黏液；分娩后，特别是在难产后应立即注射催产素或钙制剂，避免产后母羊饮用冷水；分娩后饮益母草及当归煎剂或水浸液，也有防止胎衣不下的效用。据报道，妊娠期间肌内注射亚硒酸钠维生素 E 注射液 3 次，每次 0.5~1 毫升可预防本病。

【治疗】 胎衣不下的治疗原则是：尽早采取治疗措施，防止胎衣腐败吸收，促进子宫收缩，局部和全身抗菌消炎。具体措施如下：

（1）**促进子宫收缩**　病羊分娩后不超过 24 小时，可先肌内注射苯甲酸雌二醇 3 毫克，1 小时后肌内或皮下注射催产素 5~20 国际单位，2 小时后重复 1 次。还可应用麦角新碱 0.2~0.4 毫克，皮下注射。

（2）**子宫内投药**　在子宫黏膜与胎衣之间放置粉剂土霉素或四环素 0.25~0.5 克，把药物装入胶囊或用水溶性薄膜纸包好置放于两个子宫角中，隔天 1 次，视情况可用 1~3 次。也可用其他抗生素（如青霉素、链霉素等）或磺胺类药物。

（3）**促进胎儿胎盘与母体胎盘分离**　可在子宫内注入 5%~10% 氯化钠溶液 0.5~1 升，但注入后必须注意使氯化钠溶液尽可能完全排出。

（4）**对症治疗**　在有全身症状时，进行对症治疗。

（5）**中药疗法**　可用中药当归 9 克、白术 6 克、益母草 9 克、桃仁 3 克、红花 6 克、川芎 3 克、陈皮 3 克，共研细末，开水冲调后内服。

七、生产瘫痪

生产瘫痪是分娩前后突然发生的一种严重的代谢性疾病。其特征是因缺钙而发生意识紊乱，四肢瘫痪。本病多发生于产羔多、营养良好的母羊。

【病因】 分娩前后血钙浓度突然降低是发生本病的主要原因。产前血钙大量进入初乳，胎儿迅速发育消耗钙过多，大脑抑制动用骨骼中钙的能力降低，从肠道中吸收钙的量减少等，致使机体血钙平衡失调而发病。

【临床症状】 羊的生产瘫痪多发生在产羔后 1~3 天，也有发生在产前和产后 2 个月左右的。多数为不典型的。病羊表现为四肢瘫痪，头颈侧弯（图 4-81），精神极度沉郁（图 4-82），有时昏睡不起，心跳快而弱，呼吸增快，鼻腔内常有黏性分泌物积聚。体温一般正常或稍低。

图 4-81　病羊四肢瘫痪，头颈侧弯

图 4-82　病羊卧地不起，精神极度沉郁

【预防】

（1）**做好妊娠羊的生育保健**　在冬季可补喂青贮饲料和麦芽、蔬菜叶、胡萝卜等，能量饲料（麸皮、玉米、大麦粉等）每只羊每天不少于 500 克，蛋白质（饼类和鱼粉等）、维生素 E 及维生素 AD 要保证供给，并多补充促进母羊和胎儿骨骼发育钙化的钙源饲料，如骨粉、豌豆等。让羊多到户外阳光充足的地方活动、晒太阳。抓住母羊怀羔有利时机，从产前 30 天开始，对病羊进行预防性服药，消除病患。口服葡萄糖酸钙（每片 0.5 克），一次 8 片，一天 3 次，可与维生素 D 制剂同服。服药直到分娩，身瘦体弱的老龄羊可多服。

（2）**控制奶山羊的产后挤奶量**　尤其是产后 1 周之内，谨防由于失钙引发瘫痪。产后第 1 天挤奶量控制在能够使羊羔饮用即可，第 2 天挤日产奶量的 1/2 以下，第 3 天挤日产奶量的 2/3 以下，第 4 天挤日产奶量的 3/4 以下，第 5 天根据羊健康状况决定挤奶量。如果羊体质健壮，食欲正常，可将全部奶挤净。

【治疗】 取 10% 葡萄糖酸钙溶液 100 毫升、10% 葡萄糖注射液 300 毫升，静脉注射。皮下注射维生素 D₂ 胶性钙注射液，一天 1 次，每次 5 毫升，连用 5 天。同时可肌内注射复合维生素 B。另外，可给以轻泻剂，促进积粪排出，改善消化机能。

八、子宫内膜炎

子宫内膜炎是母羊分娩后或流产后的子宫黏膜的炎症，是常见的一种母羊生殖器官疾病，也是导致母羊不孕的重要原因之一。

【病因】 配种、人工授精及阴道检查时消毒不严，分娩、助产、难产、胎衣不下、子宫脱出、阴道炎、腹膜炎、胎儿死于腹中及产道损伤之后，或剖宫产时无菌操作不严等，细菌侵入而引起。阴道内存在的某些条件性病原，在机体抵抗力降低时，也可导致本病发生。此外，在发生布鲁氏菌病、副伤寒等传染病时，也常发生子宫内膜炎。

【临床症状】 在临床上可见急性和慢性两种，按其病程中发炎的性质可分为卡他性、卡他脓性和脓性子宫内膜炎。

（1）**急性子宫内膜炎** 多见于分娩后或流产后。初期病羊食欲减退，精神沉郁，体温升高，因疼痛反应而磨牙、呻吟、拱背、努责（图4-83），时常做排尿姿势，从阴门流出污红色内容物（图4-84）。常常出现前胃弛缓。

（2）**慢性子宫内膜炎** 多由急性炎症转变而来，病情较急性轻微，病程长，子宫分泌物量少，病羊尾根、阴门和大腿常黏附薄痂（图4-85）。若不及时治疗，可发展成为子宫积水、子宫积脓。有时可继发腹膜炎、肺炎、膀胱炎和乳腺炎等。

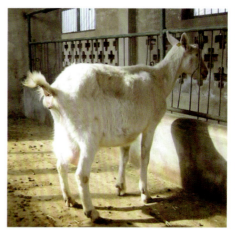

图4-83 子宫内膜炎病羊初期食欲减退，体温升高，磨牙、呻吟、拱背、努责

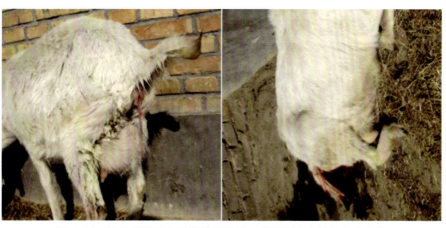

图4-84 子宫内膜炎病羊做排尿姿势，从阴门流出污红色内容物

【预防】 预防本病应注意保持羊舍和产房的清洁卫生，临产前后对阴门及周围部位进行消毒；在配种、人工授精和助产时，应注意器械、术者手臂和外生殖器的消毒。及时正确治疗流产、难产、胎衣不下、子宫脱出及阴道炎等疾病，以防损伤和感染。

【治疗】 治疗原则是增强机体抵抗力，消除炎症及恢复子宫机能。净化清洗子宫，用0.1%高锰酸钾溶液300毫升，灌入子宫腔内，然后用虹吸的方法排出灌入子宫内的消毒液，每天 1 次，连用 3 次。在每次冲洗后，给羊子宫内注入碘甘油 3 毫升，或投放土霉素粉 2 克，或复方磺胺甲唑 2 克，或青霉素 160 万国际单位、链霉素 50 万国际单位。继发严重感染时可大计量应用抗生素肌内或静脉注射。有自体中毒症状时应用 10% 葡萄糖注射液 250 毫升、生理盐水 250 毫升、林格溶液 250 毫升、5% 碳酸氢钠溶液 50~100 毫升、维生素 C 注射液 20 毫克，一次分别静脉注射。

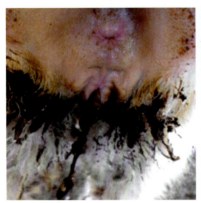
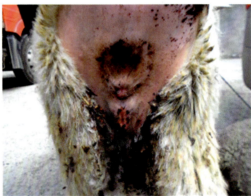

图 4-85　慢性子宫内膜炎病羊子宫分泌物量少，阴门、大腿处黏附薄痂

九、子宫脱出

　　子宫脱出即指子宫角前端全部翻出于阴门之外，多见于产程的第三期，有时则在产后数小时之内发生，产后超过 1 天发病的母羊极为少见。

　　【病因】　体质虚弱，运动不足，胎水过多，胎儿过大或多次妊娠，致使子宫肌收缩力减退和子宫过度伸张引起的子宫弛缓，是发生本病的主要原因。分娩过度延迟时子宫黏膜紧裹胎儿，随着胎儿被迅速拉出而造成宫腔负压，腹压相对增高，则子宫可随胎儿翻出阴门之外。分娩和胎衣不下的强烈努责；便秘、腹泻、疝痛等引起的腹压增大，也是本病的诱因。

　　【临床症状】　羊脱出的子宫表面上有许多暗红色的子叶（母体胎盘），绵羊的为算盘珠（盂）状（图 4-86），山羊的为圆盘状（图 4-87），极易出血。子宫表面有时附有未脱离的胎衣，剥去胎衣或自行脱落后呈粉红色或红色，后因瘀血而变为紫红色（图 4-88）或深灰色。随着水肿呈肉冻状，且多被粪土污染和摩擦而出血（图 4-89），进而结痂、干裂、糜烂等。有的伴有阴道脱出（图 4-90）。寒冷季节常因冻伤而发生坏死。若不及时治疗，子宫可发生出血、坏死，甚至感染而引起败血症。

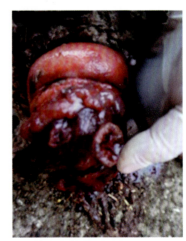

图 4-86　绵羊的子宫子叶为算盘珠（盂）状

图4-87　山羊的子宫子叶为圆盘状

图4-88　子宫剥去胎衣后因瘀血而变为紫红色

图4-89　子宫水肿呈肉冻状，被粪土污染和
摩擦而出血

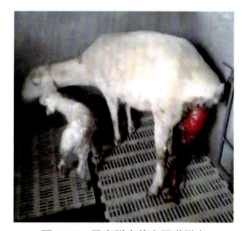

图4-90　子宫脱出伴有阴道脱出

【鉴别诊断】　通常结合病史及临床症状不难做出诊断。

【预防】　平时加强饲养管理，保证饲料质量，使羊身体状况良好；在妊娠期间，保证母羊有足够的运动，增强子宫肌肉的张力；遇到胎衣不下时，绝不要强行拉出；遇到产道干燥时，在拉出胎儿之前，应给产道内涂灌大量油类，以预防子宫脱出。

【治疗】　子宫脱出时必须及早治疗，以整复为主，配以药物治疗。但当子宫严重损伤、坏死及穿孔而不宜整复时，应实施子宫切除术或淘汰病羊。

（1）**整复法**　整复脱出的子宫之前必须检查子宫腔内有无肠管和膀胱，若有，应将肠管先压回腹腔并将膀胱中的尿液导出后再行整复。用温热的消毒液将脱出的子宫、外阴部和尾根彻底清洗干净，除去其上黏附的污物及坏死组织，用灭菌单保护（图4-91）；由助手将羊的后肢倒提起来进行保定（图4-92），然后整复。整复子宫的方法有两种：一种是由子宫角尖端开始，术者一手用拳头顶住子宫角尖端的凹陷处，小心而缓慢地将子宫角推入阴道，另一只手和助手从两侧辅助配合，并防止送入的部分再度脱出，用同样的方法处理另一子宫角，逐渐将脱出的子宫全部送回盆腔内；另一种是由子宫基部开始，从两侧压挤并推送靠近阴门的子宫部分，一部分一部分地推送，直至脱出的子宫全部被送回盆腔内（图4-93）。待子宫被全部还纳后，将手臂尽量伸入其中上下左右摆动数次，以使子宫恢复正常位置并防止再脱出。为保证子宫全部复位，可灌入热消毒药液，然后导出。整复后，为防止感染，可向子宫内放入大剂量抗生素或其他防腐抑菌药物，并注射促进子宫收缩的药物。

图 4-91　用温热的消毒液清洗子宫、外阴部和尾根，并用灭菌单保护

图 4-92　由助手将羊的后肢倒提起来进行保定

（2）预防复发及护理　整复后为防止复发，应皮下或肌内注射50~100国际单位催产素。为防止病羊努责，也可进行荐尾间硬膜外麻醉，或将阴门袋口缝合固定（图4-94）等。若配以具有"补虚益气"的中药方剂，则效果更好。除阴道脱出的中药方剂外，也可使用益母补气散：益母草、炙黄芪各120克，升麻、党参、白术、当归各60克，柴胡24克，陈皮30克，炙草45克，共研细末，一次用粳米粥调灌24克，每天2次，连服6~8天。

图 4-93　将羊脱出的子宫全部送回盆腔内

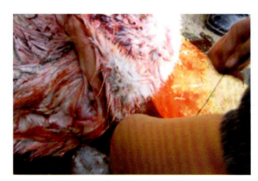

图 4-94　将羊子宫脱出整复后的阴门袋口缝合固定

（3）脱出子宫切除术　如果确定子宫脱出时间已久，无法送回，或者子宫有严重的损伤与坏死，整复后有可能引起全身感染、导致死亡的危险，可将脱出的子宫切除，

以挽救母羊的生命，或根据实际情况进行淘汰。

十、阴道脱出

阴道脱出是指阴道底壁、侧壁和上壁的一部分组织、肌肉出现松弛扩张，子宫和子宫颈也随着向后移动，松弛的阴道壁形成皱褶嵌堵于阴门内或突出于阴门外。本病以牛、羊、犬常见，有时见于猪、马。

【病因】 日粮中缺乏常量元素及微量元素，运动不足，阴道损伤及年老体弱等，使固定阴道的结缔组织松弛是发生本病的主要原因。瘤胃臌气、便秘、腹泻、阴道炎，以及分娩及难产时的阵缩、努责等，致使腹内压增加，也是本病的诱因。

【临床症状】 阴道脱出有部分脱出和完全脱出两种。部分脱出时，常在病羊卧下时，见到形如鸡蛋到拳头大的红色或暗红色的半球状阴道壁突出于阴门外（图4-95），站立时缓慢缩回。但当反复脱出后，则难以自行缩回。完全脱出多由部分脱出发展而成，可见形似拳头大小的球状物凸出于阴门外，其末端有子宫颈外口（图4-96），尿道外口常被挤压在脱出阴道部分的底部，所以虽能排尿但不流畅。脱出的阴道，初呈粉红色，后因空气刺激和摩擦而瘀血水肿，逐渐变成紫红色肉冻状，表面常有污染的粪土（图4-97和图4-98，视频4-10），进而出血、干裂、结痂、糜烂等。严重者，全身症状明显，体温可高达40℃以上。

📹 视频 4-10

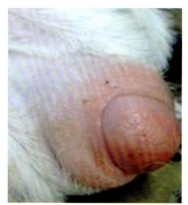

图 4-95　羊阴道脱出

【预防】 加强饲养管理，给予营养全面和足够的日粮，加强运动，防止损伤阴道，预防和及时治疗增加腹压的各种疾病。

【治疗】 治疗方法因阴道脱出的程度不同而异。

（1）**部分脱出的治疗**　站立时能自行缩回的，一般不需要整复和固定。在加强运动、增强营养、减少卧地，并使其保持后位高的基础上，灌服具有"补虚益气"的中药方剂，基本都能治愈。站立时不能自行缩回的，则应进行整复固定，并配以药物治疗。对妊娠羊注射孕酮，每天肌内注射 10~20 毫克，至分娩前 15 天左右为止，可有一定的疗效。

图 4-96　子宫完全脱出时，形似拳头大小的球状物凸出于阴门外，
其末端有子宫颈外口（右图）

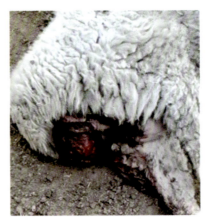

图 4-97　脱出的阴道，初呈粉红色，
表面有污染的粪土

图 4-98　脱出的阴道，后因空气刺激和
摩擦而瘀血水肿，逐渐变成紫红色肉冻状

（2）**完全脱出的治疗**　应进行整复固定，并配以药物治疗。整复时，将病羊的后肢倒提起来进行保定或保定在前低后高的地方，选用 2% 明矾溶液、1% 氯化钠溶液、0.1% 高锰酸钾溶液、0.1% 雷夫诺尔溶液或淡花椒水，清洗局部及其周围。水肿严重时，热敷挤揉或划刺以使水肿液流出；然后用消毒的湿纱布或涂有抗菌药物的油纱布将脱出的阴道包盖，趁羊努责不剧烈的时候用手掌将脱出的阴道托送还纳后，取出纱布，可在两则阴唇黏膜下蜂窝组织内注入 70% 乙醇 5~10 毫升，或以栅状阴门托或绳网结予以固定，也可用消毒的粗缝线将阴门上 2/3 进行减张缝合或钮孔状缝合。当病羊剧烈努责而影响整复时，可进行硬膜外腔麻醉或尾骶封闭。

（3）**脱出的阴道造成严重感染的治疗**　应施以全身疗法，必要时可进行阴道部分切除术。除上述处理外，配合服用"加味补中益气汤"能加速病愈。

第五章　临床用药

第一节　羊常用的药物

一、羊常用的抗微生物药物

1. 青霉素

青霉素又称苄青霉素、青霉素 G。其杀菌力强、毒性低、价格便宜，但存在抗菌谱较窄，且易被动物胃酸和 β - 内酰胺酶水解破坏及易产生耐药性等缺点。

【作用与用途】 青霉素属于窄谱杀菌性抗生素，因其对繁殖期大量合成细胞壁的细菌作用强，而对细胞壁已合成而处于静止期的细菌作用弱，所以又称为繁殖期杀菌剂。对青霉素敏感的病原主要有链球菌、葡萄球菌、肺炎链球菌、脑膜炎球菌、丹毒杆菌、放线菌、炭疽杆菌、破伤风梭菌、李氏杆菌、产气荚膜梭菌、放线杆菌和钩端螺旋体等。青霉素对大多数革兰阴性菌效果不佳。羊及其他哺乳动物的细胞无细胞壁结构，所以对哺乳动物毒性小。

青霉素对大多数敏感菌所引起的疾病有治疗效果，如羊肺炎、乳腺炎、子宫炎和败血症等。青霉素为治疗羊放线菌病的首选药，用量和疗程依病情轻重而定，为加强青霉素的疗效，可与磺胺类药物联合使用。青霉素对各种螺旋体和放线菌引起的疾病具有强大的治疗作用。发生破伤风而使用青霉素时，应与破伤风毒素配合使用。

【不良反应】 青霉素类兽药对于羊机体的毒性很小，一般无不良反应。但个别家畜偶见过敏反应，严重者会产生过敏性休克。易敏感家畜中以马、骡、猪、犬等多见，羊少见，敏感家畜注射后不久会出现流汗、兴奋不安、肌肉震颤、心跳加快、呼吸困难、站立不稳和抽搐等症状。如果出现过敏反应，应立即停止用药，同时用肾上腺素或糖皮质激素进行抢救。

【注意事项】 青霉素类药物的水溶液不稳定，在室温下溶解的时间越长，其效价越低，分解产物越多，致敏物质也不断增加，所以应现用现配，以确保药效，减少毒副作用。青霉素类兽药不宜空腹注射，以免病羊因血糖较低而引起昏厥。该类药物不应随意加大剂量使用，以免引起因干扰凝血机制而造成的出血或引起中枢神经系统中毒，也避免耐药菌的产生。

【配伍禁忌】磺胺类钠盐与青霉素混合，会使青霉素失效；青霉素与庆大霉素合用，会使庆大霉素失效；青霉素不能与四环素、酰胺醇类药物、碳酸氢钠、维生素 C、阿托品和氯丙嗪等混合使用。

【用法与用量】肌内注射，一次量 2 万 ~3 万国际单位 / 千克体重，每天 2~3 次，连用 2~3 天。

【制剂与休药期】注射用青霉素钠：休药期 0 天，弃乳期 72 小时；注射用青霉素钾：休药期 0 天，弃乳期 72 小时。

2. 氨苄西林

氨苄西林又称氨苄青霉素、安比西林。其抗菌机制是抑制细菌的细胞壁合成，因其抗菌谱广、毒副作用小、价格低廉和治疗效果好而广泛应用于临床。氨苄西林耐酸不耐酶，内服和肌内注射均易吸收，但羊内服生物利用度低。

【作用与用途】氨苄西林属于 β - 内酰胺类抗生素，是一种半合成青霉素，较一代天然青霉素有更高的稳定性和更广泛的抗菌谱。对氨苄西林敏感的病原主要有链球菌、葡萄球菌、粪肠球菌、大肠杆菌、李氏杆菌和溶血曼氏杆菌等。氨苄西林对革兰阳性菌的作用与青霉素相近或稍弱，对多数革兰阴性菌的效力比青霉素强，但不及卡那霉素、庆大霉素，但对铜绿假单胞菌、金黄色葡萄球菌无效。

氨苄西林主要用于敏感菌所引起的疾病，如羊肺炎、乳腺炎、子宫炎及败血症等。肌内注射吸收好，生物利用度大于 80%，吸收后分布于肝脏、肺、胆汁、肌肉和关节液等组织，可穿过胎盘屏障，奶中含量低。经机体吸收后主要通过肾小管消除，部分被水解为无活性的青霉噻唑后经尿液排出，血浆蛋白结合率较青霉素低，丙磺舒可提高和延长其在血液中的浓度。

【不良反应】见青霉素。对胃肠道菌群干扰作用较强，成年羊禁内服。

【注意事项】氨苄西林在水溶液中不稳定，易分解失效，应现用现配，以保证疗效和减少不良反应的发生；在酸性溶液中迅速分解，宜使用中性溶液作为溶剂。

【配伍禁忌】氨苄西林和氨基糖苷类（庆大霉素和卡那霉素除外）、喹诺酮类抗生素等配伍，疗效增强；和替米考星、盐酸多西环素、氟苯尼考配伍，疗效降低；和盐酸氯丙嗪、维生素 B$_1$、维生素 C、葡萄糖、葡萄糖氯化钠注射液等配伍，会因分解而失效并产生沉淀。

【用法与用量】内服，5~20 毫克 / 千克体重，每天 2~3 次。静脉或肌内注射，10~20 毫克 / 千克体重，每天 2~3 次，连用 2~3 天。

【制剂与休药期】可溶性粉、片剂或胶囊；注射用氨苄西林钠（粉针）；口服悬液。注射用氨苄西林钠：休药期 6 天，弃乳期 3 天。

3. 阿莫西林

阿莫西林又称为羟氨苄西林，是一种半合成青霉素类药物，微溶于水，在胃酸中较稳定，但存在不耐酶及在碱性溶液中易被破坏等缺点。

【作用与用途】阿莫西林属于广谱杀菌性抗生素，抗菌谱与氨苄西林相似，对链球菌、葡萄球菌、大肠杆菌、李氏杆菌、溶血曼氏杆菌和支原体等敏感，对肠球菌属和沙门菌作用较氨苄西林强。动物感染保护试验与体外杀菌试验表明，其发挥作用较氨苄西林快，血清中的浓度较氨苄西林高1倍以上。经肾脏分泌排出，部分经胆汁排泄，丙磺舒可提高阿莫西林的血清浓度，延长作用时间。阿莫西林对胃酸相当稳定，胃肠道内容物会影响其吸收速率，但不影响其吸收程度，可混饲给药。临床主要用于敏感菌引起的呼吸系统、消化系统、泌尿系统、软组织和肝胆系统等感染，羊传染性胸膜肺炎、羊链球菌病和李氏杆菌等疾病的治疗。阿莫西林与氨苄西林有完全的交叉耐药性，与克拉维酸合用可提高本品对耐药葡萄球菌的疗效。

【不良反应】 见青霉素。

【注意事项】 注射用复方阿莫西林不宜与葡萄糖、氨基糖苷类抗生素等混合使用。

【用法与用量】 内服，5~20毫克/千克体重，每天1~2次。静脉或肌内注射，4~7毫克/千克体重，每天2次。

【制剂与休药期】 阿莫西林可溶性粉；注射用阿莫西林钠；片剂或胶囊剂，阿莫西林克拉维酸复方制剂。休药期28天，弃乳期96小时。

4. 头孢噻呋

头孢噻呋又称头孢替呋、赛德福。因其抗菌谱广、杀菌力强、毒性低在国内外兽医临床广泛应用，但也存在肾毒性较强、不能与其他肾毒性药物连用等缺点。

【作用与用途】 头孢噻呋属于动物专用的第三代头孢菌素类抗生素，抗菌谱与广谱青霉素相似，对革兰阳性菌、革兰阴性菌及厌氧菌均有较强的抗菌活性，如大肠杆菌、沙门菌、巴氏杆菌、绿脓杆菌、链球菌和葡萄球菌等，对某些耐青霉素的金黄色葡萄球菌也有效，但对结核杆菌、真菌、霉形体、病毒及原虫等无效。

头孢噻呋适用于大多数敏感菌所引起的呼吸系统、泌尿系统等感染，主要用于治疗多杀性巴氏杆菌、大肠杆菌引起的消化系统疾病；巴氏杆菌、化脓棒状杆菌等引起的呼吸系统感染，以及运输热、肺炎等；坏死梭杆菌、产黑色素拟杆菌引起的腐蹄病。但本品不易从血液向乳汁中扩散，所以不适用于奶羊的乳腺炎治疗。

【不良反应】 一般来说，头孢噻呋对各种动物的毒副作用均较为轻微，大多数动物都可耐受，无须停药。少数动物可能会出现皮疹、瘙痒等不良反应，偶见极度过敏现象，一旦发生，立即停药，并采取相应治疗措施。

【注意事项】 对头孢菌素过敏的动物禁用，对青霉素过敏的动物慎用。头孢噻呋主要排泄途径为肾脏，所以有一定的肾毒性，不能与其他肾毒性较强的药物联合应用。肾功能不全的动物应注意适当调整给药剂量。

【配伍禁忌】 不宜与阿米卡星、庆大霉素等氨基糖苷类抗生素联用，会加重药物肾毒性；与丙磺舒合用可提高血药浓度和半衰期。

【用法与用量】 肌内注射，一次量20~40毫克/千克体重，每天1次，连用2~3天。

【制剂与休药期】 注射用头孢噻呋钠；盐酸头孢噻呋注射液。

5. 头孢喹肟

头孢喹肟又称头孢喹诺、头孢喹咪，因其药物动力学特征优良、抗菌活性强、毒副作用小、残留低等特点而深受欢迎。

【作用与用途】 头孢喹肟属于动物专用的头孢菌素类抗生素，与第二、第三代头孢菌素相比，具有广谱的抗菌活性、生物利用度高的优点，能快速穿过细胞壁孔蛋白质渗透到生物膜，通过与青霉素结合蛋白结合抑制细胞壁黏肽酶合成，使细胞壁缺损，菌体膨胀裂解而达到杀菌作用，抗菌活性比头孢噻呋更强，对耐头孢噻呋的病菌敏感。内服吸收较少，肌内和皮下注射时吸收迅速、生物利用度高。

头孢喹肟具有广谱杀菌作用，对革兰阳性菌、革兰阴性菌敏感，如对溶血性或多杀性巴氏杆菌、沙门菌、大肠杆菌、链球菌和葡萄球菌等均有较强的杀灭作用，可在许多组织达到较高的组织浓度。主要用于治疗敏感菌引起的羊呼吸系统感染和乳腺炎，如大肠杆菌引起的乳腺炎，多杀性巴氏杆菌或胸膜肺炎放线菌引起的支气管肺炎。

【注意事项】 混悬液体久置易分层，使用前应充分混匀，瓶装药品起封后应在4周内用完。避免同一部位肌内多次注射。应在25℃以下遮光保存。

【配伍禁忌】 与氨基糖苷类、喹诺酮类配伍会使头孢喹肟毒性增强；与维生素C、氟苯尼考、青霉素类、四环素类和磺胺类等配伍会相互拮抗失效或产生副作用。

【用法与用量】 肌内注射，一次量2~3毫克/千克体重，每天1次，连用3天。

【制剂与休药期】 硫酸头孢喹肟注射液。休药期5天，弃乳期1天。

6. 链霉素

链霉素能有效抑制许多细菌的生长与繁殖，因此在养殖业中广泛应用，但是存在毒副作用较强、动物源性食品残留较多和易产生耐药等缺点。

【作用与用途】 链霉素属于氨基糖苷类化合物，为灰链霉菌的代谢产物，属于有机碱，常用其硫酸盐。链霉素抗菌谱较青霉素广，对革兰阴性菌有抑制作用，高浓度则有杀菌作用；与结核杆菌菌体核糖核酸蛋白体蛋白质结合，能起到干扰蛋白质合成的作用；从而杀灭或者抑制结核杆菌生长。本品对磺胺类药物和青霉素所不能奏效的多种革兰阴性菌都有极强的杀菌作用。

链霉素内服难吸收，大部分以原形从粪便中排出，肌内注射吸收迅速而完全。对大肠杆菌、沙门菌、巴氏杆菌、痢疾杆菌和嗜血杆菌均敏感。对结核杆菌、钩端螺旋体和放线菌等也有效，为抗结核病的首选药。链霉素主要用于治疗各种敏感菌所致的急性感染症，如大肠杆菌引起的乳腺炎、肠炎、子宫炎和败血症等；巴氏杆菌引起的出血性败血症、肺炎等，以及钩端螺旋体病、放线菌病和伤寒等。

【不良反应】 链霉素的不良反应较青霉素少。与其他氨基糖苷类有交叉耐药现象；最常引起前庭损害，导致耳毒性，且呈剂量依赖性，即损害会随连续给药的药物积累而加重；长期使用可引起肾脏损害；大剂量肌内注射或腹腔内给药，特别是静脉注射，易发生毒副作用，一旦发生，死亡率较高。抢救时可用新斯的明或葡萄糖酸钙治疗。静脉注射葡萄糖酸钙或其他钙剂为过敏性休克的首选解救方法，对阻断神经肌肉冲动传导的反应也有效。

【注意事项】 本品粉剂有引湿性，易溶于水，不溶于乙醇或三氯甲烷，遇酸、碱或氯化剂、还原剂均易受破坏而失活。对氨基糖苷类过敏的病羊禁用。病羊出现失水或肾功能损害时慎用。与其他抗菌药合用可延缓耐药性产生，如异烟肼、对氨基水杨酸、青霉素和四环素等，卡那霉素、庆大霉素、新霉素对耐链霉素细菌仍有效。用量过大或时间过长，会引起较为严重的毒副作用。内服羊对消化道菌群的影响较小。

【配伍禁忌】与两性霉素、红霉素、新生霉素钠、磺胺嘧啶钠在水中相遇会产生混浊沉淀，所以注射或饮水给药不能合用。禁止与肌肉松弛药、麻醉药等同时使用，会导致病羊肌肉无力、四肢瘫痪，甚至呼吸麻痹而死亡。

【用法与用量】肌内注射，10~15毫克/千克体重，每天2次，连用2~3天。内服，羔羊0.25~0.5克/次，每天2次。

【制剂与休药期】注射用硫酸链霉素；注射用硫酸双氢链霉素；休药期18天，弃乳期72小时。

7. 庆大霉素

庆大霉素是兽医临床中治疗细菌感染的重要抗生素之一，因其抗菌谱广、抗菌活性强而广泛应用。但长时间、大剂量使用，易造成病羊耳毒性和肾毒性。

【作用与用途】庆大霉素是由小单孢子属产生的多组分氨基糖苷类抗生素，可与硫酸结合成在兽医临床上普遍使用的硫酸庆大霉素。抗菌谱广且不易产生耐药性，与细菌核糖体30S亚基结合，可抑制细菌蛋白质的合成，并间接导致细菌细胞膜、细胞壁的缺损，对静止期细菌杀灭作用较强，且对许多致病菌有抗生素后效应。对大多数革兰阴性菌及革兰阳性菌都有较强的抑菌或杀菌作用，特别是对耐药性金黄色葡萄球菌引起的感染有显著疗效。另外，还有抗支原体作用。

庆大霉素主要用于金黄色葡萄球菌、链球菌、结核杆菌、铜绿假单胞菌、变形杆菌和大肠杆菌等敏感菌引起的感染，如呼吸道和泌尿系统感染、败血症、乳腺炎、毒血症、肠炎和子宫内膜炎等。肌内注射易吸收，口服可用于肠炎和菌痢。

【不良反应】庆大霉素造成的前庭功能损害较为多见，对肾脏有较严重损害作用，与其在肾皮质部蓄积有关。偶见过敏反应。其他参见链霉素。

【注意事项】本品有抑制呼吸作用，不可静脉推注。细菌对本品的耐药性发展缓慢，耐药发生后，停药一段时间又可恢复敏感性，所以临床用药剂量要足，疗程不宜过长。对链球菌感染无效，但与青霉素合用时对链球菌具有协同作用。

【配伍禁忌】与β-内酰胺类抗生素合用，对多种革兰阳性菌、革兰阴性菌有协同作用；与甲氧苄啶、磺胺合用，对大肠杆菌及肺炎克雷伯菌有协同作用；与四环素、红霉素合用，可能出现拮抗作用；与头孢菌素类合用，可能使肾毒性增强。

【用法与用量】内服，羔羊5~10毫克/千克体重，每天2~3次；肌内注射，一次量2~4毫克/千克体重，每天2次，连用2~3天。

【制剂与休药期】硫酸庆大霉素注射液；硫酸庆大霉素可溶性粉。休药期7天。

8. 土霉素

土霉素又称氧四环素，属四环素类广谱抗生素。因其抗菌谱广、价格便宜、使用方便而广泛应用于畜牧养殖。但由于其耐药菌群日益增多，因而临床治疗效果受到一定的影响。

【作用与用途】 土霉素能特异性与细菌核糖体 30S 亚基的 A 位置结合，抑制肽链的增长和影响细菌蛋白质的合成，从而抑制细菌的合成。但由于其结合能力较弱，并大部分可逆，造成了本类抗生素仅呈现为抑菌作用，杀菌作用不强。对土霉素敏感的病原有链球菌、大肠杆菌、巴氏杆菌、沙门菌和炭疽杆菌等。本品对支原体、衣原体、螺旋体和立克次氏体等也具有一定的抑制作用。胃内容物可使吸收减少 50% 或更多，因此土霉素空腹口服时容易吸收，反刍动物口服吸收差，血液中难以达到有效治疗浓度，并且会抑制胃内敏感微生物的活性。

临床上，多用土霉素治疗肠道多种病原感染的疾病。对羔羊痢疾、羔羊大肠杆菌病、沙门菌病、李氏杆菌病、布鲁氏菌病、巴氏杆菌病和子宫内膜炎均具有较好的治疗效果。

【不良反应】 常用其盐酸盐，具有刺激性。口服易引起胃肠反应，肌内注射可产生局部炎症；剂量过大或使用时间稍长时，极易引起动物消化机能失常；严重时会伴随一定的肝脏、肾脏损伤。由于四环素类药物抗菌谱广，进入肠道后敏感菌受到一定的抑制，致使肠道菌群紊乱，产生新的感染菌原，出现二重感染。

【注意事项】 妊娠期、哺乳期动物禁用。用药期间乳制品禁止上市。不宜与碱性溶液及含氯较多的水进行混合。成年反刍动物不宜内服。

【配伍禁忌】 四环素类药物会降低青霉素类药物的作用，一般不宜合用。由于一些金属离子与四环素类药物结合能迅速形成络合物，从而严重影响其在肠道的吸收。所以，在生产实践中，应避免与含有铝离子、钙离子、镁离子和硫酸亚铁等药物、食物同时使用。

【用法与用量】 静脉注射或肌内注射，一次量 10~20 毫克 / 千克体重，每天 2 次，连用 3~7 天。

【制剂与休药期】 土霉素片，休药期 7 天，弃乳期 72 小时；土霉素注射液、注射用盐酸土霉素，休药期 28 天。

9. 金霉素

金霉素又称氯四环素，是四环素类广谱抗生素。其抗菌谱广、经济、应用方便，是兽医临床常用药物之一。

【作用与用途】 本品与土霉素同属四环素类广谱抗生素，抗菌作用与土霉素相似。对革兰阳性菌、革兰阴性菌有较强的抑制作用；对支原体、衣原体、螺旋体和立克次氏体等也有一定的抑制作用，但金霉素对革兰阳性球菌特别是金黄色葡萄球菌的效果更佳。金霉素可用于羔羊痢疾、羔羊大肠杆菌病、沙门菌病、李氏杆菌病、布鲁氏菌病、巴氏杆菌病和子宫内膜炎等疾病的治疗。

【用法与用量】 静脉注射，一次量 5~10 毫克 / 千克体重，每天 2 次，连用 3~7 天。

【不良反应】 参见土霉素。

【配伍禁忌】 参见土霉素。

【制剂与休药期】 盐酸金霉素可溶性粉；盐酸金霉素：休药期 8 天，弃乳期 48 小时。

10. 氟苯尼考

氟苯尼考又称氟甲砜霉素，是甲砜霉素的单氟衍生物，为动物专用抗生素，具有广谱、低毒、高效、吸收良好、体内分布广和不致再生障碍性贫血等特点。本品主要用于敏感细菌所致的动物细菌性疾病的防治，并且对多数革兰阳性菌和革兰阴性菌、支原体及土霉素、甲砜霉素、磺胺或氨苄西林耐药的菌株都有效，抗菌活性强于甲砜霉素。

【作用与用途】氟苯尼考属于广谱抗生素，主要干扰细菌蛋白质的合成，可用于治疗和预防各类细菌性疾病，对呼吸系统疾病和肠道感染疗效尤其显著，对多杀性巴氏杆菌、胸膜肺炎放线菌、肺炎霉形体和链球菌的作用效果较好，对羊乳腺炎治疗效果较好。

【不良反应】氟苯尼考分子结构中没有硝基化基团，不良反应少。

【注意事项】氟苯尼考对胚胎有毒性，哺乳期和妊娠期动物应禁用。氟苯尼考不会引起骨髓造血功能的抑制和再生障碍性贫血，但用药后部分动物可能出现短暂的厌食、饮水减少和腹泻等，有时注射部位可出现炎症。

【配伍禁忌】氟苯尼考与多西环素配伍使用时，其疗效显著优于等量的氟苯尼考单独用药。氟苯尼考和大环内酯类、林可胺类联用会出现拮抗作用。

【用法与用量】肌内注射，20~30 毫克 / 千克体重，每天 1 次，连用 2~3 天。

11. 泰乐菌素

泰乐菌素也称为泰农、泰乐霉素，是一种大环内酯类抗生素。其抑菌时间长，是羊养殖中常用抗生素。

【作用与用途】泰乐菌素能与敏感菌的核糖体 50S 亚基结合，抑制肽链的合成和延长，从而选择性地影响细菌蛋白质的形成。其对支原体作用最为强大；对革兰阳性菌、弧菌、螺旋体等均有抑制作用。

临床中，泰乐菌素可用于支原体引起疾病的防治，也可用于金黄色葡萄球菌、化脓性链球菌、大肠弧菌和螺旋体等感染所引起的肠炎、肺炎、子宫内膜炎和乳腺炎的治疗，对羊传染性胸膜肺炎和支原体血痢也有很好的疗效。

【用法与用量】皮下或肌内注射：一次量 2~10 毫克 / 千克体重，每天 2 次。

【不良反应】肌内注射后产生疼痛及局部反应，也可能出现轻度的肠胃不适。反刍动物口服会引起严重腹泻。

【配伍禁忌】泰乐菌素一般不与青霉素、头孢菌素、林可霉素、四环素配伍使用。泰乐菌素会降低喹诺酮类药物的疗效，故不应与其配伍使用。此外，不应与含有金属离子的溶剂配伍使用。

【制剂与休药期】磷酸泰乐菌素预混剂；酒石酸泰乐菌素可溶性粉；注射用酒石酸泰乐菌素。

12. 磺胺嘧啶钠

磺胺嘧啶钠是磺胺嘧啶的钠盐，由于易溶于水而常用作注射液。磺胺嘧啶抗菌力强，疗效较高、副作用小，是磺胺类药中抗菌作用较强的药物之一。

【作用与用途】 磺胺嘧啶属广谱抗菌剂，抗菌力较强，对各种感染均有较好的疗效；可通过血 - 脑屏障进入脑脊液，是治疗脑部细菌感染的有效药物。磺胺嘧啶钠注射液对羊的链球菌病、巴氏杆菌病、李氏杆菌病、大肠杆菌病、急性支气管炎、肠毒血症和弓形虫病等也有良好作用。

【不良反应】 磺胺或其他代谢物可在尿液中产生沉淀，在大剂量和长期给药时更易产生结晶，引起结晶尿、血尿或肾小管堵塞。磺胺注射液为强碱性溶液，肌内注射对组织有强烈刺激性。

【注意事项】 应用药物时，必须有足够的剂量和疗程，通常首次用量加倍，使血液中的药物浓度迅速达到有效抑菌浓度；用药期间充分饮水，增加尿量，以促进排出。本品最好与碳酸氢钠同时使用。

【配伍禁忌】 本品的液体遇到庆大霉素、卡那霉素、林可霉素、土霉素、链霉素和四环素等会出现沉淀；同服噻嗪类或呋塞米等利尿剂，可增加肾毒性，也可使血小板减少；本类药物的注射液不宜与酸性药物配伍使用。

【用法与用量】 内服或肌内注射，0.07~0.1 克 / 千克体重，每天 2 次，首次用量加倍。

【制剂与休药期】 片剂，休药 5 天；注射液，休药期 18 天。

13. 磺胺间甲氧嘧啶

磺胺间甲氧嘧啶（SMM）又称磺胺 -6- 甲氧嘧啶、抑菌磺，是磺胺类抗菌药之一，其钠盐易溶于水，具有抗菌和预防细菌感染的作用，常用于细菌性疾病治疗。

【作用与用途】 磺胺间甲氧嘧啶是体内外抗菌作用最强的磺胺药，对大多数革兰阳性菌和革兰阴性菌有抑制作用，可用于防止各种敏感菌所致的畜禽呼吸系统、消化系统、泌尿系统感染等。本品对羊链球菌、弓形体、球虫和住白细胞原虫等也有较强的作用，而且能抑制弓形体包囊形成，对可疑病畜可用磺胺间甲氧嘧啶进行预防治疗。局部灌注可治疗乳腺炎和子宫炎等。本品与磺胺增效剂合用可增强疗效。

本品内服吸收良好，有效血药浓度维持时间较长，对羊链球菌高度敏感。可用磺胺间甲氧嘧啶注射液进行肌内注射或口服磺胺间甲氧嘧啶和三甲氧苄氨嘧啶来治疗羊链球菌病。

【不良反应】 磺胺或其他代谢物可在尿液中产生沉淀，在大剂量和长期给药时更易产生结晶，引起结晶尿、血尿或肾小管堵塞。磺胺注射液为强碱性溶液，肌内注射对组织有强烈刺激性。

【注意事项】 应用药物时，必须有足够的剂量和疗程，通常首次用量加倍，并按规定用量维持，直至症状消失后 2~3 天停药，大剂量应用 1 周后可能引起家畜消化功能障碍；用药期间充分饮水，增加尿量，以促进药物排泄。

【配伍禁忌】 本品的液体遇到庆大霉素、卡那霉素、林可霉素、土霉素、链霉素和四环素等会出现沉淀；同服噻嗪类或呋塞米等利尿剂，可增加肾毒性，也可使血小板减少；本类药物的注射液不宜与酸性药物配伍使用。

【用法与用量】 内服，0.025 克 / 千克体重，每天 1 次，首次用量加倍；肌内注射，

0.05 克 / 千克体重，每天 2 次。

【制剂与休药期】 片剂、注射液，休药期 28 天。

14. 磺胺对甲氧嘧啶

磺胺对甲氧嘧啶（SMD）又称磺胺 -5- 甲氧嘧啶、消炎磺，是一种磺胺类药物，常用于畜禽疾病的治疗和预防。

【作用与用途】 磺胺对甲氧嘧啶抗菌范围广，副作用小，主要用于泌尿道、生殖道、呼吸道及体表局部的各种敏感菌感染，对革兰阳性菌和革兰阴性菌如化脓性链球菌、沙门菌和肺炎杆菌有良好抗菌作用。本品对羊链球菌病和羊巴氏杆菌病高度敏感，临床应用疗效确切。其内服吸收迅速、排泄缓慢，有效血药浓度维持时间较长，山羊为 10.3 小时，绵羊为 16.8 小时。本品与抗菌增效剂甲氧苄啶（TMP）联用，可增强疗效。

【不良反应】 磺胺或其他代谢物可在尿液中产生沉淀，在大剂量和长期给药时更易产生结晶，引起结晶尿、血尿或肾小管堵塞。磺胺注射液为强碱性溶液，肌内注射对组织有强烈刺激性。

【注意事项】 本品不能用葡萄糖注射液稀释；应用药物时，必须有足够的剂量和疗程，通常首次用量加倍，使血液中药物浓度迅速达到有效抑菌浓度；用药期间充分饮水，增加尿量，也可与等量的碳酸氢钠同服，以碱化尿液，促进排出。

【配伍禁忌】 该药物的液体遇到庆大霉素、卡那霉素、林可霉素、土霉素、链霉素和四环素等会出现沉淀；同服噻嗪类或呋塞米等利尿剂，可增加肾毒性，也可使血小板减少；本类药物的注射液不宜与酸性药物配伍使用。

【用法与用量】 内服，0.025~0.05 克 / 千克体重，每天 1~2 次，首次用量加倍，连用 3~5 天；肌内注射，0.015~0.02 克 / 千克体重，连用 2~3 天。

【制剂与休药期】 片剂、注射剂，休药期 28 天。

15. 磺胺氯达嗪

磺胺氯达嗪（SCP）是一类广谱磺胺类抗菌药，常用其钠盐，兽医临床上主要用于敏感菌所引起的各种疾病，在国内外都有较广泛的应用。

【作用与用途】 磺胺氯达嗪抗菌谱与磺胺间甲氧嘧啶相似，肌内注射给药吸收迅速。可用于畜禽大肠杆菌、巴氏杆菌感染。

【不良反应】 磺胺或其他代谢物可在尿液中产生沉淀，在大剂量和长期给药时更易产生结晶，引起结晶尿、血尿或肾小管堵塞。磺胺注射液为强碱性溶液，肌内注射对组织有强烈刺激性。

【注意事项】 应用药物时，必须有足够的剂量和疗程，通常首次用量加倍，使血液中药物浓度迅速达到有效抑菌浓度；用药期间充分饮水，增加尿量，以促进排出。

【配伍禁忌】 本品的液体遇到庆大霉素、卡那霉素、林可霉素、土霉素、链霉素和四环素等会出现沉淀；同服噻嗪类或呋塞米等利尿剂，可增加肾毒性，也可使血小板减少；本类药物的注射液不宜与酸性药物配伍使用。

【用法与用量】 内服，一次量，首次用量 50~100 毫克 / 千克体重，维持用量

25~50 毫克 / 千克体重，每天 1~2 次，连用 3~5 天。

16. 恩诺沙星

恩诺沙星又名乙基环丙沙星，是人工合成的第三代喹诺酮类药物；为动物专用的广谱抗菌药，对支原体有特效。因其具有高效性、低毒性、抗菌谱广、抗菌活性强、给药方便、与常用的抗菌药物无交叉耐药性等特点，而广泛应用于兽医临床。

【作用与用途】 本品为动物专用的杀菌性广谱抗菌药，能与细菌 DNA 回旋酶亚基 A 结合，从而抑制酶的切割与连接功能，阻止细菌 DNA 的复制，而呈现抗菌作用。本品对支原体有特效；对大肠杆菌、克雷伯菌、沙门菌、变形杆菌、绿脓杆菌、嗜血杆菌、多杀性巴氏杆菌、溶血性巴氏杆菌、金黄色葡萄球菌、副溶血性弧菌、化脓放线菌、丹毒杆菌、支原体和衣原体等都有杀菌效用；对铜绿假单胞菌、链球菌作用较弱，对厌氧菌作用微弱；对大多数的敏感菌株 MIC（最小抑菌浓度）均小于 1 微克 / 毫升，并有明显的抗菌后效应；抗支原体的效力比泰乐菌素和泰妙菌素强。对耐泰乐菌素、泰妙菌素的支原体，本品也有效。本品有明显的浓度依赖性，血药浓度大于 8 倍 MIC 时可发挥最佳治疗效果。

恩诺沙星对羊的支原体感染有很好的治疗效果，可治疗羊巴氏杆菌病、传染性胸膜肺炎、大肠杆菌导致的羊腹泻和羊快疫。恩诺沙星与大蒜素及联合用药可治疗山羊隐孢子虫病；恩诺沙星注射液联合应用中药注射剂对羊痘病有较好效果。

【不良反应】 本品使幼龄动物软骨发生变性，影响骨骼发育并引起跛行及疼痛。消化系统的反应有呕吐、食欲不振、腹泻等。皮肤反应有红斑、瘙痒、荨麻疹及光敏反应等。

【注意事项】 本品耐药菌株呈增多趋势，不应在亚治疗剂量下长期使用。

【配伍禁忌】 本品与氨基糖苷类或广谱青霉素合用，有协同作用。钙离子、镁镦子、铁离子和铝离子等可与本品发生螯合，影响吸收。本品与茶碱、咖啡因合用时，可使血浆蛋白结合率降低，血液中茶碱、咖啡因的浓度异常升高，甚至出现茶碱中毒症状。本品有抑制肝药酶作用，可降低肝脏中代谢药物的清除率，使血药浓度升高。

【用法与用量】 肌内注射，一次量 2.5 毫克 / 千克体重，每天 1~2 次，连用 2~3 天。

【制剂与休药期】 恩诺沙星注射液，休药期 14 天。

17. 泰妙菌素

泰妙菌素又称泰妙霉素、支原净、泰妙灵、泰牧霉素，对支原体及某些革兰阳性菌具有良好的抗菌活性。泰妙菌素在动物体内吸收快、分布广、抗菌活性强，为畜禽专用抑菌性抗菌药，高浓度时对敏感菌有杀菌作用。

【作用与用途】 泰妙菌素的抗菌谱与大环内酯类相似，对于多种革兰阳性菌包括大多数葡萄球菌、链球菌及多种支原体和螺旋体有良好的抗菌活性。泰妙菌素主要用于治疗羊传染性胸膜肺炎，防治由支原体引起的慢性呼吸道病、气喘病及由痢疾密螺旋体引起的血痢，以及嗜血杆菌胸膜肺炎、葡萄球菌病、链球菌病。

【不良反应】 泰妙菌素使用普通剂量不会发生不良反应，若见皮肤潮红，建议停止用药，给此反应动物提供干净的饮用水，并冲洗饲养区或将其转移至干净围栏内。

【注意事项】 若在含有霉菌毒素的发酵饲料中添加泰妙菌素进行饲喂，动物可能会出现瘫痪、体温升高、呆滞及死亡等反应。如果发现，应立即停药、停喂发霉饲料，同时喂以维生素 A、维生素 D、钙剂等，以促进动物恢复。

【配伍禁忌】 泰妙菌素不能与离子载体类防球虫药物如马杜霉素、盐霉素、拉沙里菌素和莫能菌素等混用，否则会出现运动失调、腿麻痹、肌肉变性、截瘫、胃肠黏膜水肿等病症，重症者可引起死亡。泰妙菌素与能结合细菌核糖体 50S 亚基的抗生素（如克林霉素、林可霉素、红霉素和泰乐菌素）联合使用时，会由于竞争作用部位而导致疗效降低。

【用法与用量】 肌内注射，一次量 10.2 毫克 / 千克体重，每天 1 次，连用 5 天为 1 个疗程，共治疗 2 个疗程，期间间隔 3 天。

【制剂与休药期】 延胡索酸泰妙菌素可溶性粉，每包 100 克含 45 克，休药期 5 天。

18. 灰黄霉素

灰黄霉素是属于非多烯类的一种抗真菌抗生素，主要用于治疗皮肤浅层丝状真菌感染，尤其对小芽孢菌、红色毛癣菌具有良好的抑制效果。

【作用与用途】 灰黄霉素能抑制真菌有丝分裂，使有丝分裂的纺锤结构断裂，终止中期细胞分裂。灰黄霉素内服对各种皮肤真菌（表皮癣菌属、小孢子菌属和毛癣菌属）引起的感染有效，对其他真菌感染无效；外用不易进入皮肤，难以取得疗效。临床以内服为主，吸收后广泛分布于全身组织，可用于治疗家畜的各种浅表癣病。灰黄霉素与阿维菌素联合用药对羊皮肤癣菌病与螨虫病具有良好疗效。

【不良反应】 本品具有一定的毒副作用，有致癌和致畸变作用，妊娠动物禁用。

【注意事项】 本品的给药疗程取决于感染部位和病情，需持续用药至病变组织完全为健康组织所代替为止，皮癣、毛癣用 3~4 周，趾间、甲、爪感染则需数月至痊愈为止。用药期间，应注意改善卫生条件，可配合使用能杀灭真菌的消毒药定期消毒环境和用具。妊娠动物禁用。

【配伍禁忌】 含鞣质较多的中药及其中成药，如五倍子、地榆、诃子、石榴皮、大黄和四季青等，不可与灰黄霉素同时服用；苯巴比妥为肝药酶诱导剂，与灰黄霉素合用时可使灰黄霉素代谢加速致疗效降低。

【用法与用量】 内服，10 毫克 / 千克体重。

【制剂与休药期】 灰黄霉素片。

19. 制霉菌素

制霉菌素是一种多烯型抗生素，具有共轭多烯大环内酯结构，能抑制真菌和皮藓菌的活性，对细菌无抑制作用。

【作用与用途】 制霉菌素属广谱抗真菌多烯类药物，作用机理是选择性地与真菌细胞膜上的麦角固醇相结合，增加细胞膜的通透性，导致胞质内电解质、氨基酸、核酸等物质外漏，使真菌死亡。由于细菌的细胞膜不含类固醇，所以本品无效。而哺乳动物的肾上腺细胞、肾小管上皮细胞、红细胞的细胞膜含类固醇，所以对这些细胞有毒性作用。本品对念珠菌属真菌作用显著，对曲霉菌、毛癣菌、表皮癣菌、小孢子菌、组织胞质菌、皮炎芽生菌和球孢子菌也有效。但其毒性大，不宜用于全身。内服几乎不吸收，多数随粪便排出。

临床主要将其内服治疗胃肠道真菌感染或外用于表面皮肤真菌感染，与灰黄霉素等其他软膏药联合治疗羊皮肤霉菌病。

【不良反应】 用量过大时，可引起呕吐、腹泻等消化道反应。制霉菌素片剂、混悬剂应密闭保存于 15~30℃环境中。个别动物可出现过敏反应。

【注意事项】 本品内服不易吸收，几乎全部随粪便排出。而静脉注射、肌内注射毒性大，所以一般不用于全身真菌感染的治疗。

【配伍禁忌】 含鞣质较多的中药及其中成药，如地榆、石榴皮、五倍子、老鹳草、虎杖、大黄、诃子、仙鹤草、儿茶、茶叶、侧柏叶、拳参和萹蓄等不可与制霉菌素同时服用。

【用法与用量】 内服，一次量50万~100万国际单位，每天2次；制霉菌素软膏：外用涂敷；制霉菌素混悬剂：乳头管注入。

【制剂与休药期】 制霉菌素片，制霉菌素混悬液。

二、羊常用的抗寄生虫药物

1. 伊维菌素

伊维菌素是一种新型的由阿维链霉菌发酵产生的半合成大环内酯抗生素类驱虫药，对多种寄生虫均具有驱杀作用。

【作用与用途】 伊维菌素的作用机理在于能与靶虫细胞上的特异性、高亲和力位点结合，改变细胞膜对氯离子的通透性，导致节肢动物的肌细胞和线虫的神经细胞抑制性神经递质 γ-氨基丁酸（GABA）的释放增加，打开谷氨酸控制的氯离子通道，增强细胞膜对氯离子的通透性，导致突触后膜超极化，最终导致虫体麻痹、死亡。伊维菌素对羊消化道和呼吸道线虫具有良好的驱虫效果；对疥螨、痒螨等外寄生虫也有良好效果，是极好的驱虫药。

羊内服或皮下注射伊维菌素对血矛线虫、奥斯特线虫、古柏线虫、毛圆线虫（包括艾氏毛圆线虫）、圆形线虫、仰口线虫、细颈线虫、毛首线虫、食道口线虫、网尾线虫，以及绵羊夏柏特线虫成虫及第4期幼虫的驱虫率达97%以上。本品对节肢动物有效，如蝇蛆（羊狂蝇）、螨（羊痒螨）和虱（绵羊腭虱）等。伊维菌素对嚼虱（毛虱属）和绵羊羊蜱蝇疗效稍差，对蜱（羊巴贝斯虫病）及粪便中繁殖的蝇也极有效，药物虽不能立即使蜱死亡或肢解，但能影响摄食、蜕皮和产卵，从而降低生殖能力。

【不良反应】 毒性作用较小，中毒时无特异性解毒药物，注射阿托品有一定的缓解作用。伊维菌素注射液，仅供皮下注射，不宜肌内注射或静脉注射，皮下注射时偶有局部反应。

【注意事项】 伊维菌素的安全范围大，应用中很少见不良反应，但超剂量可引起中毒，无特效解毒药。肌内注射后会产生严重的局部反应，一般采用皮下注射或内服。

泌乳动物及临产母羊禁用。

【用法与用量】　可皮下注射、内服、灌服、混饲或沿背部浇注，一次量 0.2 毫克 / 千克体重。必要时间隔 7~10 天再用药 1 次。

【制剂与休药期】　伊维菌素注射液，0.1%、0.2%、0.3%；伊维菌素浇泼溶液，0.5%；伊维菌素片，5 毫克 / 片。休药期 21 天。

2. 阿维菌素

阿维菌素又称阿佛曼菌素，是一类具有杀虫、杀螨和杀线虫活性的十六元环结构的大环内酯类抗生素，对体内、体外寄生虫具有极强的杀伤活性，无抗真菌和细菌活性。本品为白色或浅黄色结晶性粉末，无味，在水中几乎不溶，在醋酸乙酯、丙酮和氯仿中易溶。

【作用与用途】　阿维菌素的安全范围较大，对哺乳动物危害较小，是一种神经毒剂，对螨类和昆虫具有胃毒和触杀作用。其机理是药物引起谷氨酸控制的氯离子通道的开放，从而导致细胞膜对氯离子通透性增加，带负电荷的氯离子引起神经细胞休止电位的超极化，使正常的电动电位不能释放，神经传导受阻，最终引起虫体麻痹、死亡。

本品为高效广谱的肠道驱线虫药，对羊、牛、猪、马、犬、兔等动物的多种线虫、蛔虫、旋毛虫、钩虫、心脏丝虫和肺线虫等均具有良好的驱虫效果；对羊的疥螨、痒螨和蝇蛆等体外寄生虫也有良好效果；对吸虫与绦虫无效。

【不良反应】　不良反应较少，但超剂量可引起中毒，无特效解毒药，一旦出现阿维菌素中毒应马上进行治疗，通过注射肾上腺素、口服或注射葡萄糖，并进行对症治疗一般能预后良好。阿维菌素注射液，仅供皮下注射，不宜进行肌内注射或静脉注射，皮下注射时偶有局部反应，以马最为严重，用时慎重。

【注意事项】　毒性较伊维菌素稍强，敏感动物慎用。为保证疗效和用药安全有效，建议严格控制剂量及用药次数。对各种动物的成螨及幼螨均有效，但对螨卵无效。第 1 次用药后，要仔细观察动物患病部位皮肤的变化，病情重者可适当加大阿维菌素皮下注射剂量（由原来的 0.2 毫克 / 千克体重增加到 0.3 毫克 / 千克体重）。对病情较重的螨病应至少治疗 2 次，每次间隔时间为 1~2 周。羊用药后 21 天内不得宰食，用药后 28 天内羊乳不得供人饮用。治疗羊螨病时，被污染的器具、食具等用杀螨药刷洗或以酒精（汽油）喷灯火焰消毒，以切断传染源。羊群病情控制后，对环境进行彻底除螨；羊舍的门框、门及柱脚等宜用热氢氧化钠溶液进行刷洗。

【用法与用量】　可皮下注射、内服、灌服、混饲或沿背部浇注。0.2 毫克（0.02 毫升）/ 千克体重，必要时间隔 7~10 天再用药 1 次。羊拌料或皮下注射，2~3 天用一次，一般既皮下注射又拌料。

【制剂与休药期】　阿维菌素注射液，5 毫升（0.05 克）/ 支；阿维菌素片，2 毫克/片、5 毫克 / 片；阿维菌素透皮溶液，0.5%。休药期 21 天。

3. 阿苯达唑

阿苯达唑又称丙硫苯咪唑，是高效、广谱、低毒的苯咪唑类抗蠕虫药。

【作用与用途】 本品对反刍动物、马、猪、犬及家禽等胃肠道线虫、肺线虫、肝片吸虫和绦虫均有效。低剂量对羊血矛线虫、奥斯特线虫、毛圆线虫、细颈线虫、食道口线虫、夏柏特线虫、马歇尔线虫、古柏线虫、网尾线虫和莫尼茨绦虫成虫均有良好效果，高限剂量对多数胃肠线虫幼虫、网尾线虫未成熟虫体及肝片吸虫成虫也有明显驱虫效果。此外，阿苯达唑对羊、猪、牛的囊尾蚴及绵羊、山羊和猪体内蠕虫病也有一定疗效。

【不良反应】 阿苯达唑毒性低，不良反应少，畜禽耐受性良好。在临床使用剂量下对动物的生殖功能无影响，也不引起畸胎作用。但阿苯达唑适口性差，用于混饲给药时应尽量少添多喂。以推荐剂量用药，绵羊无明显不良反应，但200毫克/千克以上的剂量可致绵羊死亡。

【注意事项】 羊妊娠前期禁用，泌乳期禁用。

【配伍禁忌】 地塞米松与阿苯达唑联合用药会降低阿苯达唑代谢产物的消除速率。

【用法与用量】 治疗：一次口服，按15~45毫克/千克体重内服；预防：10~15毫克/千克体重。

【制剂与休药期】 阿苯达唑片，0.025克/片、0.05克/片、0.2克/片、0.5克/片。休药期7天。

4. 氯氰碘柳胺钠

氯氰碘柳胺钠是柳胺类化合物中的一个新合成药物，属水杨酰苯胺类化合物，是广谱、高效、低毒驱虫药，1993年被农业部批准为二类新兽药，近年来应用广泛。

【作用与用途】 氯氰碘柳胺钠是一种新型广谱抗寄生虫药，可阻断虫体氧化磷酸化过程，从而抑制线粒体的磷酸化，进一步阻止腺苷三磷酸（ATP）合成。给药后12小时，虫体中ATP含量明显降低，虫体活动变弱并死亡。氯氰碘柳胺钠可作为预防和治疗药物用于羊的吸虫病、线虫病和节肢动物幼虫病。它对苯并咪唑类耐药的线虫（如血矛线虫）有效。它对血液循环中移行的吸虫、线虫和节肢动物尤其有效，对多数吸虫的成虫和童虫具有杀灭作用。氯氰碘柳胺钠注射剂，是驱治羊肝片吸虫的特效药，也是治疗羊鼻蝇蚴的理想药物之一。

【不良反应】 氯氰碘柳胺钠在使用常规治疗剂量时不具有毒性，不产生副作用。

【注意事项】 为了防止中毒，不得同时服用其他含氯化合物。由于氯氰碘柳胺钠与血浆白蛋白的高度结合，致使残效作用较长。口服生物利用度仅为皮下或肌内注射的50%，因此，口服剂量应增加1倍，方能达到相同的驱虫效果。

【用法与用量】 皮下注射5毫克/千克体重，口服10毫克/千克体重

【制剂与休药期】 供口服的有片剂，还有供肠外给药的注射液。阿维菌素氯氢碘柳胺钠片，53毫克/片（氯氢碘柳胺钠50毫克，阿维菌素3毫克）；氯氢碘柳胺钠注射液，0.05克/毫升。休药期28天，弃乳期28天。

5. 硝氯酚

硝氯酚又名拜耳9015，是一种无臭的黄色结晶粉末，溶于丙酮、氯仿、二甲基

甲酰胺，微溶于乙醇，略溶于乙醚，不溶于水。本品是治疗牛、羊肝片吸虫的特效药物。

【作用与用途】 硝氯酚是国内外应用广泛的抗牛、羊肝片吸虫药，具有高效、低毒特点，在我国已代替传统治疗药物而用于临床。硝氯酚能抑制虫体琥珀酸脱氢酶，通过影响肝片吸虫能量代谢而发挥作用。本品是驱除牛、羊肝片吸虫较理想的药物，一次内服，对肝片吸虫成虫驱虫率几乎达100%。对未成熟虫体，无实用意义。硝氯酚对各种前后盘吸虫移动期的幼虫也有较好的效果。

本品内服后由肠道吸收，但在瘤胃内逐渐降解失效。内服后，硝氯酚从动物体内排泄较缓慢，通常24~48小时血药浓度达峰值，用药后9天内所产乳禁止上市。

【不良反应】 硝氯酚对动物比较安全，常规治疗量一般不出现不良反应。过量用药动物可出现发热、呼吸急促和出汗，持续2~3天，偶尔发生死亡。

【注意事项】 将配制的硝氯酚溶液给羊灌服前，若先灌服浓氯化钠溶液，能反射性使食道沟关闭，使药物直接进入皱胃，可增强驱虫效果。若采用此方法必须适当减少剂量，以免发生不良反应。常规治疗量对动物比较安全，过量引起的中毒症状（如发热、呼吸困难、窒息）可根据症状选用尼可刹米、毒毛花苷K和维生素C等对症治疗，但禁用钙制剂静脉注射。

【配伍禁忌】 硝氯酚中毒时，静脉注射钙制剂可增强本品毒性。

【用法与用量】 内服：一次量，3~4毫克/千克体重；深层肌内注射：一次量，0.5~1毫克/千克体重。

【制剂与休药期】 硝氯酚片，休药期15天，弃乳期9天。

三、羊常用的中兽药

1. 荆防败毒散

【成分】 荆芥45克、防风30克、羌活25克、独活25克、柴胡30克、前胡25克、枳壳30克、茯苓45克、桔梗30克、川芎25克、甘草15克、薄荷15克。

【性状】 本品主要为浅黄色至浅棕色，呈粉末状，气味微香，味微辛且甘苦。

【功能】 辛温解表，疏风祛湿。

【主治】 用于伤寒症，主治伤寒、感冒、流感。可以治疗羊风寒感冒和内湿引起的寒证，对于疮疡初起见有表寒证者也可应用。同时，对于由羊鼻蝇幼虫寄生引起的慢性鼻卡他症状及咽炎和喉炎也有着积极的治疗作用。加减药物可以疏风泄热、止咳平喘。与健脾丸一同使用，对于冬季羊羔断乳引起的应激反应，如受湿寒引起的脾胃虚弱和消化道等疾病，可起到有效的预防和治疗作用。

【用法与用量】 羊：40~80克，依据病羊情况可做加减，采用煎服。其他家畜使用时，一般按剂量1天1剂，连用2~3天，一般3剂可痊愈。

2. 白龙散

【成分】 白头翁600克、龙胆300克、黄连100克。

【性状】 本品为浅棕黄色，气味微香，味苦。

【功能】 清热燥湿，凉血止痢。

【主治】 可对溶血性链球菌引起的具有明显季节性的羊链球菌病有预防和治疗作用，主要发挥镇痛、消炎、驱热和扶正祛邪的作用，提高羊的抗病能力。同时，对羔羊大肠杆菌病引起的腹泻有治疗作用，通常以清热化湿、凉血止痢为治疗原则进行扶正，对羔羊的消化不良症状也有所改善。此外，对于寄生虫引起的重症腹泻也有治疗作用。

【用法与用量】 将白龙散按照一定的比例粉碎加入饲料中进行混饲。在治疗羊链球菌病时，通常按 0.5%~1% 的比例添加在饲草、饲料中混饲，连续使用 1~5 天。在治疗羔羊腹泻时，白龙散加减治疗，白头翁、龙胆各 20 克，黄连、白芍各 15 克，山楂、当归各 10 克，用水煎至 100 毫升，每次 10 毫升灌服，每天 2 次，连用数天。

3. 大承气散

【成分】 大黄 60 克、厚朴 30 克、枳实 30 克、玄明粉 180 克。

【性状】 本品为棕褐色的粉末。气味微辛香，味咸、微苦、涩。

【功能】 攻下热结，破结通肠。

【主治】 主要治疗结症、便秘、湿热证。在方剂上加减可用于治疗羊瘤胃积食、脾胃虚弱。

【用法与用量】 混饲，羊：60~120 克。

4. 五苓散

【成分】 猪苓（去皮）100 克、泽泻 200 克、白术（炒）100 克、茯苓 100 克、桂枝（去皮）50 克。

【性状】 本品为浅黄色粗粉状，气味微香，味甘、淡。

【功能】 温阳化水，利湿行气。

【主治】 水湿内停、排尿不利、泄泻、水肿和腹水。对于高盐缺水引起的羔羊尿结石有清热利湿、通淋排石的预防和治疗作用，同时对于肾脏也有保护功能。

【用法与用量】 内服，羊：30~60 克。

5. 公英散

【成分】 蒲公英 60 克、金银花 60 克、连翘 60 克、丝瓜络 30 克、通草 25 克、木芙蓉 25 克、浙贝母 30 克。

【性状】 本品为黄棕色粗粉状，味微甘、苦。

【功能】 清热解毒，消肿散痈，活血化瘀。

【主治】 主治乳黄，乳痈初起，红肿热痛，对于绵羊的急性乳腺炎存在有效的预防和治疗作用。同时，对于 3~6 月龄羔羊感染传染性脓疱病毒所引起的传染性脓疱病也有着清热解毒、消肿散痈的作用。

【用法与用量】 内服，羊：30~60 克。1 天 1 剂，连服 3 剂，7 天后痊愈。

6. 六味地黄散

【成分】 熟地黄 80 克、山茱萸（制）40 克、山药 40 克、牡丹皮 30 克、茯苓 30 克、泽泻 30 克。

【性状】 本品为灰棕色粗粉状，味微甜且酸。

【功能】 滋补肝肾、清肝利胆、涩精养血。

【主治】 主要治疗肝肾阴虚、腰胯无力、盗汗、机体瘦弱、津液减少、公羊举阳滑精、母羊发情周期不正常。

【用法与用量】 内服，羊：15~50 克。

7. 龙胆泻肝散

【成分】 龙胆 45 克、车前子 30 克、柴胡 30 克、当归 30 克、栀子 30 克、生地黄 45 克、甘草 15 克、黄芩 30 克、泽泻 45 克、木通 20 克。

【性状】 本品呈黄褐色，气味清香，味苦、微甘。

【功能】 泻肝胆实火，清三焦湿热。

【主治】 目赤肿痛，淋浊，带下。对育肥羊黄脂肪病引起的肝胆病变有治疗作用，能够起到保肝利胆的作用。对患有胃肠炎的羊有辅助治疗和增强免疫力、防止疾病继发感染的作用，同时，内服药物对羊的眼病有预防和治疗作用，也可辅助治疗羊传染性结膜角膜炎。

【用法与用量】 内服，羊：30~60 克。

8. 平胃散

【成分】 苍术 80 克、厚朴 50 克、陈皮 50 克、甘草 15 克。

【性状】 本品为棕黄色粉末，气味香，味苦、微甜。

【功能】 祛湿健脾，理气开胃。

【主治】 主治脾湿、水草失调，粪便稀软，食欲不佳、精神不振。可化湿浊、健脾胃。对于水土不服引起的生长缓慢、免疫力失调也存在有效的治疗作用。同时，对羊瘤胃酸中毒引起的宿食不消、腹肚满胀也有治疗作用。

【用法与用量】 内服，羊：30~60 克。

9. 四君子散

【成分】 党参 60 克、白术（炒）60 克、茯苓 60 克、甘草（炙）30 克。

【性状】 本品为灰黄色粗粉状，气味微香，味苦。

【功能】 益气健脾。

【主治】 主治脾胃气虚，食少体瘦。可促进脾胃运动。加药后的头翁四君子汤可对附红细胞体引起的羊附红细胞体病有良好的治疗作用，同时还能恢复羊的脾胃功能，增强机体免疫力。

【用法与用量】 内服，羊：30~45 克。

10. 四逆汤

【成分】 附子 45 克、干姜 45 克、炙甘草 30 克。

【性状】 本品为棕黄色粉状。

【功能】 回阳救逆，温中散寒。

【主治】 主治少阴病和亡阳证，阳气不足、四肢厥冷、阳气衰弱、脉象沉微。方剂加减可治疗家畜脾虚、肾虚，脉沉而无力。

【用法与用量】 内服，羊：30~50 毫升。

11. 白头翁散

【成分】白头翁 60 克、黄连 30 克、黄檗 45 克、秦皮 60 克。

【性状】本品为浅灰黄色粗粉状，气味香且味苦。

【功能】清热解毒，凉血止痢。

【主治】主治家畜湿热泄泻，白头翁散加减可用于治疗反刍动物腹泻等肠胃疾病。

【用法与用量】内服，羊：30~45 克。

12. 消黄散

【成分】知母 25 克、浙贝母 30 克、黄芩 45 克、甘草 20 克、黄药子 30 克、白药子 30 克、大黄 45 克、郁金 45 克。

【性状】本品为黄色粉末，气味微香，味咸。

【功能】清热解毒、消肿散淤。

【主治】主治热毒症和消黄散肿，体温升高、肿胀明显、口色赤红。可提高羊机体免疫力。加味消黄散对羊有清热利湿、消除水肿、消炎止痛等功效。

【用法与用量】拌料饲喂，1 天 1 次，1 周为 1 个疗程。

13. 扶正解毒散

【成分】板蓝根 60 克、黄芪 60 克、淫羊藿 30 克。

【性状】本品为灰黄色粉末状，气味微香。

【功能】扶正祛邪，清热解毒。

【主治】增强机体抵抗力，防治羊传染性胸膜肺炎、肺脓肿、附红细胞体病、弓形体、链球菌病等。

【用法与用量】内服，羊：15~30 克。

14. 补中益气散

【成分】炙黄芪 75 克、党参 60 克、白术（炒）60 克、炙甘草 30 克、当归 30 克、陈皮 20 克、升麻 20 克、柴胡 20 克。

【性状】本品为浅黄棕色粉末，气味香，味辛且甘、微苦。

【功能】补中益气，益气升阳。

【主治】脾胃气虚，脾气下陷，久泻、脱肛、子宫脱垂。可与胃苓散合用治疗家畜水肿。加味补中益气散可用于治疗奶山羊产后虚弱，达到补中益气、气血双补的作用。在母羊产前、产后均有较好的保健作用。

【用法与用量】内服，羊：45~60 克。

15. 青黛散

【成分】青黛、黄连、黄檗、薄荷、桔梗、儿茶各等份。

【性状】本品为灰绿色粉末，气味微香，味苦且微涩。

【功能】清热解毒，消肿镇痛。

【主治】主治口舌生疮，咽喉肿痛。可外用治疗口蹄疫、母羊乳房水疱溃疡。内服或外用均有抗炎作用。尤其对各种口腔炎症如舌炎、腭炎、齿龈炎等均有清热解毒的作用。

【用法与用量】将药装入纱布袋内，噙于口中；清洗口舌或涂布患处。

16. 茵陈蒿散

【成分】茵陈 120 克、栀子 60 克、大黄 45 克。

【性状】本品为浅棕黄色粉末，气味微香，味微苦。

【功能】清热，攻下利湿，清肝利胆。

【主治】主治湿热黄疸，抗肝损伤，保肝利胆，增强机体免疫力。

【用法与用量】内服，羊：30~45 克。

17. 小柴胡散

【成分】柴胡 45 克、黄芩 45 克、半夏（姜制）30 克、党参 45 克、甘草 15 克。

【性状】本品为黄色粉末，气味微香，味甘且微苦。

【功能】和解少阳，扶正祛邪，解热。

【主治】主治风寒湿邪证、少阳证，可对羊肺炎支原体有治疗作用。同时，对气温突变引起的羊咳喘有预防作用。也可治疗食欲减退、唾液少等症状。

【用法与用量】拌料投喂，内服，羊：30~60 克。

18. 健胃散

【成分】山楂 15 克、麦芽 15 克、神曲 15 克、槟榔 3 克。

【性状】本品为浅黄色至浅棕色粉末，气味微香，味微苦。

【功能】消食下气，开胃宽肠。

【主治】伤食积滞，消化不良。可对患有附红细胞体病并引起消化问题的小尾寒羊有治疗作用。可加强瘤胃运动，预防伤食积滞、消化不良。同时，对羊支原体肺炎有辅助防治作用，配以抗生素可以治疗羊肝片吸虫病。也可促进肠胃蠕动，促进消化。

【用法与用量】内服，羊：30~60 克。每天 1 次，连续 3 天。

19. 益母生化散

【成分】益母草 120 克、当归 75 克、川芎 30 克、桃仁 30 克、干姜（炮）15 克、甘草（炙）15 克。

【性状】本品为黄绿色粉末。气味清香，味甘、微苦。

【功能】活血祛瘀，温经止痛，养血行气。

【主治】产后恶露不行、气血瘀滞。可用于治疗母羊产后胎衣不下及厌食症，对产后感染和子宫内膜炎有预防和治疗作用。同时，可调理母羊脾胃功能，提高食欲，促进恢复。

【用法与用量】内服，羊：30~60 克。1 天 1 次，连饲 3 天。

20. 麻杏石甘散

【成分】麻黄 30 克、苦杏仁 30 克、石膏 150 克、甘草 30 克。

【性状】本品为浅黄色粉末，气味微香，味辛、苦、咸、涩。

【功能】清热泻火，宣肺，平喘。

【主治】肺热咳喘。可用于治疗羊支气管肺炎中期，清热泻火，止咳祛痰。加味麻杏石甘散可用于治疗羊支气管肺炎、细支气管炎等气管炎症。同时，使用麻杏石甘汤对罹患热恶喘的羊羔有治疗作用。

【用法与用量】 内服，羊：30~60 克。

21. 消食平胃散

【成分】 槟榔 25 克、山楂 60 克、苍术 30 克、陈皮 30 克、厚朴 20 克、甘草 15 克。

【性状】 本品为浅黄色粉末，气味香，味微甜。

【功能】 消食开胃、理气消滞。

【主治】 胃肠积滞，宿食不化，寒湿困脾。主治羊胀气，有促进瘤胃消化的作用，可有效预防瘤胃酸中毒、前胃迟缓及瘤胃积食消化不良等疾病。

【用法与用量】 内服，羊：30~60 克。

22. 槐花散

【成分】 槐花（炒）60 克、侧柏叶（炒）60 克、荆芥（炒炭）60 克、枳壳（炒）60 克。

【性状】 本品为黑棕色粉末，气味清香，味苦且涩。

【功能】 清肠止血，疏风行气。

【主治】 肠风下血，收敛固涩。对肠道湿热性的家畜便前或便后出血有治疗作用。与黄连解毒汤加减合用可用于治疗由 D 型魏氏梭菌引起的羊肠毒血症，具有清热解毒、凉血止痢的功效。槐花散加减可治疗山羊四肢无力、排泄不止、身体后期消瘦的症状。

【用法与用量】 内服，羊：30~50 克。

23. 健脾散

【成分】 当归 20 克、白术 30 克、青皮 20 克、陈皮 25 克、厚朴 30 克、肉桂 30 克、干姜 30 克、茯苓 30 克、五味子 25 克、石菖蒲 25 克、砂仁 20 克、泽泻 30 克、甘草 20 克。

【性状】 本品为浅红棕色粉末，气味香且味辛。

【功能】 温中健脾，行气消食，利水止泻。

【主治】 主治羔羊消化不良，可调理脾胃，恢复羔羊食欲。复方健脾散可促进山羊瘤胃运动，改善脾虚体弱的症状。胃寒草少，冷肠泄泻。同时，加味参术健脾散可预防治疗虚中夹湿、虚寒积滞及体质虚弱导致的羔羊胃积食、脾运失调。

【用法与用量】 内服，羊：45~60 克。

四、羊场常用的消毒药物

1. 聚维酮碘

【性质】 聚维酮碘又称聚乙烯吡咯烷酮碘，是 1- 乙烯基 -2- 吡咯烷酮均聚物与碘的复合物，为黄棕色无定型粉末或片状固体，微有特臭，可溶于水，水溶液呈酸性。

【应用】 聚维酮碘遇组织还原物时，能缓慢释放出游离碘，对病毒、细菌及其芽孢均有杀灭作用。效力较碘酊稍差，但对组织刺激小，毒性低。除用作环境消毒剂外，还可用于手术部位、皮肤和黏膜的消毒。皮肤消毒用 5% 溶液，乳头浸泡用 0.5%~1%

溶液，黏膜及创面冲洗用 0.1% 溶液。

【注意事项】聚维酮碘可与金属和季铵盐类消毒剂发生反应，应避免与其混用。避免在阳光下使用，应放在密闭的容器中，当溶液变成白色或黄色时即失去消毒作用。

2. 戊二醛

【性质】戊二醛为透明油状液体，带有甲醛的刺激性气味，沸点为 187~189℃，易溶于水和乙醇，水溶液呈弱酸性（pH 为 4~5），在酸性溶液中随温度升高而产生更多的自由醛基，可提高杀菌活性。在碱性溶液中具有较好的杀菌作用，在 pH 为 7.5~8.5 时杀菌作用最强，可杀灭细菌的繁殖体和芽孢、真菌、病毒等。

【应用】戊二醛具有广谱、高效和速效的杀菌作用，对繁殖期革兰阳性菌和革兰阴性菌作用迅速，对耐酸菌、芽孢、某些霉菌和病毒也有较强的抑制作用。可配成 2% 碱性溶液，用于浸泡橡胶或塑料等不宜加热消毒的器械和制品；也可添加增效剂配成戊二醛的复合溶液，用于羊场厩舍及器具的消毒。密闭空间表面熏蒸消毒用 10% 溶液，每立方米空间 1.06 毫升，密闭过夜。

【注意事项】戊二醛在碱性溶液中杀菌作用强，但稳定性差，2 周左右后失效。其对皮肤黏膜有刺激性，接触时应做好防护措施，避免与皮肤、黏膜接触，不应接触金属器具。

3. 硫酸铜

【性质】硫酸铜为深蓝色的三斜系结晶，或蓝色的结晶形颗粒或粉末，无臭，有风化性，是重金属盐类杀菌剂，温度升高会增强杀菌能力。

【应用】硫酸铜可作为羊舍环境消毒药，通过使细菌蛋白质发生变性沉淀而发挥作用，对羊和环境较为安全，无残留毒性。同时也可以作为羊莫尼茨绦虫病和捻转胃虫病的驱虫药，内服，1.5~2 毫克 / 千克体重，用时配成 1% 硫酸铜溶液。

【注意事项】硫酸铜为重金属盐类消毒剂，忌与酸、碱、碘和银盐配伍，以免发生沉淀或置换反应。勿用金属容器盛装。

4. 氢氧化钠

【性质】氢氧化钠为棒状、白色块状或片状结晶，吸湿性强，容易吸收空气中的二氧化碳形成碳酸钠或碳酸氢钠。极易溶于水，溶解时会强烈放热，易溶于乙醇，必须密封保存。

【应用】氢氧化钠是一种高效消毒药，杀菌力强，对细菌的繁殖体、芽孢和病毒都有很强的杀灭作用，对寄生虫卵也有杀灭作用，浓度增加或温度升高可明显增强杀菌作用，但低浓度时对组织会有刺激性，高浓度有腐蚀性，消毒时注意防护。一般以 2% 氢氧化钠溶液喷洒厩舍地面、饲槽和木质器具等，5% 氢氧化钠溶液用于炭疽芽孢污染的消毒。

【注意事项】使用氢氧化钠消毒羊舍地面、饲槽、用具 6~12 小时后，应用清水冲洗干净。高浓度氢氧化钠溶液可灼伤组织，对有些物品如棉、毛织物、漆面、铝制品等具有损坏作用，使用时应注意。消毒人员应注意防护，配制和消毒喷洒时应戴橡胶手套，戴防护眼镜，避免被灼伤。粗制烧碱或固体碱含氢氧化钠 94% 左右，一般为工业用，由于价格低廉，所以常代替精制氢氧化钠作为消毒剂应用，效果良好。

5. 季铵盐戊二醛溶液

【性质】 季铵盐戊二醛溶液是以苯扎氯铵、癸甲溴铵、戊二醛为主要原料配制而成的复方消毒剂。其中，季铵盐的种类主要是苯扎氯铵和双癸基二甲基溴化铵，还含有少量一癸基三甲基溴化铵。其为琥珀色的澄清液体，有特臭气味。易溶于水、乙醇，水溶液呈碱性。具有耐热性，可贮存较长时间而药效不减。

【应用】 季铵盐戊二醛溶液主要用于厩舍及器具消毒，为常用的一种阳离子表面活性剂，具有广谱杀菌作用与去垢效力。其可杀死细菌繁殖体，但不能杀死细菌芽孢，且对革兰阳性菌的杀灭能力比革兰阴性菌强，对病毒的作用较弱，对组织刺激性小。

【注意事项】 季铵盐戊二醛溶液易燃，使用时须谨慎，以免被烧伤，避免接触皮肤和黏膜，避免吸入其挥发气体，在通风良好的场所稀释。使用时要配备防护设备，如防护衣、手套、护面和护眼用具等。禁与阴离子表面活性剂、盐类消毒药、肥皂、碘化物和过氧化物等配合使用。不宜用于膀胱镜、眼科器械及合成橡胶制品的消毒。

第二节 羊场免疫程序和羊常用的疫苗

一、羊场免疫程序

免疫程序是羊场开展疫苗免疫的依据与参考。没有万能的免疫程序，羊场可根据本场，以及周边羊场疫病发生流行情况和抗体水平制定适合本场的免疫程序。编者根据河北省羊场实际情况制定了一个羊场免疫程序（表5-1）。该免疫程序适用于绵羊与山羊，以及本地育肥的肉羊；对于异地育肥如果清楚羔羊日龄、免疫背景也可参照本程序进行。

表 5-1 羊场免疫程序（参考）

年龄	疫苗	免疫时间	免疫方法
羔羊	破伤风类毒素	出生后 24 小时内	皮下注射
	羊传染性脓疱皮炎（羊口疮）活疫苗	7~10 日龄	口腔下唇黏膜划痕
	羊支原体肺炎灭活疫苗	15~20 日龄	皮下注射
	羊梭菌病多联灭活疫苗（三联四防）	15~20 日龄首免，首免 2 周后二免	肌内或皮下注射
	小反刍兽疫、山羊痘二联活疫苗	30~35 日龄	颈部皮下注射
	山羊痘活疫苗	30~35 日龄	尾根内侧皮内注射
	口蹄疫灭活疫苗	2~3 月龄首免（断乳后），首免 2 周后二免	肌内注射

年龄	疫苗	免疫时间	免疫方法
母羊	口蹄疫灭活疫苗	春秋各免 1 次	肌内注射
	山羊痘活疫苗	每年 3~4 月	尾根内侧皮内注射
	羊梭菌病多联灭活疫苗（三联四防）	产前 30~45 天	肌内或皮下注射
	破伤风类毒素	产后 24 小时内	肌内注射
	羊支原体肺炎灭活疫苗	产后 15~20 天	皮下注射
种公羊	口蹄疫灭活疫苗	春秋各免 1 次	肌内注射
	羊梭菌病多联灭活疫苗（三联四防）	春秋各免 1 次	肌内或皮下注射
	羊支原体肺炎灭活疫苗	春秋各免 1 次	皮下注射
	山羊痘活疫苗	每年 3~4 月	尾根内侧皮内注射

注：（1）按说明书剂量使用，并到有资质的经营部门采购。

（2）口蹄疫与小反刍兽疫为国家强制免疫病种，其他疫苗羊场可根据实际情况选择免疫。

（3）小反刍兽疫疫苗可在春秋季节对接种时间临近 3 年的羊再次免疫。

1）本免疫程序仅供参考，羊场可根据实际情况确定具体免疫病种。目前而言，小反刍兽疫与口蹄疫是国家强制免疫病种，羊场必须免疫，其余病种羊场可根据实际情况加减，如果本场或周边地区有疫情，可考虑进行本病的免疫。另外，炭疽、羊链球菌病、伪狂犬病、乙型脑炎、衣原体、羊大肠杆菌病等未列入本免疫程序的病种，羊场也可根据实际情况进行免疫。

2）为了减少羊应激与免疫人员工作量，本程序部分疫苗可分点同步免疫（一边一针）。其中羔羊与种公羊免疫程序中羊支原体肺炎灭活疫苗与三联四防灭活疫苗可分点同步免疫，羔羊三联四防灭活疫苗二免也可与小反刍兽疫疫苗、山羊痘活疫苗同时进行。另外，母羊破伤风类毒素、羊支原体肺炎灭活疫苗免疫也可与该羔羊同时进行。口蹄疫灭活疫苗与痘活疫苗建议分开进行，两种疫苗可间隔 2 周左右免疫。小反刍兽疫、山羊痘两种病也可选择小反刍兽疫、山羊痘二联活疫苗一次完成免疫。

3）免疫程序在使用过程中可根据表 5-2 进行临床使用效果评价，根据使用效果及时调整。

二、羊常用的疫苗

1. 小反刍兽疫活疫苗（Clone9 株）

目前仅有天康生物制药有限公司、西藏自治区兽医生物药品制造厂、中海生物制药（泰州）有限公司和金宇保灵生物药品有限公司 4 家单位生产，每头份疫苗含有的小反刍兽疫弱毒病毒不低于 $10^{3.0}$ TCID$_{50}$。用于预防羊的小反刍兽疫，免疫期为 36 个月，羊场可在春秋季节对接种时间临近 3 年的羊再次免疫。另外，我国目前也生产小反刍兽疫、山羊痘二联活疫苗（Clone9 株 +AV41 株），每头份疫苗含有的小反刍兽疫弱毒病毒不低于 $10^{3.0}$ TCID$_{50}$，含有的山羊痘弱毒病毒不低于 $10^{3.5}$ TCID$_{50}$。用于预防羊的小反刍兽疫、山羊痘及绵羊痘。免疫期为 12 个月。

表 5-2 "羊场免疫程序"临床使用效果评价（场名：_____）

评价内容	羔羊（品种：　）				母羊（品种：　）				种公羊（品种：　）				备注（记录疫苗厂家、价格、免疫时间、剂量、羊表现等信息）
	安全性[1]（%）	有效性[2]（%）		可操作性[3]	安全性（%）	有效性（%）		可操作性	安全性（%）	有效性（%）		可操作性	
		前	后			前	后			前	后		
破伤风类毒素													
羊传染性脓疱皮炎（羊口疮）活疫苗													
羊支原体肺炎活疫苗													
羊梭菌病多联灭活疫苗（三联四防）													
小反刍兽疫活疫苗													
山羊活痘疫苗													
口蹄疫灭活疫苗													

① 安全性：观察疫苗使用后羊是否出现死亡、过敏、局部红肿等反应，统计出现反应的比例，记录疫苗生产厂家、免疫时间、剂量、羊表现等信息。
② 有效性：统计使用本免疫程序前后本病发病率。
③ 可操作性：询问工作人员疫苗免疫次数、途径等是否省时、省力、省钱。

2. 口蹄疫灭活疫苗

适合羊场使用的疫苗曾有口蹄疫 O 型灭活疫苗、口蹄疫 O 型、A 型二价灭活疫苗与口蹄疫 O 型、亚洲 I 型、A 型三价灭活疫苗，三种疫苗免疫期均为 6 个月。2011 年6 月以来，全国未检出亚洲 I 型口蹄疫病原学阳性样品。经全国动物防疫专家委员会评估，我国亚洲 I 型口蹄疫已达到全国免疫无疫标准。农业部研究决定，自 2018 年 7 月1 日起，在全国范围内停止亚洲 I 型口蹄疫免疫，停止生产销售含有亚洲 I 型口蹄疫病毒组分的疫苗。因此，目前羊场免疫的是口蹄疫 O 型灭活疫苗或口蹄疫 O 型、A 型二价灭活疫苗。两种疫苗在中农威特生物科技股份有限公司、天康生物制药有限公司、金宇保灵生物药品有限公司等单位均有生产。疫苗使用后部分羊有过敏反应，严重者可用肾上腺素进行抢救。

3. 山羊痘活疫苗

可用于预防山羊痘及绵羊痘，免疫期为 12 个月，目前由中牧实业股份有限公司兰州生物药厂、山东绿都生物科技有限公司、天康生物制药有限公司、辽宁益康生物股份有限公司、哈药集团生物疫苗有限公司等单位生产。另外，我国也有绵羊痘活疫苗，只能用于预防绵羊痘，目前市场不易购买。山羊痘与绵羊痘幼龄羊比成年羊多发。羊痘主要是细胞免疫，不像口蹄疫疫苗需要考虑免疫器官的形成而确定首免时间，从理论上来说，初生羔羊就可以免疫，但考虑到山羊痘活疫苗安全性的问题，所以羔羊一般在 30~35 日龄免疫。本病春季最为多见，所以母羊与种公羊选择于每年 3~4 月免疫。山羊痘疫苗尾根内侧或股内侧皮内注射均可，但尾根内侧皮内注射较常用。山羊痘病毒能免疫预防羊口疮，但羊口疮病毒对山羊痘无良好交叉保护性，临床有选用山羊痘疫苗预防羊口疮的报道。

4. 布鲁氏菌病活疫苗（S2 株）

每头份含活菌数至少为 1.0×10^{10} CFU，适于口服免疫，山羊和绵羊无论年龄大小，每只都是 1 头份；也可进行皮下或肌内注射，但注射法不能用于妊娠羊和小尾寒羊，注射剂量有差异，其中山羊注射 0.25 头份、绵羊 0.5 头份，免疫期均为 36 个月。另有研究表明，布鲁氏菌病活疫苗皮下或肌内注射产生的免疫效果优于灌服、面团口服和饮水。目前天康生物制药有限公司、哈尔滨维科生物技术有限公司、金宇保灵生物药品有限公司等单位生产布氏菌病活疫苗。布鲁氏菌病活疫苗（A19 株）是牛布鲁氏菌病专用疫苗，免疫期可达 6 年。布鲁氏菌病活疫苗（M5 株）是由我国从羊种布鲁氏菌中分离并自行培育致弱的菌株，对牛、羊均可产生较好的免疫力，免疫期可达 3 年。由于该菌株毒力较强且存在毒力返强的风险，目前市场上很少见。《国家布鲁氏菌病防治计划（2016—2020 年）》规定：在全国范围内，种畜禁止免疫，实施监测净化；奶畜原则上不免疫，实施检测和扑杀为主的措施。一类地区采取以免疫接种为主的防控策略。二类地区采取以监测净化为主的防控策略。三类地区采取以风险防范为主的防控策略。河北省为一类地区，按照要求，免疫地区的家畜应免尽免，畜间布鲁氏菌病免疫场群全部建立免疫档案。到 2020 年，河北省布鲁氏菌病达到并维持控制标准。但应注意，河北省内拟申报布鲁氏菌病净化创建场或示范场的养羊场不建议进行布鲁氏菌病免疫。免疫接种在配前前 1~2 个月进行较好（3 年免疫 1 次），3 月龄以下羔羊、妊娠母羊和种公羊、有本病的阳性羊（可在免疫前进行布鲁氏菌病检疫），均不能进行预防接种。

5. 无荚膜炭疽芽孢疫苗

皮下注射，用于预防绵羊炭疽，免疫期为 12 个月，山羊忌用。Ⅱ号炭疽芽孢疫苗，用于预防绵羊、山羊炭疽，免疫期山羊为 6 个月、绵羊为 12 个月。目前由天康生物制药有限公司等单位生产。

6. 山羊支原体肺炎灭活疫苗

羊支原体肺炎又称羊传染性胸膜肺炎，其病原包括丝状支原体山羊亚种（感染山羊与绵羊，其中 3 岁以下的山羊最易感）、绵羊肺炎支原体（感染山羊与绵羊）、丝状支原体丝状亚种（感染牛，某些菌株可感染山羊）、山羊支原体山羊肺炎亚种（感染山羊），目前我国主要流行的是丝状支原体山羊亚种与绵羊肺炎支原体。现有疫苗为山羊支原体肺炎灭活疫苗，疫苗中含灭活的绵羊肺炎支原体 MoGH3-3 株和丝状支原体山羊亚种 M87-1 株，用于预防由绵羊肺炎支原体和丝状支原体山羊亚种引起的山羊支原体肺炎。山羊、绵羊均可应用，免疫期为 10 个月。目前由四川海林格生物制药有限公司、重庆澳龙生物制品有限公司生产。该疫苗在部分场使用效果一般，主要是因为本场流行的菌株与疫苗不匹配，针对该情况建议羊场可选用自家苗或泰乐菌素、氟苯尼考、氧氟沙星等抗生素进行防控。

7. 羊传染性脓疱皮炎活疫苗

用于预防绵羊、山羊传染性脓疱皮炎（羊口疮），接种后 4~5 天产生免疫力，免疫期为 3 个月。目前山东华宏生物工程有限公司生产该疫苗。羊口疮目前主要发生于羔羊，所以母羊与种公羊免疫程序中没有涉及本病。另外，放牧羔羊 20 日龄左右接触青草，易划破口唇而感染，所以放牧羔羊可在接触青草前免疫。

8. 羊快疫、猝狙、羔羊痢疾、肠毒血症四联干粉灭活疫苗（三联四防）

本品含灭活脱毒的腐败梭菌培养物、灭活脱毒的 C 型产气荚膜梭菌培养物、灭活脱毒的 B 型产气荚膜梭菌培养物、灭活脱毒的 D 型产气荚膜梭菌培养物，免疫期为 12 个月，可皮下或肌内注射。其中羔羊痢疾因 1 周龄以内的羔羊易发生，所以建议母羊产前 30~45 天免疫 1 次，主要是通过母源抗体保护羔羊。目前哈药集团生物疫苗有限公司、金宇保灵生物药品有限公司等单位生产该疫苗。

9. 破伤风类毒素

选用破伤风梭菌所产生的外毒素进行灭活制备而成，可预防由破伤风梭菌引起的破伤风。每毫升含破伤风类毒素不低于 200 个 EC（结合力），接种后 1 个月产生免疫力，免疫期为 12 个月。第二年再注射 1.0 毫升，免疫期为 49 个月。绵羊、山羊皮下注射，每次 0.5 毫升。

10. 羊流产衣原体灭活疫苗

本品系用羊流产衣原体强毒株接种鸡胚，收获鸡胚培养物，经甲醛溶液灭活，与油佐剂混合、乳化制成。用于预防山羊和绵羊衣原体引起的流产。绵羊免疫期为 2 年；山羊免疫期为 7 个月。每只羊皮下注射 3 毫升。本品在配种前或配种后 1 个月均可注射。

11. 羊败血性链球菌病活疫苗

本品系用马链球菌兽疫亚种羊源 F60 株接种于适宜培养基培养，收获培养物后加适宜稳定剂，经冷冻真空干燥制成。用于预防羊败血性链球菌病。免疫期为 12 个月。尾根皮下（不得在其他部位）注射，6 月龄以上羊，每只 1.0 毫升（1 头份）。羊败血性链球菌病灭活疫苗，系用羊源兽疫链球菌，接种于适宜培养基培养，培养物经甲醛溶液灭活后，加入氢氧化铝胶制成，预防由兽疫链球菌引起的羊败血性链球菌病。注射后 21 天产生免疫力，免疫期为 1 年。绵羊及山羊不论年龄大小，都一律皮下注射 5 毫升。

附录　羊的病理剖检方法

尸体剖检是应用动物病理学的理论知识、技术及其他有关学科的理论知识、技术来检查死亡动物尸体的各种变化，以诊断疾病的一种技术方法。根据尸体剖检发现的病变和病因，分析各种病变的主次和相互关系，可确定诊断并查明死因，有利于临床及时总结经验、改进和提高临床诊疗水平。同时，通过尸体剖检可以尽快发现和确诊动物传染病、寄生虫病、营养代谢病、中毒性疾病等群发病和新发生的疾病，为有关单位及时采取防控措施提供依据。此外，通过尸体剖检广泛收集各种疾病的病理标本和病理资料，可以为深入研究和揭示某些疑难病症的发病机理并最终控制它们提供重要的基础资料。因此掌握尸体剖检技术，对于做好疾病的防控工作具有重要意义。

尸体剖检的优点是可全面系统地检查，可随意取材，不受时间限制，因而诊断全面、确切，对死因的分析客观、可信。尸体剖检在总结经验、提高诊疗水平和解决兽医纠纷，在积累系统的病理资料、认识新病种及发展医学等方面，都做出了巨大贡献。尸体剖检的缺点是组织细胞的死后变化可以不同程度地影响酶类、抗原、超微结构，以及组织细胞形态的检查。另外，剖检所检查的多为静止于死前的晚期病变，无法观察早期病变及其动态变化过程。

一、尸体剖检前的准备

（1）**剖检人员的组织和安排**　病理剖检工作应由具有一定专业技术知识的人员完成，在剖检前应做好人员安排。剖检工作的人员组成一般包括主检人 1 名，助检人员 1~2 名，记录人 1 名，在场人可包括养殖场负责人及有关人员。若属于涉及法律纠纷的尸体剖检，应有司法机关人员及纠纷双方法人代表参加。主检人是剖检工作质量的重要保证，一般应具有较高的专业水平，通晓兽医专业基础理论，尤其是动物病理学的理论和病理剖检技术。一般由中级职称以上的动物病理专家主持动物病理剖检工作。

（2）**剖检地点的选择**　羊尸体剖检工作最好在相关单位专门的病理剖检室进行。病理剖检室的场地选择应符合《中华人民共和国环境保护法》及《执业兽医和乡村兽医管理办法》的规定；在基层进行剖检时，也应符合上述法规要求，保证人和羊的安全，防止病原扩散，选择距离羊场、居民区较远的偏僻地方。剖检结束后，应根据疾病的种类妥善处理尸体，基本原则是防止疾病扩散和蔓延，以免尸体成为疾病的传染源。剖检后尸体可参照《病死及病害动物无害化处理技术规范》执行。该规范规定了病死及病害动物肉尸及其产品的销毁、化制、高温处理和化学处理的技术规范。该规范适用于国家规定的染疫动物及其产品、病死或者死因不明的动物尸体，屠宰前确认的病害动物、屠宰过程中经检疫或肉品品质检验确认为不可食用的动物产品，以及其他应当进行无害化处理的动物及动物产品。

（3）**剖检用具的准备** 病理剖检室可配备以下用具：剥皮刀、解剖刀、外科手术刀、外科剪、肠剪、骨剪、长镊、尖头镊、鼠齿镊、无齿镊、板锯、弓锯、斧、凿、探针、卷尺、天平、量杯、磨刀棒、搪瓷盘、一次性注射器、棉花、棉线、滑石粉、胶靴、线手套、酒精灯、吸管、平皿、洗手盆、污水桶等。有条件的剖检场所还应准备盛放病料的容器、摄像装置、运送装置、现场病原检验及分离鉴定设备等。

（4）**剖检过程中防护用品的准备** 应为参加剖检工作的人员配备隔离服、聚乙烯手套、胶皮手套。病理剖检室需准备剖检器械消毒用的消毒液，如 0.05% 氯乙定溶液、0.1% 新洁尔灭溶液、3% 来苏儿溶液等。预防剖检人员感染需准备 2% 硼酸溶液、3% 碘酊、70% 乙醇、消毒棉、纱布等。另外，还应备有氢氧化钠、过氧乙酸、漂白粉等用于地面消毒和空气消毒的药品。

二、病理剖检的注意事项

（1）**剖检前的要求** 动手剖检之前，为了完善临床病历摘要，应详细了解病羊尸体的来源、病史、临床症状、治疗经过和临死前的表现。必要时还要请临床兽医介绍病情及了解对尸检的要求，以便有目的、有重点地进行检查。若临床表现有炭疽的迹象（发病急剧，死后天然孔出血），应首先采耳血做染色镜检，镜检见有炭疽杆菌或怀疑为炭疽时，则病羊尸体严禁剖检，应将病羊尸体置于焚尸炉（坑）中进行彻底焚烧，所有与病羊接触过的场地、用具进行彻底消毒，与病羊接触过的人员应进行药物预防。只有在确诊不是炭疽和其他禁止剖检的疾病后，方可进行尸体剖检。

（2）**剖检时间的要求** 病羊死后应尽早进行剖检，因为羊死后体内将发生自溶和腐败（夏季尤为明显），进而影响病变的辨认和剖检诊断的效果，以致丧失剖检价值。病理剖检工作最好在白天进行，因为白天在自然光照下才能正确地反映器官组织固有的颜色。在紧急情况下，必须在夜间剖检时，光照一定要充足，不能在有色灯光下剖检。

（3）**剖检记录要求** 每一个送检病例，从接收病羊尸体到报告检验结果，都要有完整的记录、明确的交接和书面报告手续。剖检前应备齐尸体剖检记录表（表 A-1），以方便记录和留档。剖检时，剖检人员应认真细致地检查病变，客观地描述、记录检查所见，切忌主观片面、草率行事。

（4）**清洁、消毒和剖检人员的卫生防护要求**

1）剖检人员在剖检前及过程中应时刻警惕感染人畜共患传染病和尚未被证实而可能对人类健康有危害作用的病原或寄生虫。因此，剖检者在基层门诊或在养殖场外剖检时必须穿工作服或隔离服，戴乳胶手套、线手套及工作帽、口罩或防护眼镜，穿胶靴。工作人员不慎发生外伤时应立即停止剖检，用碘酒消毒伤口后包扎。若血液或其他渗出物溅入眼内，应用 2% 硼酸溶液洗眼。

表 A-1　尸体剖检记录表

登记号

主检人　　　　　　　　助检人　　　　　　　　记录人

病名		羊种类		种属	
		性别		年龄	
羊号		特征			
用途		产地		毛色		体重	
尸体来源			剖检地点		
死亡		年　月　日　时　分	剖检		年　月　日　时　分
临床诊疗	发病时间				
	发病原因				
	征候				
	治疗过程				
剖检所见（可另附纸张）					
病理解剖学诊断					
结论					

2）剖检过程中应经常用低浓度的消毒液冲洗手套和器械上的血液及其他分泌物、渗出物等。在采取脏器和病变组织时，注意不要使血液、脓液和其他渗出物污染地面过大，以防止病原扩散。

3）每次解剖羊尸体后，解剖室或基层门诊的地面及靠近地面的墙壁部分必须用水冲洗干净。打开紫外线灯进行空气消毒，照射强度应不低于 90000 微瓦 / 厘米^2，室内温度不低于 20℃，相对湿度不超过 50%，一般照射 30 分钟。必要时可喷雾 2% 过氧乙酸 8 毫升 / 米^3，密闭消毒 30 分钟。

4）未经检查的脏器切面，不可用水冲洗，以免改变其原有的颜色和性状。若病变组织有必要进一步做病理组织学检查，病变组织采取后应及时放入 10% 福尔马林溶液内固定。

5）剖检病羊尸体后，最好将剖检用的衣物和器械直接放入煮锅或高压灭菌器内，经灭菌后方可进行清洗等后续处理。剖检器械若附有脓液、血液等，应先用清水洗净，再用消毒液充分消毒，最后再用清水洗净。胶皮手套消毒后，要用清水冲洗、擦干，然后撒上滑石粉。金属器械用后用清水冲洗干净，浸泡在0.1%新洁尔灭（含0.5%亚硝酸钠）溶液中4~6小时，消毒后用流水将器械冲洗干净，再用纱布擦干，涂抹凡士林或液状石蜡，防止生锈。

6）剖检人员双手先用肥皂水洗涤，再用消毒液冲洗。为了消除粪便和尸体的腐臭味，可先用0.2%高锰酸钾溶液浸洗，再用2%~3%草酸溶液洗涤，退去棕褐色后，再用清水冲洗。

（5）羊死后变化的判定和识别　羊死亡后，各系统、各器官组织的功能和代谢过程均完全停止，由于体内组织酶和细菌的作用及外界环境的影响，组织的原有结构和性状发生一系列变化叫作尸体变化。尸体变化是羊死后发生的，与生前病变无关，剖检时若不注意，易与生前病变相混淆，影响诊断的可靠性。因此，学会正确的判定和识别尸体变化，对于正确做出病理诊断十分重要。尸体变化包括以下几种：

1）尸冷。尸冷是指羊死亡后，尸体温度逐渐降低至与外界环境温度相等的现象。尸冷的发生是因机体死亡后，产热过程停止，而散热过程仍继续进行。尸体温度下降的速度，在死后最初几小时较快，以后逐渐变慢。在通常室温条件下，平均每小时下降1℃。尸冷受季节影响，冬季寒冷将加速尸冷过程，而夏季炎热则将延缓尸冷过程。尸冷检查有助于确定死亡的时间。

2）尸僵。羊死亡后，最初由于神经系统麻痹，肌肉失去紧张力而变得松弛柔软。但经过很短时间后，肢体的肌肉即行收缩变为僵硬，肢体各个关节不能伸屈，使尸体固定于一定的形状，这种现象称为尸僵。尸僵的表现是关节僵直、不能屈伸，口角紧闭，难以开启。

尸僵开始的时间，随外界条件及机体状态不同而异。中等大小动物死后1.5~6小时开始发生，尸僵的顺序是头部→颈部→胸部→前肢→躯干→后肢，此时各关节因肌肉僵硬而被固定，经10~24小时发展完全。在死后24~48小时尸僵开始缓解、消失（解僵），肌肉变软。解僵的顺序与尸僵顺序相同。

心肌的尸僵在死后半小时左右即可发生，由于尸僵时心肌收缩变硬，可将心脏内的血液驱出，这在肌层较厚的左心室表现得最明显，而右心室则往往残留少量血液。经24小时，心肌尸僵消失，心肌松弛。发生变性或心力衰竭的心肌，尸僵可不出现或不完全，这种心脏质地柔软，心腔扩大，并充满血液。富有平滑肌的器官，如血管、胃、肠、子宫和脾脏等，由于平滑肌僵硬收缩，可使腔状器官的内腔缩小，组织质度变硬。当平滑肌发生变性时，尸僵同样不明显，如败血症的脾脏，由于平滑肌变性而使脾脏质地变软。

尸僵出现的早晚、发展程度及持续时间的长短，与外界因素和尸体状态有关。周围气温较高时，尸僵出现较早，解僵较快；寒冷季节则出现较晚，解僵较迟。急性死亡和营养状况良好的羊尸僵发生快而明显。死于慢性病和瘦弱的羊，尸僵发生慢且不完全。死于破伤风的羊，死前肌肉运动较剧烈，尸僵发生快而明显。死于败血症的羊，尸僵不明显或不出现。尸僵检查，对于判定羊死亡的时间和姿势有一定的意义。

3）尸斑。羊死后，心跳停止，心血管内的血液因心肌和平滑肌的收缩被排挤到静脉系统内，在血液凝固以前，血液因重力作用流到体位低处的血管中，这些部位呈暗红色，称为坠积性充血。羊死亡时间较久，红细胞崩解，将周围组织染成红色，称为尸斑浸润。根据尸斑和舌脱出的位置，可以推断羊死亡时躺卧的状态和死亡的时间。

4）血液凝固。羊死后，血流停止，血液中抗凝血因素丧失而发生血液凝固，在心腔和大血管中可看到暗红色的血凝块。死后血凝块的特征是颜色暗红、表面光滑而有弹性，与心血管壁不粘连，应注意与生前凝血（血栓）的区别。贫血或濒死期长的羊，因死后红细胞下沉，血凝块上层呈浅黄色、下层呈暗红色。死于窒息的羊，因血液中含有大量二氧化碳，血液常不凝固。死于败血症的羊，常血凝不良。

5）尸体自溶与腐败。

①尸体自溶。羊死后各器官功能、组织代谢停止，但组织细胞内酶的活性尚存，组织细胞在溶酶体酶和消化酶（胃和胰腺分泌的蛋白水解酶）的作用下发生自体消化的过程，即为尸体自溶。含酶丰富的胃和胰腺的自溶发生最快。初期胃肠黏膜可自行脱落，严重时可发生穿孔。

②尸体腐败。尸体组织蛋白由于细菌作用而发生彻底分解的现象称为尸体腐败。主要是肠道内厌氧菌的作用，或血液和肺内的细菌作用，有时外界进入体内的细菌也参与尸体腐败过程。腐败过程中，体内复杂的化合物被分解，并产生大量气体如二氧化碳、氨、硫化氢、尸胺等，因此可见胃肠道充气，肝包膜下出现气泡，并具有恶臭。组织蛋白分解形成的硫化氢与血液中的血红蛋白或从其中游离出的铁结合，生成硫化血红蛋白与硫化铁而使组织呈污绿色。尸体腐败使羊机体生前病变表现受到破坏，给剖检工作带来困难。所以，在羊死后应尽早进行剖检。

三、羊病理剖检程序

为了全面、系统地检查羊尸体所呈现的病理变化，尸体剖检必须按照一定的方法和顺序进行。一般剖检是由体表开始，然后是体内。体内的剖检顺序，通常从腹腔开始，然后是胸腔，再及其他。羊属于反刍动物，有4个胃，占腹腔左侧的绝大部分及右侧中下部。因此，羊的剖检尸体应采取左侧卧位，以便腹腔脏器的采出和检查。

【外部检查】　外部检查主要检查羊的体表情况（品种、性别、年龄、毛色、皮肤）、营养状态、可视黏膜和尸体变化等。

（1）**体表情况**　一般检查有无外伤、骨折、瘤胃臌气，关节有无肿胀，蹄有无溃烂，皮下（尤其是腹部皮下）有无水肿和脓肿等（图 A-1 和图 A-2）。

（2）**营养状态**　根据待剖检羊肌肉的发育情况和皮下脂肪蓄积状况分为良好、一般或不良等。

（3）**可视黏膜**　主要检查待剖检羊结膜、鼻腔、口腔、耳朵、肛门和生殖器官等黏膜（图 A-3）。应重点观察有无充血、瘀血、贫血、出血、黄疸、溃疡及外伤等变化；各天然孔的开闭状态、有无分泌物、排泄物及其性状等。

（4）**尸体变化**　注意检查尸体的尸冷、尸僵、尸斑、血液凝固情况、自溶与腐败情况。

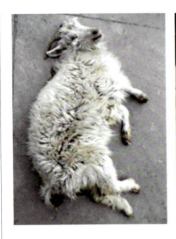

图 A-1　羊尸体的体表检查

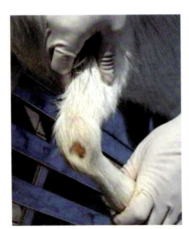
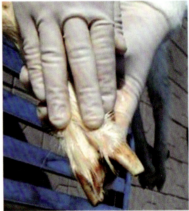

图 A-2　羊尸体的关节和蹄的检查

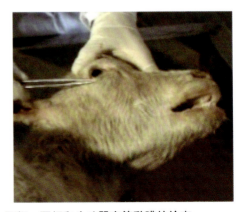

图 A-3　羊尸体结膜、鼻腔、口腔、耳朵、肛门、阴门和生殖器官等黏膜的检查

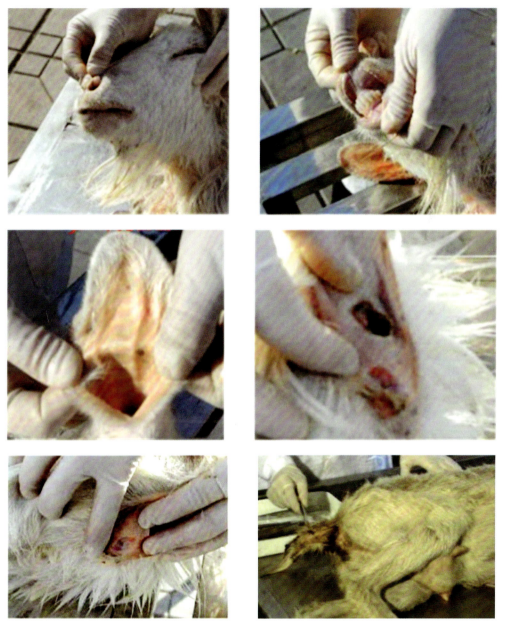

图 A-3　羊尸体结膜、鼻腔、口腔、耳朵、肛门、阴门和生殖器官等黏膜的检查（续）

【内部检查】 包括剥皮、皮下检查、各体腔的剖开及其视检、各体腔脏器的采出与检查，以及口腔、颈部器官的摘取与检查等。剖检时，通常采取尸体的左侧卧位（图 A-4），以便于采出腹腔脏器。同时最好用消毒液将尸体洒湿（图 A-5），以免尘埃飞扬，防止病原扩散。

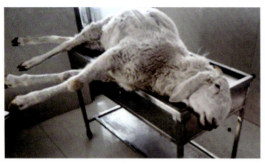

图 A-4　尸体采取左侧卧位

图 A-5　用消毒液将尸体洒湿

（1）剥皮及皮下检查　首先，将送检羊尸体仰卧，先自下颌间隙起沿身体中线依次经颈部、胸部、腹白线至肛门切一个纵向切口（图 A-6 和图 A-7），注意遇到脐部、阴茎或乳房、阴户等部位时就把切线分为两条绕其周围切开（图 A-8），最后于尾根部会合。其次，在四肢系部环切皮肤，由四肢系部分别做与身体中线垂直的切线（图 A-9），最后，剥离全身皮肤（图 A-10），切除右前肢和右后肢（图 A-11 和图 A-12）。怀疑患传染病而死的尸体，一般不剥离皮肤，防止病原传播。

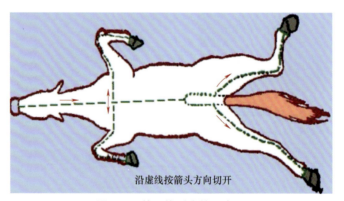

沿虚线按箭头方向切开

图 A-6　羊尸体剥皮的示意图

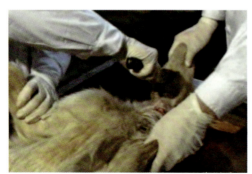

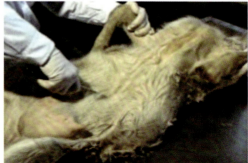

图 A-7　羊尸体仰卧，自下颌间隙起沿身体中线依次经颈部、胸部、腹白线至肛门切一个纵向切口

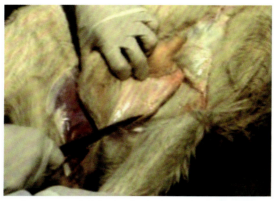

图 A-8　遇到乳房时把切线分为两条绕周围切开

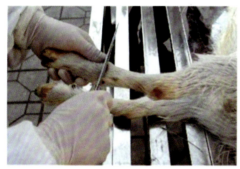

图 A-9　在四肢系部环切皮肤（左图），由四肢系部分别做与身体中线垂直的切线（右图）

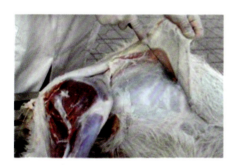

图 A-10　剥离全身皮肤　　　　　图 A-11　切除右前肢

　　在剥皮过程中，注意检查皮下脂肪的量和性状，皮下结缔组织干燥或湿润的程度，有无出血、水肿及脓性浸润，肌肉的发育状态和色泽，血液凝固状态，胸腺、外生殖器、乳房及体表淋巴结有无异常。

　　（2）**腹腔的剖开及其视检**　将公羊外生殖器或母羊乳房从腹壁切除（图 A-13）。自剑状软骨沿腹白线由前向后，至耻骨联合切开腹壁，然后自腹壁纵切口前端沿右侧肋骨弓至右侧腰椎横突切开，自纵切口后端向右侧腰椎横突切开，最后将被切成楔形（三角形）的右腹壁拉向背部或切除，即露出腹腔（图 A-14）。腹腔剖开时，应立即视检腹腔脏器，注意有无异常变化（图 A-15）。

图 A-12　切除右后肢

图 A-13　切除乳房

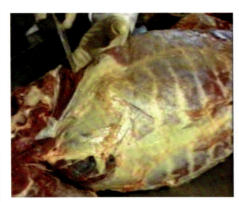

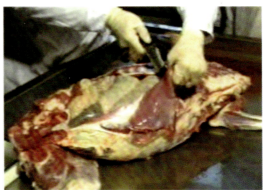

图 A-14　腹壁切开（左图），将被切成楔形（三角形）的右腹壁拉向背部（右图）

（3）胸腔的剖开及其视检　按下列两种方法均可剖开胸腔。

第一种方法，在右侧胸壁上、下边锯断肋骨。第一锯线由最后一根肋骨上端开始至第一肋骨上端，第二锯线由胸骨与肋软骨连接处，从后向前至第一肋骨下端。然后可以揭开右胸腔（图 A-16）。

第二种方法，由后向前依次切开肋间肌和肋软骨分离肋骨，将肋骨拉向背部，先向前然后向后搬压，直至胸腔全部暴露（图 A-17）。

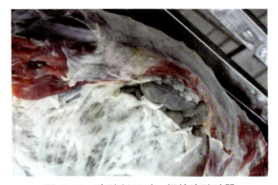

图 A-15　腹腔剖开时，视检腹腔脏器

胸腔剖开时，注意胸骨、胸膜、胸腔与心包的检查，肺大小与回缩程度、纵隔淋巴结、大血管、胸腺（幼龄羊）等变化。

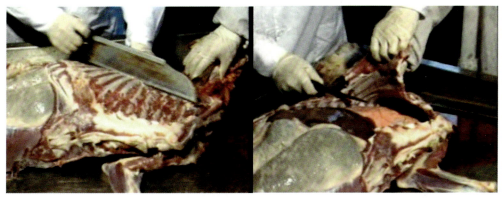

图 A-16　锯断肋骨（左图），揭开右胸腔（右图）

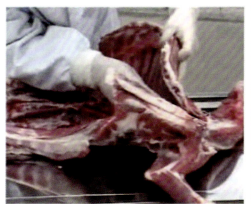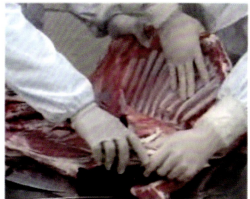

图 A-17　由后向前依次切开肋间肌和肋软骨，将肋骨拉向背部，先向前然后向后搬压

（4）腹腔脏器的采出与检查　腹腔剖开后，在剑状软骨部可见网胃，右侧肋骨后缘为肝脏、胆囊和皱胃，右肷部见盲肠，其余的脏器均为网膜所覆盖。为了采出腹腔脏器，应先将网膜切除，然后依次采出小肠、大肠、胃和其他器官。

1）网膜的切除。左手牵引网膜，右手执刀，将大网膜浅层和深层分别自其附着部（十二指肠降部、皱胃的大弯、瘤胃左沟和右沟）切离，再将小网膜从其附着部（肝脏的脏面、瓣胃壁面、皱胃幽门部和十二指肠起始部）切离（图 A-18），暴露出小肠和肠盘（图 A-19）。切除网膜后，使羊尸体呈左侧卧。

2）空肠和回肠的采出。在右侧骨盆腔前缘找出盲肠，提起盲肠，沿盲肠体向前见一连接盲肠和回肠的三角韧带，即回盲韧带，切断回盲韧带，分离一段回肠，在距盲肠约 15 厘米处将回肠做二重结扎并切断，由此断端向前分离回肠和空肠直至空肠起始部，即十二指肠肠曲，再做二重结扎（图 A-20）并切断，取出空肠和回肠。

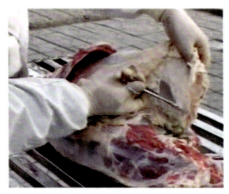

图 A-18　网膜的切除

图 A-19　切除网膜后暴露出小肠和肠盘

3）大肠的采出。在骨盆腔口找出直肠，将直肠内粪便向前方挤压，在其末端进行结扎，并在结扎的后方切断直肠（图 A-21）。然后握住直肠断端，由后向前把降结肠从背侧脂肪组织中分离出，并切离肠系膜直至前肠系膜根部。再将横行结肠、肠盘与十二指肠回行部之间的联系切断。最后把前肠系膜根部的血管、神经、结缔组织一同切断，取出大肠。

图 A-20　做二重结扎

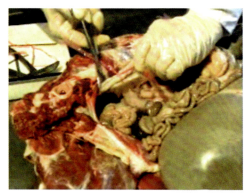

图 A-21　直肠末端进行结扎，并在结扎后方切断直肠

4）胃、十二指肠、胰腺和脾脏的采出。先检查有无创伤性网胃炎、横膈炎和心包炎，以及胆管和胰管的状态。若有创伤性网胃炎、横膈炎和心包炎，应立即进行检查，必要时将心包、膈和网胃一同采出。采出时先分离十二指肠肠系膜，切断胆管、胰管与十二指肠的联系。将瘤胃向后方牵引，露出食道，在其末端结扎并切断（图 A-22）。助检人员用力向后下方牵引瘤胃，主检人用刀切离瘤胃与背部联系的结缔组织，并切断脾膈韧带，即可将胃、十二指肠、胰腺和脾脏同时采出。

5）胃和肠管的检查。首先检查 4 个胃的大小，胃浆膜面的色泽，有无粘连和胃壁有无破裂。将瘤胃、网胃、瓣胃之间的结缔组织分离，使其有血管和淋巴结的一面向上，按皱胃在左（小弯朝上）、瘤胃在右的位置平放在地上。按皱胃小弯→瓣皱孔→瓣

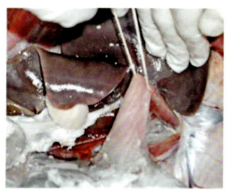
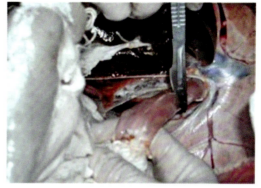

图 A-22　在食道末端结扎并切断

胃大弯→网瓣孔→网胃大弯→瘤胃背囊→瘤胃腹囊→食管→右纵沟的顺序依次剖开（图 A-23 和图 A-24），可将胃的各部分全部展开。若网胃有创伤性网胃炎时，可顺食管沟剪开，以保持网胃大弯的完整性，便于检查病变。检查胃内容物的量、性状（含水量，有何饲料、异物和有无引起中毒的物质等）、气味、寄生虫等。检查皱胃黏膜色泽，有无水肿、出血、炎症和溃疡；瓣胃是否阻塞；网胃内有无异物（铁钉、铁片和玻璃等）刺伤或穿孔。然后检查肠管，应注意肠浆膜的色泽，有无粘连、寄生虫结节等；同时检查肠系膜淋巴结的性状。各部肠管剪开时，要做到边剪边检查肠内容物的量、性状、气味，有无血液、异物、寄生虫等。去掉内容物后，检查肠黏膜的性状，看不清楚时，可用生理盐水轻轻冲洗后检查，注意黏膜的颜色、管壁厚度及有无炎症等。

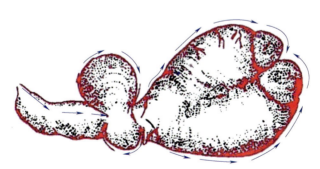

图 A-23　羊胃剖开的顺序

　　6）肝脏的采出。采出肝脏前，先检查与肝脏相联系的门静脉和后腔静脉，注意有无血栓形成，然后切断肝脏与膈相连的左三角韧带，注意肝脏与膈肌之间有无病理性的粘连，再切断后腔静脉、右三角韧带、门静脉和肝动脉，采出肝脏（图 A-25）。

　　7）肾脏与肾上腺的采出。首先，检查肾脏动脉、输尿管和肾门淋巴结；然后，先取出左肾，即沿腰肌剥离其周围脂肪囊，切断肾门处的血管和输尿管，便可取出。右肾用同样的方法取出。肾脏与肾上腺可同时采出（图 A-26），也可单独采出。

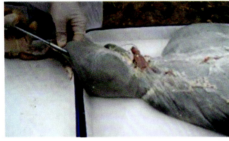

图 A-24　切开皱胃（左上图）、瓣胃（右上图）、网胃（左下图）、瘤胃（右下图）

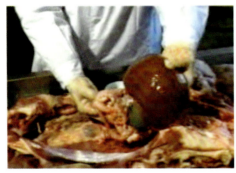
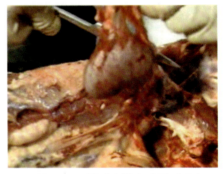

图 A-25　采出肝脏　　　　　　　图 A-26　肾脏和肾上腺同时采出

8）肝脏（包括胆囊）、胰腺、脾脏、肾脏与肾上腺的检查。

① 肝脏与胆囊的检查。检查肝脏和胆囊的大小、被膜的性状、边缘的厚薄、实质的硬度和色泽，胆管、肝淋巴结、血管等的性状。然后切开肝脏和胆囊，检查肝脏切面的血量、色泽、切面是否隆起、肝小叶的结构是否清晰，有无脓肿、肝砂粒症及坏死灶等变化；检查胆管和胆囊黏膜的性状，胆汁的量、黏稠度及色泽等（图 A-27 和图 A-28）。

② 胰腺的检查。包括看胰腺的色泽和硬度，然后沿胰腺的长径做切面，检查有无出血等。

③ 脾脏的检查。首先，检查脾脏的大小、质地、边缘的厚薄及脾淋巴结的性状；然后，检查脾脏被膜的薄厚、有无破裂等；最后，做切面检查，从脾头切至脾尾，切面要平整，检查红髓、白髓和脾小梁的性状，用刀背轻轻刮切面，注意刮出物的多少、质地和颜色（图 A-29）。

观察与触摸

切开肝脏

图 A-27　肝脏的检查

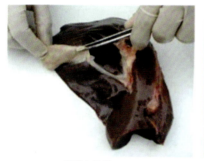
观察与触诊

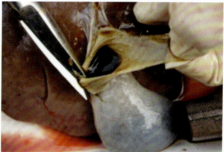
切开胆管及胆囊

图 A-28　胆囊的检查

观察与触摸

切开脾脏

用刀背刮切面

图 A-29　脾脏的检查

④ 肾脏的检查。检查肾脏的大小、硬度、被膜是否容易剥离，肾脏表面的色泽、平滑度和有无疤痕、出血等变化。切面检查皮质和髓质的色泽，有无瘀血、出血、化脓和坏死，切面是否隆突，以及肾盂、输尿管、肾门淋巴结的性状；有无肿胀、溃疡及寄生虫寄生等（图 A-30）。

⑤ 肾上腺的检查。检查其形状、大小、颜色和硬度，然后做纵切或横切（图 A-31），检查皮质、髓质的色泽及有无出血。

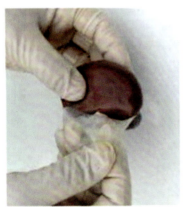 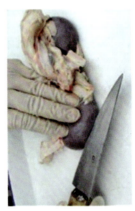 

剥离被膜　　　　　　　　　切开肾脏

图 A-30　肾脏的检查　　　　　　　　图 A-31　横切肾上腺

（5）胸腔脏器的采出与检查　切断前腔静脉、后腔静脉、主动脉、纵隔和气管等同心脏、肺的联系，将心脏和肺一起采出（图 A-32）或分别采出。

① 心脏的检查。检查心包液的性状和量，注意心包膜的变化，如有无出血和炎性渗出物等（图 A-33）；检查心脏的大小、形状、肌僵程度、心室和心房的充盈度等，心脏的纵沟、冠状沟的脂肪量和性状（图 A-34）。在心脏左纵沟两旁切开心室壁，向上延长切口至心房，切开肺动脉、主动脉和肺静脉；将心脏翻转过来，在右侧纵沟两旁切

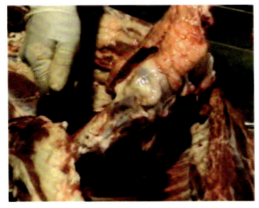 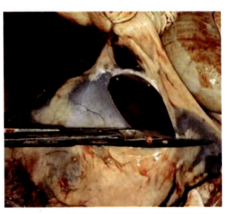

图 A-32　心脏和肺一起采出　　　　　图 A-33　检查心包液及心包膜的情况

开心室壁，延长切口至心房，切开腔静脉（图 A-35）。打开心腔后，检查心内膜色泽和有无出血，瓣膜是否肥厚；应重点观察心肌的颜色、质地、心室壁的厚度等（图 A-36和图 A-37）。

图 A-34　心脏外观检查

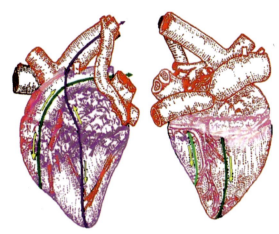

图 A-35　心脏切开的示意图

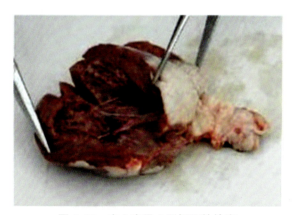

图 A-36　左心室及心肌切面的检查

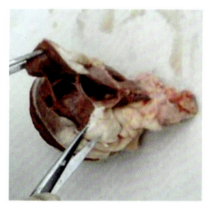

图 A-37　右心室及心肌切面的检查

② 肺的检查。首先视诊，检查肺的大小、肺胸膜的色泽，以及有无出血和炎性渗出物等（图 A-38）；然后用手触摸各肺叶，检查有无肿块、结节和气肿，切开检查肺支气管淋巴结的性状（图 A-39）。其次，剪开气管和支气管，检查黏膜的性状，有无出血、寄生虫和渗出物等（图 A-40）。最后，将左肺、右肺肺叶横切或纵切（图 A-41），检查切面的颜色和血液量的多少，有无结节等。还应注意支气管和间质的变化。

（6）盆腔脏器的采出与检查　锯开耻骨联合（耻骨、坐骨髋骨支）和髂骨体（图 A-42），取出盆腔器官；或采取环剥方式取出。

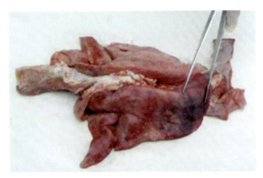

图 A-38　肺的视诊检查

图 A-39　切开检查肺支气管淋巴结的性状

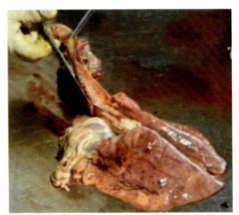

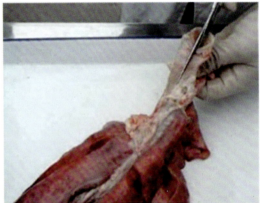

图 A-40　剪开气管进行检查

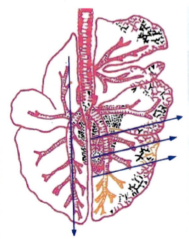

箭头线为切开线

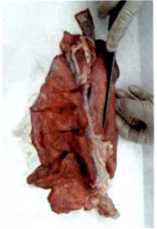

纵切

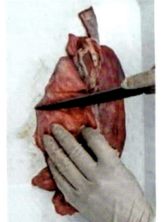

横切

图 A-41　将左肺、右肺肺叶横切或纵切

① 膀胱的检查。检查膀胱的大小、尿量、色泽，以及黏膜有无出血、炎症和结石等。公羊还要检查包皮、龟头和尿道黏膜的状态等。母羊还要检查阴道、子宫、输卵管和卵巢（图 A-43）。

② 阴道的检查。包括其黏膜的颜色、分泌物性状等。

③ 子宫、输卵管和卵巢的检查。主要检查子宫和输卵管黏膜的色泽，有无充血、出血及炎症变化等。最后注意卵巢的大小、形状、质地、重量和卵泡发育情况等。

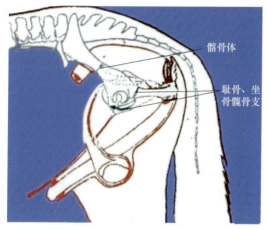

图 A-42　锯开骨盆腔

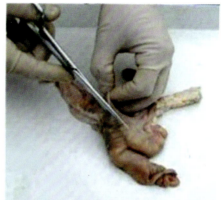

图 A-43　剪开阴道和子宫进行检查

（7）口腔、颈部器官的摘取与检查　采出前先检查颈部动脉和静脉、甲状腺和甲状旁腺及其导管、下颌淋巴结及颈部淋巴结、口腔的开闭情况、舌的位置、牙齿、齿龈及口腔黏膜的情况。采出时先在第一臼齿前锯断下颌支，再将刀插入口腔，由口角向耳根，沿上下齿间切断颊部肌肉；将刀伸入颌间，切断下颌骨断端用力向后上方提举，下颌骨即可分离取出（图 A-44），显露口腔。以左手牵引舌尖，切断与其联系的软组织、舌骨支，检查咽。分离咽喉头、气管、食管周围的肌肉等结缔组织，即可将口腔和颈部器官一起采出（图 A-45）。

图 A-44　锯断下颌支，取出下颌骨

① 口腔的检查。检查牙齿的变化，口腔黏膜的色泽，有无水疱、外伤、溃疡和烂斑。舌黏膜有无水疱、出血、外伤与舌苔的情况。

② 咽喉的检查。检查黏膜色泽、淋巴结的性状及咽有无蓄脓。

③ 气管的检查。观察管腔内分泌物的有无、性状，气管黏膜有无出血、炎性水肿等变化。

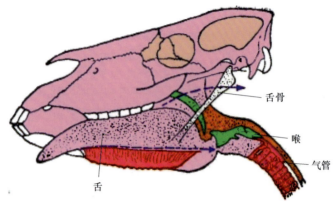

图 A-45　舌、气管、喉等一起采出

　　④ 食道的检查。观察食道平滑肌有无异常，食道分泌物的有无、性状，食道黏膜有无出血、溃疡、结节和炎性水肿等变化。

　　⑤ 鼻腔的检查。检查鼻腔黏膜的色泽，有无出血、炎性水肿、结节、糜烂、溃疡、穿孔及疤痕等。

　　⑥ 下颌及颈部淋巴结的检查。检查下颌及颈部淋巴结的大小、硬度、有无出血和化脓等。

　　（8）颅腔剖开、脑的采出与检查　沿寰枕关节横断颈部，使头与颈分离（图 A-46）。除去额部、顶部、枕部与颞部的皮肤、肌肉和其他结缔组织，暴露出骨质。按 3 条线锯开颅腔周围骨质（图 A-47）。

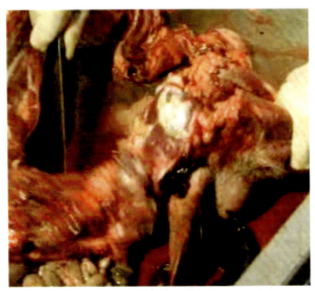

图 A-46　沿寰枕关节横断颈部，使头颈分离

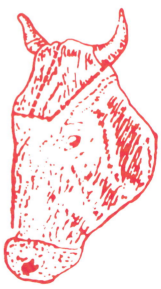

图 A-47　锯开颅腔周围骨质的
3 条线示意图

第一锯线：将头骨平放，沿两颞窝前缘的连线横向锯断额骨（图 A-48）；第二锯线（U 形锯线）：从第一锯线两端稍内侧开始，沿颞窝前缘向两角根外侧延伸（图 A-49），绕过角根后，止于枕骨中缝；第三锯线：从枕骨大孔沿枕骨骨片的中央及顶骨和额骨的中央纵向锯一条正中线（图 A-50）。翻转头，使下颌朝上，固定，然后用斧向下猛击角根，用骨凿和骨钳，将额顶骨和枕骨去除，颅腔即可被打开（图 A-51）。若角突影响了上述锯线的操作，可事先将其锯除。

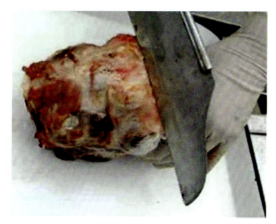

图 A-48　沿两颞窝前缘的连线横向锯断额骨

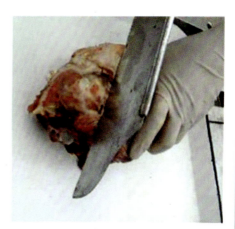

图 A-49　沿颞窝前缘向两角根外侧延伸

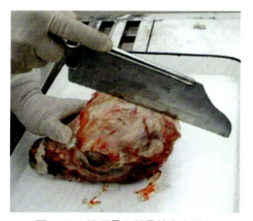

图 A-50　沿顶骨和额骨的中央纵向
锯一条正中线

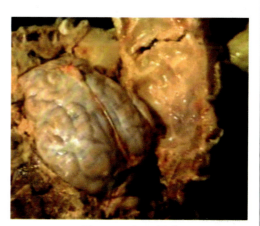

图 A-51　打开颅腔

打开颅腔后，检查硬脑膜和软脑膜有无充血、瘀血、出血及寄生虫寄生。用外科刀切断脑神经、视交叉、嗅球并分离脑膜后，取出脑。注意脑回和脑沟的变化。小心挤压脑质，确定其质地。

先正中纵切，然后平行纵切大脑与小脑，检查松果体、四叠体、脉络丛的状态，脑室有无积水。然后横切脑组织，检查有无出血及液化性坏死等（图 A-52）。

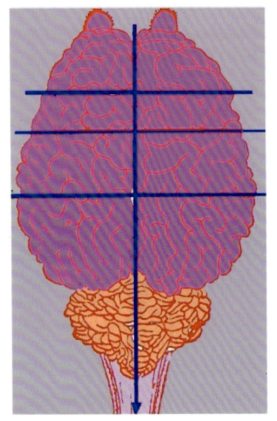

图 A-52　脑检查时的切开示意图

（9）**肌肉、关节的检查**　通常只对肉眼有明显变化的部分肌肉进行检查。只对有关节炎的关节进行检查，检查关节液的量、性质等。

（10）**骨和骨髓的检查**　骨患有或疑似患某种疾病时，除了视检外，还可将其剖开，检查切面和内部的变化。骨髓检查主要观察其颜色、质地有无异常情况。

四、剖检后的尸体处理及消毒工作

运送羊尸体和病羊产品应采用密闭的、不透水的容器，装前卸后必须要消毒。

1）运送前的准备。

① 设置警戒线、防虫。羊尸体和其他必须被无害化处理的物品应设置警戒线，以防止其他人员接近，防止家养动物、野生动物接触和携带染疫物品。如果存在昆虫向周围易感动物传播疫病的危险，就应考虑实施昆虫控制措施。如果延迟染疫羊及产品的处理，应用有效消毒药品彻底消毒。

② 工具准备。运送车辆、包装材料、消毒用品。

③ 人员准备。工作人员应穿戴工作服、口罩、护目镜、胶鞋及手套，做好个人防护。

2）装运。

① 堵孔。装车前应将尸体各天然孔用蘸有消毒液的湿纱布、棉花严密填塞。

② 包装。使用密闭、不泄漏、不透水的包装容器或包装材料包装羊尸体，运送的车厢和车底不透水，以免流出粪便、分泌物、血液等污染周围环境。

③ 注意事项。一是要注意箱体内的物品不能装得太满，物品距离箱体顶部至少 0.5 米，以防肉尸膨胀（取决于运输距离和气温）；二是要注意肉尸在装运前不能被切割，运载工具应缓慢行驶，以防止溢溅。三是要注意工作人员应携带有效消毒药品和必要消毒工具，以便及时处理路途中可能发生的溅溢。四是要注意所有运载工具在装前卸后必须彻底消毒。

3）运送后消毒。在尸体停放过的地方，应用消毒液喷洒消毒。土壤地面应铲去表层土，连同羊尸体一起运走。运送过羊尸体的用具、车辆应严格消毒。工作人员用过的手套、衣物及胶鞋等也应进行消毒。

参考文献

［1］王建辰，曹光荣.羊病学［M］.北京：中国农业出版社，2002.

［2］王明月，王新平，朱利塞，等.从暴发严重腹泻羊群中检出 G 种肠道病毒［J］.中国兽医学报，2016，36（10）：1692-1695.

［3］张群，鲁海冰，郭昌明，等.羊肠道病毒与小反刍兽疫病毒混合感染及流行病学调查［J］.中国兽医学报，2018，38（3）：464-468.

［4］钱明珠，胡俊英，王旭，等.河南省牛肠道病毒的分离、鉴定及流行病学调查［J］.黑龙江畜牧兽医，2019（8）：67-70；72；169.

［5］鲁海冰，王明月，朱利塞，等.羊肠道病毒单克隆抗体的制备及鉴定［J］.中国兽医学报，2017，37（8）：1468-1472.

［6］吴移谋，叶元康.支原体学［M］.2 版.北京：人民卫生出版社，2008.

［7］储岳峰.我国山羊（接触）传染性胸膜肺炎病原学、流行病学研究及灭活疫苗的研制［D］.北京：中国农业科学院，2011.

［8］全国动物卫生标准化技术委员会.山羊接触传染性胸膜肺炎诊断技术：GB/T 34720—2017［S］.北京：中国标准出版社，2017.

［9］屈勇刚，剡根强，陈宏伟，等.绵羊肺炎支原体 PCR 检测方法的建立［J］.石河子大学学报（自然科学版），2005，23（6）：687-689.

［10］王建华.兽医内科学［M］.4 版.北京：中国农业出版社，2010.

［11］赵宝玉，莫重辉.天然草原牲畜毒害草中毒防治技术［M］.咸阳：西北农林科技大学出版社，2016.

［12］孟紫强.环境毒理学基础［M］.2 版.北京：高等教育出版社，2010.

［13］谷风柱，沈志强，王玉茂.羊病临床诊治彩色图谱［M］.北京：机械工业出版社，2016.

［14］金东航，马玉忠.牛羊常见病诊治彩色图谱［M］.北京：化学工业出版社，2014.

［15］马玉忠，金东航.羊病防治新技术宝典［M］.北京：化学工业出版社，2017.

［16］马玉忠.羊病诊治原色图谱［M］.北京：化学工业出版社，2013.

［17］SIMÕES J G, MEDEIROS R M T, MEDEIROS M A, et al.Nitrate and nitrite poisoning in sheep and goats caused by ingestion of Portulaca oleracea［J］.Pesquisa Veterinária Brasileira，2018，38（8）：1549-1553.

［18］COLAKOGLU F, DONMEZ H H. Effects of aflatoxin on liver and protective effectiveness of esterified glucomannan in Merino Rams［J］. The Scientific World Journal，2012（1）：462925.

［19］赵德明.兽医病理学［M］.3 版.北京：中国农业大学出版社，2012.

［20］陈立功.动物剖检及病理诊断技术［M］.北京：中国农业出版社，2012.

［21］马德星.兽医病理解剖学实验技术［M］.北京：化学工业出版社，2009.

［22］马玉忠.羊病类症鉴别与诊治彩色图谱［M］.北京：化学工业出版社，2021.

［23］夏业才，陈光华，丁家波.兽医生物制品学［M］.2 版.北京：中国农业出版社，2018.

［24］陈溥言.兽医传染病学［M］.5 版.北京：中国农业出版社，2006.

［25］MOBINI S.Coccidiosis in lambs and kids［EB/OL］.［2024-06-15］. https：//www.wormx.info/
mobini-cocci.

［26］KERR S.Selected Seasonal Livestock Health Concerns［J/OL］. Whatcom Ag Monthly，2009，
5（5）. https：//extension.wsu.edu/wam/selected-seasonal-livestock-health-concerns/.

［27］李祥瑞.动物寄生虫病彩色图谱［M］.北京：中国农业出版社，2004.

［28］MAJOROS G，DAN A，ERDELYI K.A natural focus of the blood fluke Orientobilharzia
turkestanica（Skrjabin，1913）（Trematoda：Schistosomatidae）in red deer（Cervus elaphus）
in Hungary［J］. Veterinary parasitology，2010，170（3-4）：218-223.

［29］TABARIPOUR R，YOUSSEFI M R，TABARIPOUR R. Genetic identification of
Orientobilharzia turkestanicum from sheep isolates in Iran［J］. Iranian Journal of Parasitology，
2015，10（1）：62.

［30］AMER S，EIKHATAM A，FUKUDA Y，et al. Clinical，pathological，and molecular data
concerning Coenurus cerebralis in sheep in Egypt［J］. Data in Brief，2018（16）：1-9.

［31］The Royal（Dick）School of Veterinary Studies，The University of Edinburgh. Haemonchus
on surface of abomasum［EB/OL］.（2007-10-08）［2024-06-15］. http：//www.vet.
ed.ac.uk/parasitology/InfectionAndImmunity/P_08Nematodes/Parasites/Haemonchus/
HaemonchusAdultsAbomasum.htm.

［32］SATISH A C，NAGARAJAN K，BALACHANDRAN C，et al. Gross，histopathology and
molecular diagnosis of oesophagostomosis in sheep［J］. Journal of Parasitic Diseases，2018
（42）：315-320.

［33］汪明.兽医寄生虫学［M］.3 版.北京：中国农业出版社，2003.

［34］马玉忠.羊病诊治原色图谱［M］.北京：化学工业出版社，2013.

［35］MONRAD J.Sarcoptes scabiei［EB/OL］.［2024-06-15］. https：//atlas.sund.ku.dk/parasiteatlas/
ectoparasitic_arthropod/Sarcoptes_scabiei/.

［36］JAYAWARDENA K G I，HELLER-HAUPT A，WOODLAND R M，et al. Antigens of the
sheep scab mite Psoroptes ovis［J］. Folia parasitologica，2013，45（3）：239-244.

［37］VALLI V.Sarcoptes scabiei［EB/OL］.（2015-12-09）［2024-06-15］. https：//www.galerie-
insecte.org/galerie/ref-151833.htm.

［38］MONRAD J，THOISEN C.Psoroptes ovis［EB/OL］.［2024-6-15］. https：//atlas.sund.ku.dk/parasiteatlas/ectoparasitic_arthropod/Psoroptes_ovis/.

［39］DURSUNALI SIMSEK V H. Koyunlarda Oestrus Ovis（Oestrosis，Burun Kurtları，Büvelek）［EB/OL］.（2017-01-01）［2024-06-15］. https：//vetrehberi.com/koyunlarda-oestrus-ovis-oestrosis-burun-kurtlari-buvelek/.